普通高等教育创新型教材

水利水电工程概预算

主　编　何　俊　王　勇　姚兴贵

副主编　徐兴倩　王丽峰　邱洪志　陈菊香

主　审　方国华

中国水利水电出版社
www.waterpub.com.cn
·北京·

内 容 提 要

　　本书是依据《水利工程设计概（估）算编制规定》（水总〔2014〕429 号）、《水利工程营业税改征增值税计价依据调整办法》（办水总〔2016〕132 号）、《水利部办公厅关于调整水利工程计价依据增值税计算标准的通知》（办财务函〔2019〕448 号）等行业标准，水利水电工程、农业水利工程、水利工程管理等专业人才培养方案及水利水电工程概预算课程标准，以水利水电工程概预算编制全过程为主线进行编写的。

　　全书共 12 章，详细地阐述了水利水电工程概预算的基本理论、编制要求，并结合大量例题，详细介绍了水利水电工程概预算的编制方法。

　　本书既可作为高等院校水利水电工程、农业水利工程、水利工程管理等专业教材。同时，也可为水利类专业教师和水利工程技术人员提供参考，也为全国水利造价工程师考试提供支撑。

图书在版编目（ＣＩＰ）数据

水利水电工程概预算 / 何俊，王勇，姚兴贵主编
. -- 北京 ：中国水利水电出版社，2020.8（2024.8重印）.
普通高等教育创新型教材
ISBN 978-7-5170-8698-7

Ⅰ．①水… Ⅱ．①何… ②王… ③姚… Ⅲ．①水利水电工程－概算编制－高等学校－教材②水利水电工程－预算编制－高等学校－教材 Ⅳ．①TV512

中国版本图书馆CIP数据核字(2020)第127354号

书　　名	普通高等教育创新型教材 **水利水电工程概预算** SHUILI SHUIDIAN GONGCHENG GAI-YU SUAN
作　　者	主　编　何　俊　王　勇　姚兴贵 副主编　徐兴倩　王丽峰　邱洪志　陈菊香 主　审　方国华
出版发行	中国水利水电出版社 （北京市海淀区玉渊潭南路 1 号 D 座　100038） 网址：www.waterpub.com.cn E-mail：sales@mwr.gov.cn 电话：(010) 68545888（营销中心）
经　　售	北京科水图书销售有限公司 电话：(010) 68545874、63202643 全国各地新华书店和相关出版物销售网点
排　　版	中国水利水电出版社微机排版中心
印　　刷	天津嘉恒印务有限公司
规　　格	184mm×260mm　16 开本　20.5 印张　499 千字
版　　次	2020 年 8 月第 1 版　2024 年 8 月第 3 次印刷
印　　数	3101—4100 册
定　　价	59.50 元

前言
qianyan

为尽快培养出一批具有扎实理论基础和较强实际工作能力的工程造价领域一线人才，根据教育部《关于加快建设高水平本科教育全面提高人才培养能力的意见》（教高〔2018〕2号）、《关于深化本科教育教学改革全面提高人才培养质量的意见》（教高〔2019〕6号），全面提高课程建设质量，推动高水平教材编写使用的文件精神，以及水利水电工程、农业水利工程、水利工程管理等专业指导性人才培养方案，"水利水电工程概预算"课程标准编写了本书。

本书按照最新的规范和标准编写而成，在编写中，深化产教融合、校企合作，以提高应用型人才培养质量为核心，以培养生产、建设、管理和服务等一线需要的高等技术应用型人才为目标，以培养学生能力为主线，有较强的实用性、实践性、创新性，是一本理论联系实际、教学面向生产的高等教育精品规划教材。全书共分12章，内容包括：基本建设程序与工程概预算，水利工程项目划分及费用构成，工程定额，水利水电工程基础单价编制，建筑、安装工程单价编制，施工临时工程及独立费用，设计总概算，投资估算、施工图预算和施工预算，工程招标与投标报价，工程量清单计价，工程经济评价，水利水电工程造价软件应用以及附录。

由于水利水电工程概预算是一门与经济性、政策性、实践性紧密结合的课程，随着工程造价模式改革的深入和经济的发展，国家和上级主管部门还将陆续颁布一些新的规定、定额、费用标准，同时各省、自治区、直辖市地方水利工程造价编制办法也不尽相同，因此各院校在采用本书作为教材进行授课时，应结合国家和上级主管部门的新规定及本地区的实际情况和规定给予补充和修订。

本书编写人员及分工如下：安徽农业大学姚兴贵、钟荣华（第1章、第2章、第3章）；合肥工业大学陈菊香，安徽水利水电职业技术学院本科部何俊、黄梦婧（第4章、第5章、附录）；成都大学邱洪志（第6章）；四川农业大学王勇（第7章、第8章、第9章）；云南农业大学徐兴倩、四川农业大学王丽峰（第10章、第11章）；四川锦瑞青山科技有限公司陈前（第12章）。本书由何俊、王勇、姚兴贵担任主编，由徐兴倩、王丽峰、邱洪志、陈菊香担任副主编，何俊负责全书统稿，河海大学方国华教授担任主审。

本书在编写过程中参考和借鉴了相关的文献资料，也得到了各位参编人员所在院校的大力支持和协助，特别是得到了全国水利高等院校专业老师、水利施工企业专家们的献策献略，在此一并深表感谢。

由于编者的学识水平和实践经验有限，时间也比较紧张，书中难免会出现不妥之处，诚恳请广大师生及读者批评指正。

编者

2020 年 3 月

目　　录

第1章　基本建设程序与工程概预算

【教学内容】

本章主要讲解基本建设、基本建设项目、基本建设程序的概念；基本建设的种类；基本建设项目划分；水利工程造价与基本建设程序之间的对应关系；水利工程概预算编制程序及编制方法以及概预算文件的组成内容等。

【教学要求】

了解基本建设项目的类型以及划分；理解基本建设、基本建设项目、基本建设程序的概念；重点掌握水利水电基本建设项目划分及水利水电基本建设程序，能针对实际工程进行项目划分。要求了解工程造价的概念、分类及编制程序；理解工程造价与基本建设程序之间的关系；掌握概预算文件的组成内容。熟悉水利水电工程分类；掌握概预算文件的组成内容。

1.1　建 设 项 目 概 述

1.1.1　基本建设

1. 基本建设概念

基本建设是形成固定资产的活动，指国民经济各部门利用国家预算拨款、自筹资金、国内外基本建设贷款以及其他专项资金进行的以扩大生产能力（或增加工程效益）为主要目的的新建、扩建、改建、技术改造、恢复和更新等的工作。换言之，基本建设就是固定资产的建设，是建筑、安装和购置固定资产的活动及其与之相关的工作。

基本建设是发展社会生产、增强国民经济实力的物质技术基础，是改善和提高人民群众生活水平和文化水平的重要手段，是实现社会扩大再生产的必要条件。

固定资产是指在社会再生产过程中，可供生产或生活较长时间使用，在使用过程中基本不改变其实物形态的劳动资料和其他物质资料，它是人们生产和生活的必要物质条件。固定资产应同时具备两个条件：①使用年限在一年以上；②单项价值在规定限额以上。固定资产的社会属性，即从它在生产和使用过程中所处的地位和作用来看，可分为生产性固定资产和非生产性固定资产两大类。前者是指在生产过程中发挥作用的劳动资料，如工厂、矿山、油田、电站、铁路、水库、海港、码头、路桥工程等。后者是指在较长时间内直接为人民的物质文化生活服务的物质资料，如住宅、学校、医院、体育活动中心和其他生活福利设施等。

2. 基本建设内容

基本建设包括的工作内容有以下几个方面。

（1）建筑安装工程。这是基本建设工作的重要组成部分，建筑施工企业通过建筑安装活动生产出建筑产品，形成固定资产。建筑安装工程包括建筑工程和安装工程。建筑工程包括各种建筑物、房屋、设备基础等的建造工作。安装工程包括生产、动力、起重、运输、输配电等需要安装的各种机电设备和金属结构设备的安装、试车等工作。

（2）设备、工（器）具的购置。这是指建设单位因建设项目的需要向制造行业采购或自制达到固定资产标准的机电设备、金属结构设备、工具、器具等的工作。

（3）其他基建工作。指凡不属于以上两项的基本建设工作，如规划、勘测、设计、科学试验、征地移民、水库清理、施工队伍转移、生产准备等项工作。

1.1.2　基本建设项目

1．基本建设项目分类

（1）按建设的形式可以分为：新建项目、扩建项目、改建项目、迁建项目和恢复项目。

新建项目是从无到有、平地起家的建设项目；扩建和改建项目是在原有企业、事业、行政单位的基础上，扩大产品的生产能力或增加新的产品生产能力，以及对原有设备和工程进行全面技术改造的项目；迁建项目是原有企业、事业单位，由于各种原因，经有关部门批准搬迁到另地建设的项目；恢复项目是指对由于自然、战争或其他人为灾害等原因而遭到毁坏的固定资产进行重建的项目。

（2）按建设的用途可以分为：生产性基本建设项目和非生产性基本建设项目。

生产性基本建设是用于物质生产和直接为物质生产服务的项目的建设，包括工业建设、建筑业和地质资源勘探事业建设、农林水利建设等；非生产性基本建设是用于人民物质和文化生活项目的建设，包括住宅、学校、医院、托儿所、影剧院以及国家行政机关和金融保险业的建设等。

（3）按建设规模和总投资的大小可以分为：大型、中型、小型建设项目。

（4）按建设阶段可以分为：预备项目、筹建项目、施工项目、建成投资项目、收尾项目。

（5）按隶属关系可以分为：国务院各部门直属项目、地方投资国家补助项目、地方项目和企事业单位自筹建设项目。

2．基本建设项目划分

在工程项目实施过程中，为了准确确定整个建设项目的建设费用，须对项目进行科学的分析、研究，进行合理划分，把建设项目划分为简单的、便于计算的基本构成项目，汇总求出工程项目造价。

一个建设项目是一个完整配套的综合性产品，根据我国在工程建设领域内的有关规定和习惯做法，按照它的组成内容不同，可划分为建设项目、单项工程、单位工程、分部工程、分项工程五个项目层次。

（1）建设项目。建设项目一般是指具有设计任务书和总体设计、经济上实行统一核算、管理上具有独立的组织形式的基本建设单位。

（2）单项工程。单项工程又称工程项目，是具有独立的设计文件，建成后能独立发挥生产能力或效益的工程。如长江三峡水利枢纽工程中的混凝重力式大坝、泄水闸、堤后式水电站、永久性通航船闸、升船机等单项工程。

（3）单位工程。单位工程是具有独立设计，可以独立组织施工，但竣工后一般不能独立发挥生产能力和效益的工程。它是单项工程的组成部分。如长江三峡水利枢纽工程中的泄水闸划分为建筑工程和安装工程等单位工程。

（4）分部工程。分部工程是单位工程的组成部分，是按单位工程的结构形式、工程部位、构件性质、使用材料、设备种类及型号等的不同来划分的。如长江三峡水利枢纽工程中的泄水闸建筑工程划分为土石方开挖工程、土石方填筑工程、混凝土工程、模板工程等分部工程。

（5）分项工程。分项工程是分部工程的组成部分，按照不同的施工方法、所使用的材料、不同的构造及规格将一个分部工程更细致地分解为若干个分项工程。如建筑工程土石方填筑工程中浆砌块石护底、浆砌石护坡等分项工程。

分项工程是组成单位工程的基本要素，它是工程造价的基本计算单位体，在计价性定额中是组成定额的基本单位体，又称定额子目。

一个基本建设项目划分为若干个单项工程，一个单项工程划分为若干个单位工程，一个单位工程划分为若干个分部工程，一个分部工程划分为若干个分项工程。基本建设项目分解如图1.1所示。

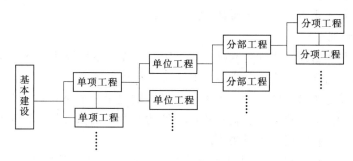

图1.1 建设项目分解示意图

1.2 基本建设程序

1.2.1 建设项目的基本建设程序

我国的基本建设程序，最初是1952年由政务院颁布实施的。根据我国基本建设实践，水利水电工程的基本建设程序为：根据资源条件和国民经济长远发展规划，进行流域或河段规划，提出项目建议书；进行可行性研究和项目评估，编制可行性研究报告；可行性研究报告批准后，进行初步设计；初步设计经过审批，项目列入国家基本建设年度计划；进行施工准备和设备订货；开工报告批准后正式施工；建成后进行验收投产；生产运行一定时间后，对建设项目进行后评价。

鉴于水利水电工程建设规模大、施工工期相对较长、施工技术复杂、横向交叉面广、内外协作关系和工序多等特点，水利水电基本建设较其他部门的基本建设有一定的特殊性，工程失事后危害性也比较大，因此水利水电基本建设程序较其他部门更为严格，否则将会造成严重的后果和巨大的经济损失。

1. 流域规划（或河段规划）

流域规划就是根据该流域的水资源条件和国家长远计划，以及该地区水利水电工程建设发展的要求，提出该流域水资源的梯级开发和综合利用的最优方案。对该流域的自然地理、经济状况等进行全面、系统的调查研究，初步确定流域内可能的建设位置，分析各个坝址的建设条件，拟定梯级布置方案、工程规模、工程效益等，进行多方案分析比较，选定合理梯级开发方案，并推荐近期开发的工程项目。

2. 项目建议书

项目建议书应根据国民经济和社会发展长远规划、流域综合规划、区域综合规划、专业规划，按照国家产业政策和国家有关投资建设方针进行编制，是对拟进行建设项目的初步说明。

项目建议书是在流域规划的基础上，由主管部门提出建设项目的轮廓设想，从宏观上衡量分析项目建设的必要性和可能性，分析建设条件是否具备，是否值得投入资金和人力。

项目建议书编制一般由政府委托有相应资质的设计单位承担，并按照国家现行规定权限向主管部门申报审批。项目建议书被批准后，由政府向社会公布，若有投资建设意向，则组建项目法人筹备机构，进行可行性研究工作。

3. 可行性研究

可行性研究是项目能否成立的基础，这个阶段的成果是可行性研究报告。它是运用现代技术科学、经济科学和管理工程学等，对项目进行技术经济分析的综合性工作。其任务是研究兴建某个建设项目在技术上是否可行，经济效益是否显著，财务上是否能够盈利；建设中要动用多少人力、物力和资金；建设工期的长短，如何筹措建设资金等重大问题。因此，可行性研究是进行建设项目决策的主要依据。

水利水电工程项目的可行性研究是在流域（河段）规划的基础上，组织各方面的专家、学者对拟建项目的建设条件进行全方位多方面的综合论证比较。例如三峡工程就涉及许多部门和专业，如：整个流域的生态环境、文物古迹、军事等学科。

可行性研究报告，按国家现行规定的审批权限报批。申请项目可行性研究报告必须同时提出项目法人组建方案及运行机制、资金筹措方案、资金结构及回收资金办法，并依照有关规定附具有管辖权的水行政主管部门或流域机构签署的规划同意书、对取水许可预申请的书面审查意见，审批部门要委托有相应资质的工程咨询机构对可行性研究报告进行评估，并综合行业主管部门、投资机构（公司）、项目法人（或筹备机构）等方面的意见进行审批。项目的可行性研究报告批准后，应正式成立项目法人，并按项目法人负责制实行项目管理。

4. 设计阶段

可行性研究报告批准后，项目法人应择优选择有相应资质的设计单位承担工程的勘测设计工作。

对水利水电工程来说，承担设计任务的单位在进行设计以前，要认真研究可行性研究报告，并进行勘测、调查和试验研究工作，要全面收集建设地区的工农业生产、社会经济、自然条件，包括水文、地质、气象等资料；要对坝址、库区的地形、地质进行勘测、勘探；对岩土地基进行分析试验；对建设地区的建筑材料分布、储量、运输方式、单价等要调查、勘测。不仅设计前要有大量的勘测、调查、试验工作，在设计中以及工程施工中仍要有相当细致的勘测、调查、试验工作。

设计工作是分阶段进行的，一般采用两阶段进行，即初步设计与施工图设计。对于某些大型工程或技术复杂的工程一般采用三阶段设计，即初步设计、技术设计及施工图设计。

（1）初步设计。初步设计是根据批准的可行性研究报告和必要且准确的设计资料，对设计对象进行通盘研究，阐明拟建工程在技术上的可行性和经济上的合理性，规定项目的各项基本技术参数，编制项目的总概算。初步设计任务应择优选择有相应资质的设计单位承担，依照有关初步设计编制规定进行编制。

初步设计主要是解决建设项目的技术可行性和经济合理性问题。初步设计具有一定程度的规划性质，是建设项目的"纲要"设计。

初步设计是在可行性研究的基础上进行的，要提出设计报告、初设概算和经济评价三项资料。初步设计的主要任务是确定工程规模；确定工程总体布置、主要建筑物的结构型式及布置；确定电站或泵站的机组机型、装机容量和布置；选定对外交通方案、施工导流方式、施工总进度和施工总布置、主要建筑物施工方法及主要施工设备、资源需用量及其来源；确定水库淹没、工程占地的范围，提出水库淹没处理、移民安置规划和投资概算；提出环境保护措施设计；编制初步设计概算；复核经济评价等。对灌区工程来说，还要确定灌区的范围，主要干支渠的规划布置，渠道的初步定线、断面设计和土石方量的估算等。

对大中型水利水电工程中一些重大问题，如新坝型、泄洪方式、施工导流、截流等，应进行相应深度的科学研究，必要时应有模型试验成果的论证。初步设计批准前，一般由项目法人委托有相应资质的工程咨询机构或组织专家，对初步设计中的重大问题进行咨询论证。设计单位根据咨询论证意见，对初步设计文件进行补充、修改和细化。初步设计由项目法人组织审查后，按国家现行规定权限向主管部门申报审批。

（2）技术设计。技术设计是根据初步设计和更详细的调查研究资料编制的，进一步解决初步设计中的重大技术问题，如工艺流程、建筑结构、设备选型及数量的确定等，以使建设项目的设计更具体、更完善、技术革新经济指标更好。

技术设计要完成以下内容：

1）落实各项设备选型方案、关键设备科研，根据提供的设备规格、型号、数量进行订货。

2）对建筑和安装工程提供必要的技术数据，从而可以编制施工组织总设计。

3）编制修改总概算，并提出符合建设总进度的分年度所需要资金的数额，修改总概算金额应控制在设计总概算金额之内。

4）列举配套工程项目、内容、规模和要求配套建成的期限。

5）为工程施工所进行的组织准备和技术准备提供必要的数据。

（3）施工图设计。施工图设计是在初步设计和技术设计的基础上，根据建筑安装工程的需要，针对各项工程的具体施工，绘制施工详图。施工图纸一般包括：施工总平面图，建筑物的平面、立面剖面图，结构详图（包括钢筋图），设备安装详图，各种材料、设备明细表，施工说明书。根据施工图设计，提出施工图预算及预算书。

施工图设计文件编好以后，必须按照规定进行审核和批准。施工图设计文件是已定方案的具体化，由设计单位负责完成。在交付施工单位时，须经建设单位技术负责人审查签字。根据现场需要，设计人员应到现场进行技术交底，并可以根据项目法人、施工单位及监理单位提出的合理化建议进行局部设计修改。

5. 施工准备阶段

项目在主体工程开工之前，必须完成各项施工准备工作，主要包括以下内容。

（1）施工场地的征地、拆迁，施工用水、电、通信、道路的建设和场地平整等工程。

（2）完成必需的生产、生活临时建筑工程。

（3）组织招标设计、咨询、设备和物资采购等服务。

（4）组织建设监理和主体工程招标投标，并择优选择建设监理单位和施工承包商。

（5）进行技术设计，编制修正总概算和施工详图设计，编制设计预算。

施工准备工作开始前，项目法人或其代理机构，须依照有关规定，向行政主管部门办理报建手续，同时交验工程建设项目的有关批准文件。工程项目报建后，方可组织施工准备工作。工程建设项目施工，除某些不适宜招标的特殊工程项目外（须经水行政主管部门批准），均须实行招标投标。

水利水电工程项目进行施工准备必须满足如下条件：初步设计已经批准；项目法人已经建立；项目已列入国家或地方水利建设投资计划；筹资方案已经确定；有关土地使用权已经批准；已办理报建手续。

6. 建设实施阶段

建设实施阶段是指主体工程的建设实施。项目法人按照批准的建设文件，组织工程建设，保证项目建设目标的实现。

项目法人或其代理机构，必须按审批权限，向主管部门提出主体工程开工申请报告，经批准后，主体工程方可正式开工。主体工程开工须具备以下条件：

（1）前期工程各阶段文件已按规定批准，施工详图设计可以满足初期主体工程施工需要。

（2）建设项目已列入国家或地方水利水电工程建设投资年度计划，年度建设资金已落实。

（3）主体工程招标已经决标，工程承包合同已经签订，并得到主管部门的同意。

（4）现场施工准备和征地移民等建设外部条件能够满足主体工程开工需要。

（5）建设管理模式已经确定，投资主体与项目主体的管理关系已经理顺。

（6）项目建设所需全部投资来源已经明确，且投资结构合理。

要按照"政府监督、项目法人负责、社会监理、企业保证"的要求，建立健全质量管理体系，重要的建设项目，须设立质量监督项目站，行使政府对项目建设的监督职能。

7. 生产准备阶段

生产准备是项目投产前所要进行的一项重要工作，是建设阶段转入生产经营的必要条件。项目法人应按照建管结合和项目法人责任制的要求，适时做好有关生产准备工作，生产准备工作应根据不同类型的工程要求确定，一般应包括如下内容：

（1）生产组织准备。建立生产经营的管理机构及其相应管理制度。

（2）招收和培训人员。按照生产运营的要求，配备生产管理人员，并通过多种形式的培训，提高人员素质，使之能满足运营要求。生产管理人员要尽早介入工程的施工建设，参加设备的安装调试，熟悉情况，掌握好生产技术和工艺流程，为顺利衔接基本建设和生产经营阶段做好准备。

（3）生产技术准备。生产技术准备主要包括技术资料的汇总、运行技术方案的制定、岗位操作规程的制定和新技术准备。

（4）生产物资准备。生产物资准备主要是落实投产运营所需要的原材料、协作产品、工器具、备品备件和其他协作配合条件的准备。

（5）正常的生活福利设施准备。

（6）及时具体落实产品销售合同协议的签订，提高生产经营效益，为偿还债务和资产的保值增值创造条件。

8. 竣工验收

竣工验收是工程完成建设目标的标志，是全面考核基本建设成果、检验设计和工程质量的重要步骤。竣工验收合格的项目即从基本建设转入生产或使用。

当建设项目的建设内容全部完成，经过单位工程验收，符合设计要求，并按水利基本建设项目档案管理的有关规定，完成了档案资料的整理工作；在完成竣工报告、竣工决算等必需文件的编制后，项目法人按照有关规定，向验收主管部门提出申请，根据《水利水电建设工程验收规程》（SL 223—2008）组织验收。

竣工决算编制完成后，须由审计机关组织竣工审计，其审计报告作为竣工验收的基本资料。

对工程规模较大、技术较复杂的建设项目可先进行初步验收。不合格的工程不予验收；有遗留问题必须有具体处理意见，且有限期处理的明确要求并落实负责人。

水利水电工程按照设计文件所规定的内容建成以后，在办理竣工验收以前，必须进行试运行。例如，对灌溉渠道来说，要进行放水试验；对水电站、抽水站来说，要进行试运转和试生产，检查考核其是否达到设计标准和施工验收的质量要求。如工程质量不合格，应返工或加固。

竣工验收的目的是全面考核建设成果，检查设计和施工质量，及时解决影响投产的问题；办理移交手续，交付使用。

竣工验收一般分为两个阶段，即单项工程验收和整个工程项目的全部验收。对于大型工程，因建设时间长或建设过程中逐步投产，应分批组织验收。验收之前，项目法人要组织设计、施工等单位进行初验并向主管部门提交验收申请，根据《水利水电建设工程验收规程》（SL 223—2008）组织验收。

项目法人要系统整理技术资料，绘制竣工图，分类立卷，在验收后作为档案资料交生产单位保存。项目法人要认真清理所有财产和物资，编好工程竣工决算，报上级主管部门审批。竣工决算编制完成后，须由审计机关组织竣工审计，审计报告作为竣工验收的基本资料。

水利水电工程把上述验收程序分为阶段验收和竣工验收，凡能独立发挥作用的单项工程均应进行阶段验收，如截流、下闸蓄水、机组启动、通水等。

9. 后评价

后评价是工程交付生产运行后一段时间内（一般经过1~2年），对项目的立项决策、设计、施工、竣工验收、生产运营等全工程进行系统评估的一种技术活动，是基本建设程序的最后一环。通过后评价达到肯定成绩、总结经验、研究问题、提高项目决策水平和投资效果的目的。通常包括影响评价、经济效益评价和过程评价。

（1）影响评价。影响评价是项目投产后对各方面的影响所进行的评价。

（2）经济效益评价。经济效益评价是对项目投资、国民经济效益、财务效益、技术进步和规模效益、可行性研究深度等方面进行的评价。

（3）过程评价。过程评价是对项目立项、设计、施工、建设管理、竣工投产、生产运营等全过程进行的评价。

项目后评价工作一般按三个层次组织实施，即项目法人的自我评价、项目行业的评价、计划部门（或主要投资方）的评价。

建设项目后评价工作必须遵循客观、公正、科学的原则，做到分析合理、评价公正。

以上所述基本建设程序的九项内容，既是我国对水利水电工程建设程序的基本要求，也基本反映了水利水电工程建设工作的全过程。

1.2.2 建设项目工程造价的分类

建筑项目工程造价可以根据不同的建设阶段、编制对象（或范围）、承包结算方式等进行分类。在基本建设程序的每个阶段都有相应的工程造价形式，基本建设程序与工程造价形式对应关系如图1.2所示。

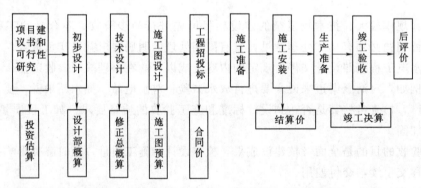

图1.2 基本建设程序与工程造价形式对应关系

1. 投资估算

投资估算是指建设项目在项目建议书和可行性研究阶段，对拟建项目固定资产投资、流动资金和项目建设期贷款利息的估算。根据建设规模结合估算指标、类似工程造价资料、现行的设备材料价格，对拟建设项目未来发生的全部费用进行预测和估算。投资估算是判断项目可行性、进行项目决策的主要依据之一，又是建设项目筹资和控制造价的主要依据。

2.设计概算

设计概算是在初步设计或扩大初步设计阶段编制的计价文件，是在投资估算的控制下由设计单位根据初步设计或扩大初步设计图纸及说明、概算定额（或概算指标）、各项费用定额或取费标准、设备、材料预算价格和建设地点的自然、技术经济条件等资料，用科学的方法计算、编制和确定的建设项目从筹建至竣工交付生产或使用所需全部费用的经济文件。如果是采用两阶段设计的建设项目，初步设计阶段必须编制设计概算。

3.修正概算

修正概算是当采用三阶段设计时，在技术设计阶段，随着对初步设计内容的深化，对建设规模、结构性质、设备类型等方面可能进行必要的修改和变动，由设计单位对初步设计总概算做出相应调整和变动，即形成修正设计概算。一般修正设计概算不能超过原已批准的概算投资额。

4.施工图预算

施工图预算是在设计工作完成并经过图纸会审之后，根据施工图纸，图纸会审记录，施工方案，预算定额，费用定额，各项取费标准，建设地区设备、人工、材料、施工机械台班等预算价格编制和确定的单位工程全部建设费用的建筑安装工程造价文件。

5.工程结算

工程结算是指承包商按照合同约定和规定的程序，向业主收取已完工程价款清算的经济文件。工程结算分为工程中间结算、年终结算和竣工结算。

6.竣工决算

竣工决算指业主在工程建设项目竣工验收后，由业主组织有关部门，以竣工结算等资料为依据编制的反映建设项目实际造价文件和投资效果的文件。竣工决算真实地反映了业主从筹建到竣工交付使用为止的全部建设费用，是核定新增固定资产价值、办理其交付使用的依据，是业主进行投资效益分析的依据。

需要说明的是：在建设工程造价中，要防止"三超"现象，即决算超预算、预算超概算、概算超估算，这些问题严重困扰着建设工程投资效益管理。随着社会主义市场经济逐步建立和发展，工程造价管理也出现一些新情况、新问题，需采取有效措施来控制。

1.3　水利水电工程概算基本知识

1.3.1　水利工程分类和工程概算组成

由于水利水电建设项目常常是由多种性质的水工建筑物构成的复杂的建筑综合体，与其他工程相比，包含的建筑种类多，涉及面广。在编制水利水电工程概（估）算时，根据现行水利部 2014 年颁布的《水利工程设计概（估）算编制规定》（水总〔2014〕429号）（工程部分）的有关规定，结合水利工程的性质特点和组成内容进行分类。

1.按工程性质划分

水利工程按工程性质划分为三大类，分别是枢纽工程、引水工程、河道工程，具体划分如图 1.3 所示。

2. 按概算项目划分

水利工程按概算项目划分为四大部分，分别为工程部分、建设征地移民补偿、环境保护工程、水土保持工程，具体划分如图 1.4 所示。

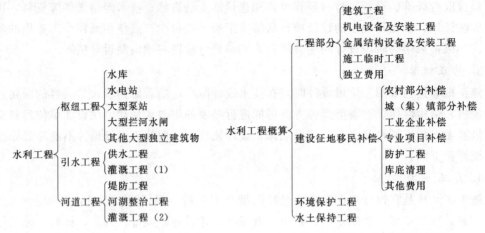

图 1.3　水利工程分类（按工程性质划分）　　图 1.4　水利工程分类（按概算项目划分）

（1）工程部分。工程部分划分为建筑工程、机电设备及安装工程、金属结构设备及安装工程、施工临时工程和独立费用五个部分。

工程部分的具体内容详见 2.1.1。

（2）建设征地移民补偿。建设征地移民补偿包括农村部分补偿、城（集）镇部分补偿、工业企业补偿、专业项目补偿、防护工程、库底清理和其他费用七个部分，各部分根据具体工程情况分别设置一级、二级、三级、四级、五级项目。详见水利部 2014 年颁发的《水利工程设计概（估）算编制规定》（建设征地移民补偿）的有关规定。

（3）环境保护工程。环境保护工程项目划分为环境保护措施、环境监测措施、环境保护仪器设备及安装、环境保护临时措施、环境保护独立费用五个部分，各部分下设一级、二级、三级项目。详见《水利水电工程环境保护概估算编制规程》（SL 359—2006）的有关规定。

（4）水土保持工程。水土保持工程项目划分为工程措施、植物措施、施工临时工程和独立费用四个部分，各部分下设一级、二级、三级项目。详见《水土保持工程概（估）算编制规定》（水总〔2003〕67 号）的有关规定。

1.3.2　概算文件组成内容

概算文件包括设计概算报告（正件）、附件、投资对比分析报告。

1.3.2.1　概算正件组成内容

1. 编制说明

（1）工程概况。工程概况包括：流域、河系，兴建地点，工程规模，工程效益，工程布置型式，主体建筑工程量，主要材料用量，施工总工期等。

（2）投资主要指标。投资主要指标包括：工程总投资和静态总投资，年度价格指数，基本预备费率，建设期融资额度、利率和利息等。

（3）编制原则和依据。

1）概算编制原则和依据。

2）人工预算单价，主要材料，施工用电、水、风以及砂石料等基础单价的计算依据。

3）主要设备价格的编制依据。

4）建筑安装工程定额、施工机械台时费定额和有关指标的采用依据。

5）费用计算标准及依据。

6）工程资金筹措方案。

（4）概算编制中其他应说明的问题。

（5）主要技术经济指标表。主要技术经济指标表根据工程特性表编制，反映工程主要技术经济指标。

2. 工程概算总表

工程概算总表应汇总工程部分、建设征地移民补偿、环境保护工程、水土保持工程总概算表。

3. 工程部分概算表和概算附表

（1）概算表。

1）工程部分总概算表。

2）建筑工程概算表。

3）机电设备及安装工程概算表。

4）金属结构设备及安装工程概算表。

5）施工临时工程概算表。

6）独立费用概算表。

7）分年度投资表。

8）资金流量表（枢纽工程）。

（2）概算附表。

1）建筑工程单价汇总表。

2）安装工程单价汇总表。

3）主要材料预算价格汇总表。

4）次要材料预算价格汇总表。

5）施工机械台时费汇总表。

6）主要工程量汇总表。

7）主要材料量汇总表。

8）工时数量汇总表。

1.3.2.2 概算附件组成内容

（1）人工预算单价计算表。

（2）主要材料运输费用计算表。

（3）主要材料预算价格计算表。

（4）施工用电价格计算书（附计算说明）。

（5）施工用水价格计算书（附计算说明）。

（6）施工用风价格计算书（附计算说明）。

（7）补充定额计算书（附计算说明）。

（8）补充施工机械台时费计算书（附计算说明）。

（8）砂石料单价计算书（附计算说明）。

（10）混凝土材料单价计算表。

（11）建筑工程单价表。

（12）安装工程单价表。

（13）主要设备运杂费率计算书（附计算说明）。

（14）施工房屋建筑工程投资计算书（附计算说明）。

（15）独立费用计算书（勘测设计费可另附计算书）。

（16）分年度投资计算表。

（17）资金流量计算表。

（18）价差预备费计算表。

（19）建设期融资利息计算书（附计算说明）。

（20）计算人工、材料、设备预算价格和费用依据的有关文件、询价报价资料及其他。

1.3.2.3　投资对比分析报告

应从价格变动、项目及工程量调整、国家政策性变化等方面进行详细分析，说明初步设计阶段与可行性研究阶段（或可行性研究阶段与项目建设书阶段）相比较的投资变化原因和结论，编写投资对比分析报告。工程部分报告应包括以下附表：

（1）总投资对比表。

（2）主要工程量对比表。

（3）主要材料和设备价格对比表。

（4）其他相关表格。

投资对比分析报告应汇总工程部分、建设征地移民补偿、环境保护工程、水土保持工程各部分对比分析内容。

注意：

（1）设计概算报告（正件）、投资对比分析报告可单独成册，也可作为初步设计报告（设计概算章节）的相关内容。

（2）设计概算附件宜单独成册，并应随初步设计文件报审。

1.3.3　水利水电建筑产品的特点

与一般工业产品相比，水利水电建筑产品具有以下特点。

1．建设地点的不固定性

建筑产品都是在选定的地点上建造的，如水利工程一般都是建筑在河流上或河流旁边，它不能像一般工业产品那样在工厂里重复地批量进行生产，工业产品的生产条件一般不受时间及气象条件限制。由于水利水电建筑产品的施工地点不同，使得对于用途、功能、规模、标准等基本相同的建筑产品，因其建设地点的地质、气象、水文条件等不同，其造型、材料选用、施工方案等都有很大的差异，从而影响产品的造价。此外，不同地区

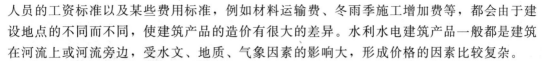

人员的工资标准以及某些费用标准，例如材料运输费、冬雨季施工增加费等，都会由于建设地点的不同而不同，使建筑产品的造价有很大的差异。水利水电建筑产品一般都是建筑在河流上或河流旁边，受水文、地质、气象因素的影响大，形成价格的因素比较复杂。

2. 建筑产品的单件性

水利水电工程一般都随所在河流的特点而变化，每项工程都要根据工程的具体情况进行单独设计，在设计内容、规模、造型、结构和材料等各方面都互不相同。同时，因为工程的性质（新建、改建、扩建或恢复建等）不同，其设计要求不一样。即使工程的性质或设计标准相同，也会因建设地点的地质、水文条件不同，其设计也不尽相同。

3. 建筑产品生产的露天性

水利水电建筑产品的生产一般都是在露天进行的，季节的更替，气候、自然环境条件的变化，会引起产品设计的某些内容和施工方法的变化，也会造成防寒防雨或降温等费用的变化，水利水电工程还涉及施工期工程防汛。这些因素都会使建筑产品的造价发生相应的变动，使得各建筑产品的造价不相同。

此外，由于建筑产品规模大，大于任何工业产品，由此决定了它的生产周期长，程序多，涉及面广，社会协作关系复杂，这些特点也决定了建筑产品价值构成不可能一样。

水利水电建筑产品的上述特点，决定了它不可能像一般工业产品那样可以采用统一价格，而必须通过特殊的计划程序，逐个编制概预算来确定其价格。

思 考 题

1. 什么是基本建设？基本建设的工作内容有哪些？
2. 基本建设项目的种类有哪些？
3. 基本建设项目如何划分？
4. 基本建设项目从大到小可划分为哪几个项目层次？
5. 简述我国水利水电工程基本建设程序。
6. 与一般工业产品相比，水利水电建筑产品具有哪些特点？
7. 竣工结算与竣工决算的主要区别是什么？
8. 与一般建设项目划分相比，水利水电基本建设项目如何划分？

第2章　水利工程项目划分及费用构成

【教学内容】

本项目主要学习水利水电工程项目组成、项目划分；水利水电工程费用构成。

【教学要求】

掌握水利水电工程项目划分和费用构成。

2.1　水利工程项目组成和项目划分

在水利工程分类和工程概算组成中，介绍了水利工程按概算项目划分为四大部分，分别为工程部分、建设征地移民补偿、环境保护工程、水土保持工程。本节仅就工程部分介绍其项目组成和项目划分。

2.1.1　水利工程项目组成

水利工程项目，其工程部分划分为建筑工程、机电设备及安装工程、金属结构设备及安装工程、施工临时工程和独立费用五个部分，每个部分下设三个等级项目。

2.1.1.1　建筑工程

1. 枢纽工程

枢纽工程指水利枢纽建筑物、大型泵站、大型拦河水闸和其他大型独立建筑物（含引水工程的水源工程）。包括挡水工程、泄洪工程、引水工程、发电厂（泵站）工程、升压变电站工程、航运工程、鱼道工程、交通工程、房屋建筑工程、供电设施工程和其他建筑工程。其中挡水工程等前七项为主体建筑工程。

（1）挡水工程。包括挡水的各类坝（闸）工程。

（2）泄洪工程。包括溢洪道、泄洪洞、冲沙孔（洞）、放空洞、泄洪闸等工程。

（3）引水工程。包括发电引水明渠、进水口、隧洞、调压井、高压管道等工程。

（4）发电厂（泵站）工程。包括地面、地下各类发电厂（泵站）工程。

（5）升压变电站工程。包括升压变电站、开关站等工程。

（6）航运工程。包括上下游引航道、船闸、升船机等工程。

（7）鱼道工程。根据枢纽建筑物布置情况，可独立列项。与拦河坝相结合的，也可作为拦河坝工程的组成部分。

（8）交通工程。包括上坝、进厂、对外等场内外永久公路，以及桥梁、交通隧洞、铁路、码头等工程。

（9）房屋建筑工程。包括为生产运行服务的永久性辅助生产建筑、仓库、办公、值班宿舍及文化福利建筑等房屋建筑工程和室外工程。

（10）供电设施工程。指工程生产运行供电需要架设的输电线路及变配电设施工程。

（11）其他建筑工程。包括安全监测设施工程，照明线路，通信线路，厂坝（闸、泵站）区供水、供热、排水等公用设施，劳动安全与工业卫生设施，水文、泥沙监测设施工程，水情自动测报系统工程及其他。

2．引水工程

引水工程指供水工程、调水工程和灌溉工程（1）。包括渠（管）道工程、建筑物工程、交通工程、房屋建筑工程、供电设施工程和其他建筑工程。

（1）渠（管）道工程。包括明渠、输水管道工程，以及渠（管）道附属小型建筑物（如观测测量设施、调压减压设施、检修设施）等。

（2）建筑物工程。指渠系建筑物、交叉建筑物工程，包括泵站、水闸、渡槽、隧洞、箱涵（暗渠）、倒虹吸、跌水、动能回收电站、调蓄水库、排水涵（槽）、公路（铁路）交叉（穿越）建筑物等。

建筑物类别根据工程设计确定。工程规模较大的建筑物可以作为一级项目单独列示。

（3）交通工程。指永久性对外公路、运行管理维护道路等工程。

（4）房屋建筑工程。包括为生产运行服务的永久性辅助生产建筑、仓库、办公用房、值班宿舍及文化福利建筑等房屋建筑工程和室外工程。

（5）供电设施工程。指工程生产运行供电需要架设的输电线路及变配电设施工程。

（6）其他建筑工程。包括安全监测设施工程，照明线路，通信线路，厂坝（闸、泵站）区供水、供热、排水等公用设施工程，劳动安全与工业卫生设施，水文、泥沙监测设施工程，水情自动测报系统工程及其他。

3．河道工程

河道工程指堤防修建与加固工程、河湖整治工程以及灌溉工程（2）。包括河湖整治与堤防工程、灌溉及田间渠（管）道工程、建筑物工程、交通工程、房屋建筑工程、供电设施工程和其他建筑工程。

（1）河湖整治与堤防工程。包括堤防工程、河道整治工程、清淤疏浚工程等。

（2）灌溉及田间渠（管）道工程。包括明渠、输配水管道、排水沟（渠、管）工程、渠（管）道附属小型建筑物（如观测测量设施、调压减压设施、检修设施）、田间土地平整等。

（3）建筑物工程。包括水闸、泵站工程，田间工程机井、灌溉塘坝工程等。

（4）交通工程。指永久性对外公路、运行管理维护道路等工程。

（5）房屋建筑工程。包括为生产运行服务的永久性辅助生产建筑、仓库、办公用房、值班宿舍及文化福利建筑等房屋建筑工程和室外工程。

（6）供电设施工程。指工程生产运行供电需要架设的输电线路及变配电设施工程。

（7）其他建筑工程。包括安全监测设施工程，照明线路，通信线路，厂坝（闸、泵站）区供水、供热、排水等公用设施工程，劳动安全与工业卫生设施，水文、泥沙监测设施工程及其他。

2．1．1．2　机电设备及安装工程

1．枢纽工程

枢纽工程的机电设备及安装工程指构成枢纽工程固定资产的全部机电设备及安装工

程。本部分由发电设备及安装工程、升压变电设备及安装工程和公用设备及安装工程三项组成。大型泵站和大型拦河水闸的机电设备及安装工程项目划分参考引水工程及河道工程划分方法。

(1) 发电设备及安装工程。包括水轮机、发电机、主阀、起重机、水力机械辅助设备、电气设备等设备及安装工程。

(2) 升压变电设备及安装工程。包括主变压器、高压电气设备、一次接线等设备及安装工程。

(3) 公用设备及安装工程。包括通信设备,通风采暖设备,机修设备,计算机监控系统,工业电视系统,管理自动化系统,全厂接地及保护网,电梯,坝区馈电设备,厂坝区供水、排水、供热设备,水文、泥沙监测设备,水情自动测报系统设备,视频安防监控设备,安全监测设备,消防设备,劳动安全与工业卫生设备,交通设备等设备及安装工程。

2. 引水工程及河道工程

引水工程及河道工程的机电设备及安装工程指构成该工程固定资产的全部机电设备及安装工程。一般包括泵站设备及安装工程、水闸设备及安装工程、电站设备及安装工程、供变电设备及安装工程和公用设备及安装工程。

(1) 泵站设备及安装工程。包括水泵、电动机、主阀、起重设备、水力机械辅助设备、电气设备等设备及安装工程。

(2) 水闸设备及安装工程。包括电气一次设备与电气二次设备及安装工程。

(3) 电站设备及安装工程。其组成内容可参照枢纽工程的发电设备及安装工程和升压变电设备及安装工程。

(4) 供变电设备及安装工程。包括供电、变配电设备及安装工程。

(5) 公用设备及安装工程。包括通信设备,通风采暖设备,机修设备,计算机监控系统,工业电视系统,管理自动化系统,全厂接地及保护网,厂坝(闸、泵站)区供水、排水、供热设备,水文、泥沙监测设备,水情自动测报系统设备,视频安防监控设备,安全监测设备,消防设备,劳动安全与工业卫生设备,交通设备等设备及安装工程。

灌溉田间工程还包括首部设备及安装工程、田间灌水设施及安装工程等。

(1) 首部设备及安装工程。包括过滤、施肥、控制调节、计量等设备及安装工程。

(2) 田间灌水设施及安装工程。包括田间喷灌、微灌等全部灌水设施及安装工程。

2.1.1.3　金属结构设备及安装工程

金属结构设备及安装工程指构成枢纽工程、引水工程和河道工程固定资产的全部金属结构设备及安装工程,包括闸门、启闭机、拦污设备、升船机等设备及安装工程,水电站(泵站等)压力钢管制作及安装工程和其他金属结构设备及安装工程。

金属结构设备及安装工程的一级项目应与建筑工程的一级项目相对应。

2.1.1.4　施工临时工程

施工临时工程指为辅助主体工程施工所必须修建的生产和生活用临时性工程。本部分组成内容如下:

(1) 导流工程。包括导流明渠、导流洞、施工围堰、蓄水期下游断流补偿设施、金属结构设备及安装工程等。

（2）施工交通工程。包括施工现场内外为工程建设服务的临时交通工程，如公路、铁路、桥梁、施工支洞、码头、转运站等。

（3）施工场外供电工程。包括从现有电网向施工现场供电的高压输电线路（枢纽工程35kV及以上等级；引水工程、河道工程10kV及以上等级；掘进机施工专用供电线路）、施工变（配）电设施设备（场内除外）工程。

（4）施工房屋建筑工程。指工程在建设过程中建造的临时房屋，包括施工仓库，办公及生活、文化福利建筑及所需的配套设施工程。

（5）其他施工临时工程。指除施工导流、施工交通、施工场外供电、施工房屋建筑、缆机平台、掘进机泥水处理系统和管片预制系统土建设施以外的施工临时工程。主要包括施工供水（大型泵房及干管）、砂石料系统、混凝土拌和浇筑系统、大型机械安装拆卸、防汛、防冰、施工排水、施工通信等工程。

根据工程实际情况可单独列示缆机平台、掘进机泥水处理系统和管片预制系统土建设施等项目。

施工排水指基坑排水、河道降水等，包括排水工程建设及运行费。

2.1.1.5 独立费用

独立费用主要包括以下部分：

（1）建设管理费。

（2）工程建设监理费。

（3）联合试运转费。

（4）生产准备费。包括生产及管理单位提前进厂费、生产职工培训费、管理用具购置费、备品备件购置费、工器具及生产家具购置费。

（5）科研勘测设计费。包括工程科学研究试验费和工程勘测设计费。

（6）其他。包括工程保险费、其他税费。

建筑工程、机电设备及安装工程、金属结构设备及安装工程均为永久性工程，均构成生产运行单位的固定资产。施工临时工程的全部投资扣除回收价值后，独立费用扣除流动资产和递延资产后，均以适当的比例摊入各永久工程中，构成固定资产的一部分。

2.1.2 水利水电工程项目划分

根据水利工程性质，其工程项目分别按枢纽工程、引水工程和河道工程划分，工程各部分下设一级、二级、三级项目。

1. 一级项目

一级项目指具有独立功能的单项工程，相当于扩大单位工程。

（1）枢纽工程下设的一级项目有挡水工程、泄洪工程、引水工程、发电厂（泵站）工程、升压变电站工程、航运工程、鱼道工程、交通工程、房屋建筑工程、供电设施工程和其他建筑工程。

（2）引水工程下设的一级项目为渠（管）道工程、建筑物工程、交通工程、房屋建筑工程、供电设施工程和其他建筑工程。

（3）河道工程下设的一级项目为河湖整治与堤防工程、灌溉及田间渠（管）道工程、建筑物工程、交通工程、房屋建筑工程、供电设施工程和其他建筑工程。

编制概估算时视工程具体情况设置项目，一般应按项目划分的规定，不宜合并。

2．二级项目

二级项目相当于单位工程。如枢纽工程一级项目中的挡水工程，其二级项目划分为混凝土坝（闸）、土石坝等工程。引水工程一级项目中的建筑物工程，其二级项目划分为泵站（扬水站、排灌站）、水闸工程、渡槽工程、隧洞工程。河道工程一级项目中的建筑物工程，其二级项目划分为水闸工程、泵站工程（扬水站、排灌站）和其他建筑物。

3．三级项目

三级项目相当于分部分项工程。如上述二级项目下设的三级项目为土方开挖、石方开挖、混凝土、模板、防渗墙、钢筋制安、混凝土温控措施、细部结构工程等。三级项目要按照施工组织设计提出的施工方法进行单价分析。

水利工程项目划分，见附录 2。

二、三级项目中，仅列示了代表性子目，编制概算时，二、三级项目可根据水利工程初步设计阶段的工作深度要求和工程情况进行增减。以三级项目为例，下列项目宜作必要的再划分：

（1）土方开挖工程。应将土方开挖与砂砾石开挖分列。

（2）石方开挖工程。应将明挖与暗挖，平洞与斜井、竖井分列。

（3）土石方回填工程。应将土方回填与石方回填分列。

（4）混凝土工程。应将不同工程部位、不同强度等级、不同级配的混凝土分列。

（5）模板工程。应将不同规格形状和材质的模板分列。

（6）砌石工程。应将干砌石、浆砌石、抛石、铅丝（钢筋）笼块石等分列。

（7）钻孔工程。应按使用不同钻孔机械及钻孔的不同用途分列。

（8）灌浆工程。应按不同灌浆种类分列。

（9）机电、金属结构设备及安装工程。应根据设计提供的设备清单，按分项要求逐一列出。

（10）钢管制作及安装工程。应将不同管径的钢管、叉管分列。

对于招标工程，应根据已批准的初步设计概算，按水利水电工程业主预算项目划分进行业主预算（执行概算）的编制。

4．水利水电工程项目划分注意事项

（1）现行的项目划分适用于估算、概算和施工图预算。对于招标文件和业主预算，要根据工程分标及合同管理的需要来调整项目划分。

（2）建筑安装工程三级项目的设置深度除应满足《水利工程设计概（估）算编制规定》的规定外，还必须与所采用定额相一致。

（3）对有关部门提供的工程量和预算资料，应按项目划分和费用构成正确处理。如施工临时工程，按其规模、性质，有的应在施工临时工程（1）～（4）项中单独列项，有的包括在"其他施工临时工程"中不单独列项，还有的包括在建筑安装工程直接费中的其他直接费内。

（4）注意设计单位的习惯与概算项目划分的差异。如施工导流用的闸门及启闭设备大多由金属结构设计人员提供，但应列在施工临时工程内，而不是金属结构设备及安装工程内。

2.2 水利水电工程工程部分费用构成

水利工程工程部分费用由工程费、独立费用、预备费、建设期融资利息组成，其内容如图 2.1 所示。

- 费用
  - 工程费
    - 建筑及安装工程费
    - 设备费
  - 独立费用
  - 预备费
  - 建设期融资利息

图 2.1 水利工程工程部分费用组成

1. 建筑及安装工程费

建筑及安装工程费由直接费、间接费、利润、材料补差和税金组成。其中，直接费由基本直接费和其他直接费组成。间接费由规费和企业管理费组成。

2. 设备费

设备费由设备原价、运杂费、运输保险费、采购及保管费组成。

3. 独立费用

独立费用由建设管理费、工程建设监理费、联合试运转费、生产准备费、科研勘测设计费和其他组成。其中，生产准备费由生产管理单位提前进厂费、生产职工培训费、管理用具购置费、备品备件购置费、工器具及生产家具购置费组成。科研勘测设计费由工程科学研究试验费、工程勘测设计费组成。其他包括工程保险费、其他税费。

4. 预备费

预备费由基本预备费和价差预备费组成。

5. 建设期融资利息

建设期融资利息利息主要是指工程项目在建设期内发生并计入固定资产的利息，主要是建设期发生的支付银行贷款、出口信贷、债券等的借款利息和融资费用。

2.2.1 建筑及安装工程费

建筑及安装工程费包括直接费、间接费、利润、材料补差和税金五个部分。

2.2.1.1 直接费

直接费指建筑安装工程施工过程中直接消耗在工程项目上的活劳动和物化劳动，由基本直接费和其他直接费组成。

1. 基本直接费

基本直接费包括人工费、材料费、施工机械使用费。

（1）人工费。人工费指直接从事建筑安装工程施工的生产工人开支的各项费用，内容包括：

1）基本工资。由岗位工资和年应工作天数内非作业天数的工资组成。

①岗位工资指按照职工所在岗位各项劳动要素测评结果确定的工资。

②生产工人年应工作天数以内非作业天数的工资，包括生产工人开会学习、培训期间的工资，调动工作、探亲、休假期间的工资，因气候影响的停工工资，女工哺乳期间的工

资，病假在 6 个月以内的工资及产、婚、丧假期的工资。

2）辅助工资。指在基本工资之外，以其他形式支付给生产工人的工资性收入，包括根据国家有关规定属于工资性质的各种津贴，主要包括艰苦边远地区津贴、施工津贴、夜餐津贴、节假日加班津贴等。

（2）材料费。材料费指用于建筑安装工程项目上的消耗性材料、装置性材料和周转性材料摊销费。包括定额工作内容规定应计入的未计价材料和计价材料。

材料预算价格一般包括材料原价、运杂费、运输保险费和采购及保管费四项。

1）材料原价。指材料指定交货地点的价格。

2）运杂费。指材料从指定交货地点至工地分仓库或相当于工地分仓库（材料堆放场）所发生的全部费用。包括运输费、装卸费及其他杂费。

3）运输保险费。指材料在运输途中的保险费。

4）采购及保管费。指材料在采购、供应和保管过程中所发生的各项费用。主要包括材料的采购、供应和保管部门工作人员的基本工资、辅助工资、职工福利费、劳动保护费、养老保险费、失业保险费、医疗保险费、工伤保险费、生育保险费、住房公积金、教育经费、办公费、差旅交通费及工具用具使用费；仓库、转运站等设施的检修费、固定资产折旧费、技术安全措施费；材料在运输、保管过程中发生的损耗等。

（3）施工机械使用费。施工机械使用费指消耗在建筑安装工程项目上的机械磨损、维修和动力燃料费用等。包括折旧费、修理及替换设备费、安装拆卸费、机上人工费和动力燃料费等。

1）折旧费。指施工机械在规定使用年限内回收原值的台时折旧摊销费用。

2）修理及替换设备费。

①修理费指施工机械使用过程中，为了使机械保持正常功能而进行修理所需的摊销费用和机械正常运转及日常保养所需的润滑油料、擦拭用品的费用，以及保管机械所需的费用。

②替换设备费指施工机械正常运转时所耗用的替换设备及随机使用的工具附具等摊销费用。

3）安装拆卸费。指施工机械进出工地的安装、拆卸、试运转和场内转移及辅助设施的摊销费用。部分大型施工机械的安装拆卸不在其施工机械使用费中计列，包含在其他施工临时工程中。

4）机上人工费。指施工机械使用时机上操作人员人工费用。

5）动力燃料费。指施工机械正常运转时所耗用的风、水、电、油和煤等费用。

在现行的《水利工程施工机械台时费定额》中，折旧费、修理及替换设备费、安装拆卸费属于一类费用，用价目表式；机上人工费、动力燃料费属于二类费用，用实物量表式。

2. 其他直接费

其他直接费包括冬雨季施工增加费、夜间施工增加费、特殊地区施工增加费、临时设施费、安全生产措施费和其他。

（1）冬雨季施工增加费。冬雨季施工增加费指在冬雨季施工期间为保证工程质量所需增加的费用。包括增加施工工序，增设防雨、保温、排水等设施增耗的动力、燃料、材料以及因人工、机械效率降低而增加的费用。

（2）夜间施工增加费。夜间施工增加费指施工场地和公用施工道路的照明费用。照明线路工程费用包括在"临时设施费"中；施工附属企业系统、加工厂、车间的照明费用，列入相应的产品中，均不包括在本项费用之内。

（3）特殊地区施工增加费。特殊地区施工增加费指在高海拔、原始森林、沙漠等特殊地区施工而增加的费用。

（4）临时设施费。临时设施费指施工企业为进行建筑安装工程施工所必需的但又未被划入施工临时工程的临时建筑物、构筑物和各种临时设施的建设、维修、拆除、摊销等。如：供风、供水（支线）、供电（场内）、照明、供热系统及通信支线，土石料场，简易砂石料加工系统，小型混凝土拌和浇筑系统，木工、钢筋、机修等辅助加工厂，混凝土预制构件厂，场内施工排水，场地平整、道路养护及其他小型临时设施等。

（5）安全生产措施费。安全生产措施费指为保证施工现场安全作业环境及安全施工、文明施工所需要，在工程设计已考虑的安全支护措施之外发生的安全生产、文明施工相关费用。

（6）其他。包括施工工具用具使用费，检验试验费，工程定位复测及施工控制网测设，工程点交、竣工场地清理，工程项目及设备仪表移交生产前的维护费，工程验收检测费等。

1）施工工具用具使用费。施工工具用具使用费指施工生产所需，但不属于固定资产的生产工具，检验、试验用具等的购置、摊销和维护费。

2）检验试验费。检验试验费指对建筑材料、构件和建筑安装物进行一般鉴定、检查所发生的费用，包括自设实验室所耗用的材料和化学药品费用，以及技术革新和研究试验费，不包括新结构、新材料的试验费和建设单位要求对具有出厂合格证明的材料进行试验、对构件进行破坏性试验，以及其他特殊要求检验试验的费用。

3）工程项目及设备仪表移交生产前的维护费。工程项目及设备仪表移交生产前的维护费指竣工验收前对已完工程及设备进行保护所需费用。

4）工程验收检测费。工程验收检测费指工程各级验收阶段为检测工程质量发生的检测费用。

2.2.1.2　间接费

间接费指施工企业为建筑安装工程施工而进行组织与经营管理所发生的各项费用。间接费构成产品成本，由规费和企业管理费组成。

1. 规费

规费指政府和有关部门规定必须缴纳的费用。包括社会保险费和住房公积金。

（1）社会保险费。

1）养老保险费。指企业按照规定标准为职工缴纳的基本养老保险费。

2）失业保险费。指企业按照规定标准为职工缴纳的失业保险费。

3）医疗保险费。指企业按照规定标准为职工缴纳的基本医疗保险费。

4）工伤保险费。指企业按照规定标准为职工缴纳的工伤保险费。

5）生育保险费。指企业按照规定标准为职工缴纳的生育保险费。

（2）住房公积金。指企业按照规定标准为职工缴纳的住房公积金。

2．企业管理费

企业管理费指施工企业为组织施工生产和经营管理活动所发生的费用。内容包括：

（1）管理人员工资。指管理人员的基本工资、辅助工资。

（2）差旅交通费。指施工企业管理人员因公出差、工作调动的差旅费，误餐补助费，职工探亲路费，劳动力招募费，职工离退休、退职一次性路费，工伤人员就医路费，工地转移费，交通工具运行费及牌照费等。

（3）办公费。指企业办公用文具、印刷、邮电、书报、会议、水电、燃煤（气）等费用。

（4）固定资产使用费。指企业属于固定资产的房屋、设备、仪器等的折旧、大修理、维修费或租赁费等。

（5）工具用具使用费。指企业管理使用不属于固定资产的工具、用具、家具、交通工具和检验、试验、测绘、消防用具等的购置、维修和摊销费。

（6）职工福利费。指企业按照国家规定支出的职工福利费，以及由企业支付离退休职工的易地安家补助费、职工退职金、6 个月以上的病假人员工资、按规定支付给离休干部的各项经费。职工发生工伤时企业依法在工伤保险基金之外支付的费用，其他在社会保险基金之外依法由企业支付给职工的费用。

（7）劳动保护费。指企业按照国家有关部门规定标准发放的一般劳动防护用品的购置及修理费、保健费、防暑降温费、高空作业及进洞津贴、技术安全措施以及洗澡用水、饮用水的燃料费等。

（8）工会经费。指企业按职工工资总额计提的工会经费。

（9）职工教育经费。指企业为职工学习先进技术和提高文化水平按职工工资总额计提的费用。

（10）保险费。指企业财产保险、管理用车辆等保险费用，高空、井下、洞内、水下、水上作业等特殊工种安全保险费、危险作业意外伤害保险费等。

（11）财务费用。指施工企业为筹集资金而发生的各项费用，包括企业经营期间发生的短期融资利息净支出、汇兑净损失、金融机构手续费、企业筹集资金发生的其他财务费用，以及投标和承包工程发生的保函手续费等。

（12）税金。指企业按规定缴纳的房产税、管理用车辆使用税、印花税等。

（13）其他。包括技术转让费、企业定额测定费、施工企业进退场费、施工企业承担的施工辅助工程设计费、投标报价费、工程图纸资料费及工程摄影费、技术开发费、业务招待费、绿化费、公证费、法律顾问费、审计费、咨询费等。

2.2.1.3　利润

利润指按规定应计入建筑安装工程费用中的利润。

2.2.1.4　材料补差

材料补差指根据主要材料消耗量、主要材料预算价格与材料基价之间的差值，计算的主要材料补差金额。材料基价是指计入基本直接费的主要材料的限制价格。

2.2.1.5 税金

税金是应计入建筑安装工程费用内的增值税销项税额，指企业发生的除企业所得税和允许抵扣的增值税以外的各项税金及其附加。根据水利部办公厅印发的《水利工程营业税改征增值税计价依据调整办法》（办水总〔2016〕132号），《水利部办公厅关于调整水利工程计价依据增值税计算标准的通知》（办财务函〔2019〕448号），建筑及安装工程费的税金税率为9%，自采砂石料税率为3%。

2.2.2 设备费

设备费包括设备原价、运杂费、运输保险费和采购及保管费。

2.2.2.1 设备原价

（1）国产设备。其原价指出厂价。

（2）进口设备。以到岸价和进口征收的税金、手续费、商检费及港口费等各项费用之和为原价。

（3）大型机组及其他大型设备分搬运至工地后的拼装费用，应包括在设备原价内。

2.2.2.2 运杂费

运杂费指设备由厂家运至工地现场所发生的一切运杂费用。包括运输费、装卸费、包装绑扎费、大型变压器充氮费及可能发生的其他杂费。

2.3.2.3 运输保险费

运输保险费指设备在运输过程中的保险费用。

2.2.2.4 采购及保管费

采购及保管费指建设单位和施工企业在负责设备的采购、保管过程中发生的各项费用。主要包括：

（1）采购保管部门工作人员的基本工资、辅助工资、职工福利费、劳动保护费、养老保险费、失业保险费、医疗保险费、工伤保险费、生育保险费、住房公积金、教育经费、办公费、差旅交通费、工具用具使用费等。

（2）仓库、转运站等设施的运行费、维修费，固定资产折旧费，技术安全措施费和设备的检验、试验费等。

2.2.3 独立费用

独立费用由建设管理费、工程建设监理费、联合试运转费、生产准备费、科研勘测设计费和其他六项组成。

2.2.3.1 建设管理费

建设管理费指建设单位在工程项目筹建和建设期间进行管理工作所需的费用。包括建设单位开办费、建设单位人员费、项目管理费三项。

1. 建设单位开办费

建设单位开办费指新组建的工程建设单位，为开展工作所必须购置的办公设施、交通工具等以及其他用于开办工作的费用。

2. 建设单位人员费

建设单位人员费指建设单位从批准组建之日起至完成该工程建设管理任务之日止，需

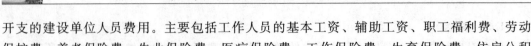

开支的建设单位人员费用。主要包括工作人员的基本工资、辅助工资、职工福利费、劳动保护费、养老保险费、失业保险费、医疗保险费、工伤保险费、生育保险费、住房公积金等。

3. 项目管理费

项目管理费指建设单位从筹建到竣工期间所发生的各种管理费用。包括以下部分。

(1) 工程建设过程中用于资金筹措、召开董事（股东）会议、视察工程建设所发生的会议和差旅等费用。

(2) 工程宣传费。

(3) 土地使用税、房产税、印花税、合同公证费。

(4) 审计费。

(5) 施工期间所需的水情、水文、泥沙、气象监测费和报汛费。

(6) 工程验收费。

(7) 建设单位人员的教育经费、办公费、差旅交通费、会议费、交通车辆使用费、技术图书资料费、固定资产折旧费、零星固定资产购置费、低值易耗品摊销费、工具用具使用费、修理费、水电费、采暖费等。

(8) 招标业务费。

(9) 经济技术咨询费。包括勘测设计成果咨询、评审费，工程安全鉴定、验收技术鉴定、安全评价相关费用，建设期造价咨询、防洪影响评价、水资源论证、工程场地地震安全性评价、地质灾害危险性评价及其他专项咨询等发生的费用。

(10) 公安、消防部门派驻工地补贴费及其他工程管理费用。

2.2.3.2　工程建设监理费

工程建设监理费指建设单位在工程建设过程中委托监理单位，对工程建设的质量、进度、安全和投资进行监理所发生的全部费用。

2.2.3.3　联合试运转费

联合试运转费指水利工程的发电机组、水泵等安装完毕，在竣工验收前，进行整套设备带负荷联合试运转期间所需的各项费用。主要包括联合试运转期间所消耗的燃料、动力、材料及机械使用费，工具用具购置费，施工单位参加联合试运转人员的工资等。

2.2.3.4　生产准备费

生产准备费指水利建设项目的生产、管理单位为准备正常的生产运行或管理发生的费用。包括生产及管理单位提前进厂费、生产职工培训费、管理用具购置费、备品备件购置费和工器具及生产家具购置费。

1. 生产及管理单位提前进厂费

生产及管理单位提前进厂费指在工程完工之前，生产、管理单位一部分工人、技术人员和管理人员提前进厂进行生产筹备工作所需的各项费用。内容包括提前进厂人员的基本工资、辅助工资、职工福利费、劳动保护费、养老保险费、失业保险费、医疗保险费、工伤保险费、生育保险费、住房公积金、教育经费、办公费、差旅交通费、会议费、技术图书资料费、零星固定资产购置费、低值易耗品摊销费、工具用具使用费、修理费、水电费、采暖费等，以及其他属于生产筹建期间应开支的费用。

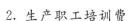

2．生产职工培训费

生产职工培训费指生产及管理单位为保证生产、管理工作顺利进行，对工人、技术人员和管理人员进行培训所发生的费用。

3．管理用具购置费

管理用具购置费指为保证新建项目的正常生产和管理所必须购置的办公和生活用具等费用。包括办公室、会议室、资料档案室、阅览室、文娱室、医务室等公用设施需要配置的家具器具。

4．备品备件购置费

备品备件购置费指工程在投产运行初期，由于易损件损耗和可能发生的事故，而必须准备的备品备件和专用材料的购置费。不包括设备价格中配备的备品备件。

5．工器具及生产家具购置费

工器具及生产家具购置费指按设计规定，为保证初期生产正常运行所必须购置的不属于固定资产标准的生产工具、器具、仪表、生产家具等的购置费。不包括设备价格中已包括的专用工具。

2.2.3.5 科研勘测设计费

科研勘测设计费指工程建设所需的科研、勘测和设计等费用。包括工程科学研究试验费和工程勘测设计费。

1．工程科学研究试验费

工程科学研究试验费指为保障工程质量，解决工程建设技术问题，而进行必要的科学研究试验所需的费用。

2．工程勘测设计费

工程勘测设计费指工程从项目建议书阶段开始至以后各设计阶段发生的勘测费、设计费和为勘测设计服务的常规科研试验费。不包括工程建设征地移民设计、环境保护设计、水土保持设计各设计阶段发生的勘测设计费。

2.2.3.6 其他

1．工程保险费

工程保险费指工程建设期间，为使工程能在遭受水灾、火灾等自然灾害和意外事故造成损失后得到经济补偿，而对工程进行投保所发生的保险费用。

2．其他税费

其他税费指按国家规定应缴纳的与工程建设有关的税费。

2.2.4 预备费及建设期融资利息

2.2.4.1 预备费

预备费包括基本预备费和价差预备费。

1．基本预备费

基本预备费主要为解决在工程建设过程中，设计变更和有关技术标准调整增加的投资以及工程遭受一般自然灾害所造成的损失和为预防自然灾害所采取的措施费用。

2. 价差预备费

价差预备费主要为解决在工程建设过程中，因人工工资、材料和设备价格上涨以及费用标准调整而增加的投资。

2.2.4.2　建设期融资利息

根据国家财政金融政策规定，工程在建设期内需偿还并应计入工程总投资的融资利息。

思 考 题

1. 工程部分建设项目费用包括哪些？
2. 水利工程的费用由哪些构成？
3. 简述直接费的含义及组成。
4. 间接费中的规费包括哪些内容？
5. 间接费中的企业管理费包括哪些内容？
6. 现行的税金税率是多少？

第3章 工　程　定　额

【教学内容】

本项目主要介绍工程定额的概念、作用及分类；施工定额、预算定额、概算定额的概念、作用、编制原则、方法和步骤；工程定额的使用。

【教学要求】

了解定额的种类和编制方法；理解各种定额之间的区别与联系；掌握施工定额、预算定额、概算定额的概念、作用和定额的使用。

3.1　工　程　定　额　概　述

3.1.1　定额的起源和发展

定额是企业科学管理的产物，最先由美国工程师泰勒（F. W. Taylor，1856—1915）开始研究。

20世纪初，在资本主义国家，企业的生产技术得到了很大的提高，但由于管理跟不上，经济效益仍然不理想。为了通过加强管理提高劳动生产率，泰勒开始研究管理方法。他首先将工人的工作时间划分为若干个组成部分，如划分为准备工作时间、基本工作时间、辅助工作时间等，然后用秒表来测定完成各项工作所需的劳动时间，以此为基础制定工时消耗定额，作为衡量工人工作效率的标准。

在研究工人工作时间的同时，泰勒把工人在劳动中的操作过程分解为若干个操作步骤，去掉多余和无效的动作，制定出操作顺序最佳、付出体力最少、节省工作时间最多的操作方法，以期达到提高工作效率的目的。可见，运用该方法制定工时消耗定额是建立在先进合理的操作方法基础上的。

制定科学的工时定额、实行标准的操作方法、采用先进的工具和设备，再加上有差别的计件工资制，就构成了"泰勒制"的主要内容。

"泰勒制"给资本主义企业管理带来了根本的变革。因而，在资本主义管理史上，泰勒被尊为"科学管理之父"。

在企业管理中采用定额管理的方法来促进劳动生产率的提高，正是泰勒制中科学的、有价值的内容，应该用来为社会主义市场经济建设服务。定额虽然是管理科学发展初期的产物，但它在企业管理中占有重要地位。因为定额提供的各项数据，始终是实现科学管理的必要条件。所以，定额是企业科学管理的基础。

3.1.2　定额的基本概念

1. 定额的概念

所谓"定"就是规定；"额"就是额度或限额，是进行生产经营活动时，在人力、物力、财力和时间消耗方面所应遵守或达到的数量标准。从广义理解，定额就是规定的额度或限额，即标准或尺度，也是处理特定事物的数量界限。

在现代社会经济生活中，定额几乎无处不在。就生产领域来说，工时定额、原材料消耗定额、原材料和成品半成品储备定额、流动资金定额等，都是企业管理的重要基础。在工程建设领域也存在多种定额，它是工程造价计价的重要依据。因此，在研究工程造价的计价依据和计价方式时，有必要首先对工程建设定额的基本原理有一个基本认识。

2. 建设工程定额的概念

建设工程定额是指在正常的施工条件和合理劳动组织、合理使用材料及机械的条件下，完成单位合格产品所必须消耗的人工、材料、机械和工期等的数量标准。

建设工程定额是工程造价的计价依据。反映社会生产力投入和产出关系的定额，在建设管理中不可缺少。尽管建设管理科学在不断发展，但是仍然离不开建设工程定额。

建设工程定额的概念适用于建设工程的各种定额。建设工程定额概念中的"正常施工条件"是界定研究对象的前提条件。一般在定额子目中，仅规定了完成单位合格产品所必须消耗人工、材料、机械台班（时）的数量标准，而定额的总说明、册说明、章说明中，则对定额编制的依据、定额子目包括的内容和未包括的内容、正常施工条件和特殊条件下，数量标准的调整系数等均做了说明和规定，所以了解正常施工条件，是学习使用定额的基础。

建设工程定额概念中"合理劳动组织、合理使用材料和机械"的含义，是指按定额规定的劳动组织、施工应符合国家现行的施工及验收规范、规程、标准，施工条件完善，材料符合质量标准，运距在规定的范围内，施工机械设备符合质量规定的要求，运输、运行正常等。

定额概念中"单位合格产品"的单位是指定额子目中的单位。合格产品的含义是施工生产提供的产品，必须符合国家或行业现行施工及验收规范和质量评定标准的要求。

所以，定额不仅规定了建设工程投入产出的数量标准，而且还规定了具体工作内容、质量标准和安全要求。考察个别生产过程中的投入产出关系不能形成定额，只有大量科学分析、考察建设工程中投入和产出关系，并取其平均先进水平或社会平均水平，才能确定某一研究对象的投入和产出的数量标准，从而制定定额。

3.2 工程定额的分类、作用和特点

3.2.1 工程定额的分类

建筑工程定额的种类很多，根据内容、用途和使用范围的不同，可有以下几种分类方式。

1. 按定额反映的生产要素内容分类

进行物质资料生产所必须具备的三要素是：劳动者、劳动对象和劳动手段。劳动者是指生产工人，劳动对象是指建筑材料和各种半成品等，劳动手段是指生产机具和设备。为了适应建筑施工活动的需要，定额可按这三个要素编制，即劳动消耗定额、材料消耗定

额、机械消耗定额。

（1）劳动消耗定额。简称劳动定额，也称人工定额，它规定了在一定的技术装备和劳动组织条件下，某工种某等级的工人或工人小组，生产单位合格产品所需消耗的劳动时间，或是在单位工作时间内生产合格产品的数量标准。前者称为时间定额，后者称为产量定额。

（2）材料消耗定额。是指在正常施工条件、节约和合理使用材料条件下，生产单位合格产品所必须消耗的一定品种规格的原材料、半成品、构配件的数量标准。

（3）机械消耗定额。我国机械消耗定额是以一台机械一个工作班（或1h）为计量单位，所以又称机械台班（或台时）使用定额。它规定了在正常施工条件下，利用某种施工机械，生产单位合格产品所必须消耗的机械工作时间，或者在单位时间内施工机械完成合格产品的数量标准。

2. 按定额的编制程序和用途分类

（1）施工定额。施工定额是指在全国统一定额指导下，以同一性质的施工过程——工序为测算对象，规定建筑安装工人或班组，在正常施工条件下完成单位合格产品所需消耗人工、材料、机械台班（时）的数量标准。

施工定额是施工企业内部直接用于组织与管理施工的一种技术定额，是指规定在工作过程或综合工作过程中所生产合格单位产品必须消耗的活劳动与物化劳动的数量标准。

施工定额是地区专业主管部门和企业的有关职能机构根据专业施工的特点规定出来并按照一定程序颁发执行的。它反映了制定和颁发施工定额的机构和企业对工人劳动成果的要求，也是衡量建筑安装企业劳动生产率水平和管理水平的标准。

施工定额是以同一性质的施工过程——工序作为研究对象，表示生产产品数量与时间消耗综合关系编制的定额。施工定额是施工企业（建筑安装企业）在组织生产和加强管理时在企业内部使用的一种定额，属于企业定额的性质。它是工程建设定额中的基础性定额，同时也是编制预算定额的基础。施工定额本身由劳动定额、材料消耗定额和机械台班（时）使用定额三个相对独立的部分组成。

（2）预算定额。预算定额以工程基本构造要素，即分项工程和结构构件为研究对象，规定完成单位合格产品需要消耗的人工、材料、机械台班（时）的数量标准，是计算建筑安装工程产品价格的基础。

预算定额是由国家主管机关或被授权单位组织编制并颁发的一种法令性指标，也是工程建设中一项重要的技术经济文件，在执行中具有很大的权威性。它的各项指标反映了在完成规定计量单位符合设计标准和施工及验收规范要求的分项工程消耗的活劳动和物化劳动的数量限度。这种限度最终决定单项工程和单位工程的成本和造价。

预算定额是以建筑物或构筑物各个分部分项工程为对象编制的定额。其内容包括劳动定额、材料消耗定额、机械台班（时）使用定额三个基本部分，是一种计价的定额。从编制程序上看，预算定额是以施工定额为基础综合扩大编制的，同时它也是编制概算定额的基础。随着经济发展，在一些地区出现了综合预算定额的形式，它实际上是预算定额的一种，只是在编制方法上更加扩大、综合、简化。

（3）概算定额。概算定额是在预算定额基础上，确定完成合格的单位扩大分项工程或单位扩大结构构件所需消耗的人工、材料和机械台班（时）的数量标准，所以概算定额又称扩大结构定额。例如模板工程中的直墙圆拱形隧洞衬砌钢模板概算定额是由预算定额中的顶拱圆弧面、边墙墙面、底板等的模板制作和安装拆除等定额项目，综合在一起并适当扩大编制而成的，以适应概算编制的需要。

概算定额是以扩大的分部分项工程或单位扩大结构构件为对象，表示完成合格的该工程项目所需消耗的人工、材料和机械台班（时）的数量标准，同时它也列有工程费用，也是一种计价性定额。一般是在预算定额的基础上通过综合扩大编制而成，同时也是编制概算指标的基础。

（4）投资估算指标。投资估算指标是在项目建议书和可行性研究阶段编制投资估算、计算投资需要量时使用的一种定额。它具有较强的综合性、概括性，它的概略程度与可行性研究相适应。往往以独立的单项工程或完整的工程项目为计算对象，编制内容是所有项目费用之和。它的主要作用是为项目决策和投资控制提供依据，是一种扩大的技术经济指标。

投资估算指标往往根据历史的预、决算资料和价格变动等资料编制，但其编制基础仍然离不开预算定额、概算定额。

3. 按照费用性质分类

（1）直接费定额。直接费定额是指直接用于施工生产的人工、材料、机械消耗的定额。如现行水利水电建筑工程预算定额和概算定额等。

（2）间接费定额。间接费定额是指施工企业进行施工组织和管理所发生的费用定额。

（3）施工机械台班（时）费定额。施工机械台班（时）费定额是指施工机械在单位台班或台时中，为使机械正常运转所损耗和分摊的费用定额，如《水利工程施工机械台时费定额》。

（4）其他基本建设费用定额。其他基本建设费用定额是指不属于建筑安装工程的独立费用定额，如勘测设计费定额、工程项目管理费定额等。

4. 按编制单位和管理权限分类

（1）全国统一定额。全国统一定额是由国家建设行政主管部门综合全国工程建设中技术和施工组织管理的情况编制，并在全国范围内执行的定额。

（2）行业统一定额。行业统一定额是考虑到各行业部门专业工程技术特点，以及施工生产和管理水平编制的。一般只在本行业和相同专业性质的范围内使用。

（3）地区统一定额。地区统一定额包括省、自治区、直辖市定额。地区统一定额主要是考虑地区性特点和全国统一定额水平做适当调整和补充编制的。

（4）企业定额。企业定额是指由施工企业考虑本企业具体情况，参照国家、部门或地区定额的水平制定的定额。企业定额只在企业内部使用，是企业管理水平的一个标志。企业定额水平一般应高于国家现行定额，才能满足生产技术发展、企业管理和市场竞争的需要。

企业的技术和管理水平不同，企业定额的定额水平也就不同。因此，企业定额是施工企业进行施工管理和投标报价的基础和依据，从一定意义上讲，企业定额是企业的商业秘密，是企业参与市场竞争的核心竞争能力的具体表现。

（5）补充定额。补充定额是指随着设计、施工技术的发展，现行定额不能满足需要的情况下，为了补充缺陷所编制的定额。补充定额只能在制定的范围内使用，可以作为以后修订定额的基础。

5. 按照专业性质分类

（1）全国通用定额。全国通用定额是指工程地质、施工条件、方法相同的建设工程，各部门和地区间都可以使用的定额。如工业与民用建筑工程定额。

（2）行业通用定额。行业通用定额是指一些工程项目具有一定的专业特点，在行业部门内可以通用的定额。如煤炭、化工、建材、冶金等部门共同编制的矿山、巷井工程定额。

（3）专业专用定额。专业专用定额是指一些专业性工程，只在某一专业内使用的定额。如水利工程定额、化工工程定额等。

上述各种定额虽然适用于不同的情况和用途，但是它们是一个互相联系的、有机的整体，在实际工作中配合使用。

3.2.2 工程定额的作用

1. 施工定额的作用

施工定额是企业内部直接用于组织与管理施工中控制工料机消耗的一种定额，在施工过程中，施工定额是施工企业的生产定额，是企业管理工作的基础。在施工企业管理中有如下作用：

（1）施工定额是编制施工预算，进行"两算"对比，加强企业成本管理的依据。施工预算是指按照施工图纸和说明书计算的工程量，根据施工组织设计的施工方法，采用施工定额并结合施工现场实际情况编制的，拟完成某一单位合格产品所需要的人工、材料、机械消耗数量和生产成本的经济文件。没有施工定额，无法编制施工预算，就无法进行"两算"（施工图预算和施工预算）对比，企业管理就缺乏基础。

（2）施工定额是组织施工的依据。施工定额是施工企业下达施工任务单、劳动力安排、材料供应和限额领料、机械调度的依据；是编制施工组织设计，制订施工作业计划和人工、材料、机械台班（时）需用量计划的依据；是施工队向工人班组签发施工任务书和限额领料单的依据。

（3）施工定额是计算劳动报酬和按劳分配的依据。目前，施工企业内部推行多种形式的经济承包责任制，施工定额是计算承包指标和考核劳动成果、发放劳动报酬和奖励的依据；是实行计件、定额包工包料、考核工效的依据；是班组开展劳动竞赛、班组核算的依据。

（4）施工定额能促进技术进步和降低工程成本。施工定额的编制采用平均先进水平。所谓平均先进水平，是指在正常条件下，多数施工班组或生产者经过努力可以达到，少数班组或生产者可以接近，个别班组或生产者可以超过的水平。一般来说，它低于先进水平，略高于平均水平。这种水平使先进的班组或工人感到有一定压力，能鼓励他们进一步提高技术水平；大多数处于中间水平的班组或工人感到定额水平可望也可及，能增强他们达到定额甚至超过定额的信心。平均先进水平不迁就少数后进者，而是使他们产生努力工作的责任感，认识到必须花较大的精力去改善施工条件，改进技术操作方法，才能缩短差距，尽快达到定额水平。所以，平均先进水平是一种鼓励先进、勉励中间、鞭策后进的定额水平。只有贯彻这样的定额水平，才能达到不断提高劳动生产率，进而提高企业经济效益的目的。

因此施工定额不仅可以计划、控制、降低工程成本，而且可以促进基层学习，采用新技术、新工艺、新材料和新设备，提高劳动生产率，达到快、好、省地完成施工任务的目的。

(5) 施工定额是编制预算定额的基础。预算定额是在施工定额的基础上通过综合和扩大编制而成的。由于新技术、新结构、新工艺等的采用，在预算定额或单位估价表中缺项时，要补充或测定新的预算定额及单位估价表都是以施工定额为基础来制定的。

2. 预算定额的作用

预算定额是确定单位分项工程或结构构件价格的基础，因此，它体现着国家、建设单位和施工企业之间的一种经济关系。建设单位按预算定额为拟建工程提供必要的资金供应，施工企业则在预算定额的范围内，通过建筑施工活动，按质、按量、按期地完成工程任务。预算定额在我国建筑安装工程中具有以下重要作用：

(1) 预算定额是编制施工图预算及确定和控制建筑安装工程造价的依据。施工图预算是施工图设计文件之一，是控制和确定建筑安装工程造价的必要手段。编制施工图预算，除设计文件决定的建设工程功能、规模、尺寸和文字说明是计算分部分项工程量和结构构件数量的依据外，预算定额是确定一定计量单位分项工程（或结构构件）人工、材料、机械消耗量的依据，也是计算分项工程（或结构构件）单价的基础。所以，预算定额对建筑安装工程直接工程费影响很大。依据预算定额编制施工图预算，对确定建筑安装工程费用会起到很好的作用。

(2) 预算定额是对设计方案进行技术经济分析和比较的依据。设计方案的确定在设计工作中居于中心地位。设计方案的选择要满足功能要求、符合设计规范，既要技术先进又要经济合理。根据预算定额对方案进行技术经济分析和比较，是选择经济合理设计方案的重要方法。对设计方案进行比较，主要是通过定额对不同方案所需人工、材料和机械台班（时）消耗量，材料重量、材料资源等进行比较。这种比较可以判明不同方案对工程造价的影响，从而选择经济合理的设计方案。

对于新结构、新材料的应用和推广，也需要借助预算定额进行技术经济分析和比较，从技术与经济的结合上考虑普遍采用的可能性和效益。

(3) 预算定额是编制施工组织设计的依据。施工组织设计的重要任务之一，是确定施工中所需人力、物力的供求量，并作出最佳安排。施工单位在缺乏本企业施工定额的情况下，根据预算定额，亦能比较精确地计算出施工中各项资源的需要量，为有计划地组织材料采购和预制件加工、劳动力和施工机械的调配提供可靠的计算依据。

(4) 预算定额是工程结算的依据。按照进度支付工程款，需要根据预算定额将已完分项工程造价算出，单位工程验收后，再按竣工工程量、预算定额和施工合同规定进行结算，以保证建设单位资金的合理使用和施工单位的经济收入。

(5) 预算定额是施工企业进行经济活动分析的依据。实行经济核算的根本目的，是用经济的方法促使企业在保证质量和工期的条件下，用少的劳动消耗取得好的经济效果。目前，预算定额仍决定着施工企业的效益，企业必须以预算定额作为评价施工企业工作的重要标准。施工企业可根据预算定额，对施工中的人工、材料、机械的消耗情况进行具体分析，以便找出低工效、高消耗的薄弱环节及其原因，为实现经济效益的增长由粗放型向集约型转变提供对比数据，促进企业提高市场竞争力。

（6）预算定额是编制标底和投标报价的基础。在我国加入 WTO 以后，为了与国际工程承包管理的惯例接轨，随着工程量清单计价的推行，预算定额的指令性作用将日益削弱，而对施工企业按照工程个别成本报价的指导性作用仍然存在，因此，预算定额作为编制标底的依据和施工企业投标报价的基础性作用仍将存在，这是由它本身的科学性和权威性决定的。

（7）预算定额是编制概算定额和概算指标的基础。概算定额和概算指标是在预算定额基础上经综合扩大编制的，需要利用预算定额作为编制依据，这样不但可以节约编制工作中大量的人力、物力和时间，收到事半功倍的效果，还可以使概算定额和概算指标在水平上与预算定额一致，避免造成同一工程项目在不同阶段造价管理中的不一致。

3. 概算定额的作用

概算定额主要作用如下：

（1）概算定额是初步设计阶段编制设计概算、扩大初步设计阶段编制修正概算的主要依据。

（2）概算定额是对设计方案进行技术经济分析比较的基础资料之一。

（3）概算定额是编制施工进度计划及材料和机械需用计划的依据。

（4）概算定额是编制概算指标的依据。

4. 企业定额的作用

企业定额是建筑安装企业管理工作的基础，也是工程建设定额体系中的基础，施工定额是建筑安装企业内部管理的定额，属于企业定额的性质，所以企业定额的作用与施工定额的作用是相同的。其作用主要表现在以下几个方面：

（1）企业定额是企业计划管理的依据。企业定额在企业计划管理方面的作用，表现在它既是企业编制施工组织设计的依据，也是企业编制施工作业计划的依据。

施工组织设计是指导拟建工程进行施工准备和施工生产的技术经济文件，其基本任务是根据招标文件及合同协议的规定，确定出经济合理的施工方案，在人力和物力、时间和空间、技术和组织上对拟建工程做出最佳的安排。施工作业计划则是根据企业的施工计划、拟建工程的施工组织设计和现场实际情况编制的。这些计划的编制必须依据企业定额，因为施工组织设计包括三部分内容，即资源需用量、使用这些资源的最佳时间安排和平面规划。施工中实物工程量和资源需要量的计算均要以企业定额的分项和计量单位为依据。施工作业计划是施工单位计划管理的中心环节，编制时也要用企业定额进行劳动力、施工机械和运输力量的平衡；计算材料、构件等分期需用量和供应时间；计算实物工程量和安排施工形象进度。

（2）企业定额是组织和指挥施工生产的有效工具。企业组织和指挥施工班组进行施工，是按照作业计划通过下达施工任务单和限额领料单来实现的。

施工任务单既是下达施工任务的技术文件，也是班、组经济核算的原始凭证。它列出了应完成的施工任务，也记录着班组实际完成任务的情况，并且进行班组工人的工资结算。施工任务单上的工程计量单位、产量定额和计件单位，均需取自施工的劳动定额，工资结算也要根据劳动定额的完成情况计算。

限额领料单是施工队随任务单同时签发的领取材料的凭证，这一凭证是根据施工任务和施工的材料定额填写的。其中领料的数量是班组为完成规定的工程任务消耗材料的最高限额，这一限额也是评价班组完成任务情况的一项重要指标。

（3）企业定额是计算工人劳动报酬的根据。企业定额是衡量工人劳动数量和质量，提供成果和效益的标准，所以，企业定额应是计算工人工资的基础依据。这样才能做到完成定额好，工资报酬就多，达不到定额，工资报酬就会减少，真正实现多劳多得、少劳少得的社会主义分配原则。这对于打破企业内部分配方面的大锅饭是很有现实意义的。

（4）企业定额是企业激励工人的条件。激励在实现企业管理目标中占有重要位置。所谓激励，就是采取某些措施激发和鼓励员工在工作中的积极性和创造性。但激励只有在满足人们某种需要的情形下才能起到作用，完成和超额完成定额，不仅能获取更多的工资报酬，而且也能满足自尊，得到他人（社会）的认可，并且能进一步发挥个人潜力来体现自我价值。如果没有企业定额这种标准尺度，就缺少必要的手段激励人们去争取更多的工资报酬。

（5）企业定额有利于推广先进技术。企业定额水平中包含某些已成熟的先进的施工技术和经验，工人要达到和超过定额，就必须掌握和运用这些先进技术，如果工人要想大幅度超过定额，就必须有创造性的劳动和超常规的发挥。第一，在工作中，改进工具、技术和操作方法，注意节约原材料，避免浪费。第二，企业定额中往往明确要求采用某些较先进的施工工具和施工方法，所以贯彻企业定额也就意味着推广先进技术。第三，企业为了推行企业定额，往往要组织技术培训，以帮助工人能达到和超过定额。技术培训和技术表演等方式也都可以大大普及先进技术和先进操作方法。

（6）企业定额是编制施工预算和加强企业成本管理的基础。施工预算是施工单位用以确定单位工程上人工、机械、材料需要量的计划文件。施工预算以企业定额（或施工定额）为编制基础，既要反映设计图纸的要求，也要考虑在现有条件下可能采取的节约人工、材料和降低成本的各项具体措施。这就能够有效地控制施工人力、物力消耗，节约成本开支。

施工中人工、机械和材料的费用，是构成工程成本中直接费用的主要内容，对间接费用的开支也有很大的影响。严格执行施工定额不仅可以起到控制成本、降低费用开支的作用，同时为企业加强班组核算和增加盈利创造了良好的条件。

（7）企业定额是施工企业进行工程投标、编制工程投标报价的基础和主要依据。作为企业定额，它反映本企业施工生产的技术水平和管理水平，在确定工程投标报价时，首先是依据企业定额计算出施工企业拟完成投标工程需要发生的计划成本。在掌握工程成本的基础上，根据所处的环境和条件，确定在该工程上拟获得的利润、预计的工程风险费用和其他应考虑的因素，从而确定投标报价。因此，企业定额是施工企业计算投标报价的根基。

特别是实行工程量清单计价，施工企业根据本企业的企业定额进行的投标报价最能反映企业实际施工生产的技术水平和管理水平，体现出本企业在某些方面的技术优势，使本企业在激烈的竞争市场中占据有利的位置，立于不败之地。

由此可见，企业定额在建筑安装企业管理的各个环节都是不可缺少的，企业定额管理是企业的基础性工作，具有重要作用。

3.2.3 工程建设定额的特点

1. 科学性

工程建设定额的科学性包括两重含义：一是工程建设定额和生产力发展水平相适应，反映出工程建设中生产消费的客观规律；二是工程建设定额管理在理论、方法和手段上适应现代科学技术和信息社会发展的需要。

工程建设定额的科学性，首先表现在用科学的态度制定定额，尊重客观实际，力求定额水平合理；其次表现在制定定额的技术方法上，利用现代科学管理的成就，形成一套系统的、完整的、在实践中行之有效的方法；第三表现在定额制定和贯彻的一体化。制定是为了提供贯彻的依据，贯彻是为了实现管理的目标，也是对定额的信息反馈。

建筑工程定额的科学性主要表现在用科学的态度和方法，总结我国大量投入和产出的关系和资源消耗数量标准的客观规律，制定的定额符合国家有关标准、规范的规定，反映了一定时期我国生产力发展的水平，是在认真研究施工生产过程中的客观规律的基础上，通过长期的观察、测定、总结生产实践经验以及广泛搜集资料的基础上编制的。在编制过程中，必须对工作时间、现场布置、工具设备改革，以及生产技术与组织管理等各方面进行科学的综合研究。因此，制定的定额客观地反映了施工生产企业的生产力水平，所以定额具有科学性。

2. 系统性

工程建设定额是相对独立的系统，它是由不同层次的多种定额等结合而成的一个有机的整体。它的结构复杂，有鲜明的层次，有明确的目标。

工程建设定额的系统性是由工程建设的特点决定的。按照系统论的观点，工程建设本身就是庞大的实体系统，工程建设定额是为这个实体系统服务的。因而工程建设本身的多种类、多层次就决定了以它为服务对象的工程建设定额的多种类、多层次。

3. 统一性

工程建设定额的统一性按照其影响力和执行范围来看，有全国统一定额、地区统一定额和行业统一定额等；按照定额的制定、颁布和贯彻使用来看，有统一的程序、统一的原则、统一的要求和统一的用途。

工程建设定额的统一性，主要是由国家对经济发展的有计划的宏观调控职能决定的。为了使国民经济按照既定的目标发展，就需要借助某些标准、定额、参数等，对工程建设进行规划、组织、调节、控制。而这些标准、定额、参数必须在一定的范围内有一种统一的尺度，才能实现上述职能，才能利用它对项目的决策、设计方案、投标报价、成本控制进行比选和评价。

4. 权威性

定额是由国家授权部门根据当时的实际生产力水平制定并颁发的，具有很大的权威性，这种权威性在一些情况下具有经济法规性质。各地区、部门和相关单位，都必须严格遵守，未经许可，不得随意改变定额的内容和水平，以保证建设工程造价有统一的尺度。

但是，在市场经济条件下，定额在执行过程中允许企业根据招投标等具体情况进行调整，使其体现市场经济的特点。建筑安装工程定额既能起到国家宏观调控市场，又能起到让建筑市场充分发展的作用，就必须要有一个社会公认的，在使用过程中可以有根据地改变其水平的定额。这种具有权威性控制量的定额，各业主和工程承包商可以根据生产力水平状况进行适当调整。

具有权威性和灵活性的建筑安装工程定额是符合社会主义市场经济条件下建筑产品的生产规律。

定额的权威性是建立在采用先进科学的编制方法基础之上的，能正确反映本行业的生产力水平，符合社会主义市场经济的发展规律。

5. 稳定性与时效性

定额反映了一定时期社会生产力水平，是一定时期技术发展和管理水平的反映。当生产力水平发生变化，原定额已不适用时，授权部门应当根据新的情况制定出新的定额或修改、调整、补充原有的定额。但是，社会和市场的发展有其自身的规律，有一个从量变到质变的过程，而且定额的执行也有一个时间过程。所以，定额发布后，在一段时期内表现出相对稳定性。保持定额的稳定性是维护定额的权威性所必需的。

但是工程建设定额的稳定性是相对的。当生产力向前发展了，定额就会与已经发展了的生产力不相适应。这样，它原有的作用就会逐步减弱以至消失，需要重新编制或修订。

6. 群众性

定额的群众性是指定额的制定和执行都必须有广泛的群众基础。因为定额水平的高低主要取决于建筑安装工人所创造的劳动生产力水平的高低；其次，工人直接参加定额的测定工作，有利于制定出容易掌握和推广的定额；最后，定额的执行要依靠广大职工的生产实践活动方能完成，也只有得到群众的支持和协助，定额才会定得合理，并能为群众所接受。

3.3 水 利 工 程 定 额

3.3.1 水利工程定额的组成

现行的水利水电工程概、预算定额一般由总说明、分册分章说明、目录、定额表和附录组成。其中，定额表是定额的主要部分。

水利部 2002 年颁布的《水利建筑工程概算定额》《水利建筑工程预算定额》是以完成不同子目单位工程量所消耗的人工、材料和机械台时数表示。《水利水电设备安装工程预算定额》是以实物量形式表示。

《水利建筑工程预算定额》分为土方工程、石方工程、砌石工程、混凝土工程、模板工程、砂石备料工程、钻孔灌浆及锚固工程、疏浚工程、其他工程，共九章及附录。共上、下两册，其中，上册为第一章土方工程至第六章砂石备料工程，下册为第七章钻孔灌浆及锚固工程至第九章其他工程、附录。本定额适用于大中型水利工程项目，是编制《水利建筑工程概算定额》的基础。可作为编制水利工程招标标底和投标报价的参考。

《水利建筑工程概算定额》是在《水利建筑工程预算定额》的基础上编制的，包括土方开挖工程、石方开挖工程、土石填筑工程、混凝土工程、模板工程、砂石备料工程、钻孔灌浆及锚固工程、疏浚工程、其他工程，共九章及附录。共上、下两册，其中，上册为第一章土方开挖工程至第五章模板工程，下册为第六章砂石备料工程至第九章其他工程、附录。本定额适用于大中型水利工程项目，是编制初步设计概算的依据。

定额表包括适应范围、工作内容、单位及人、材、机的消耗量等内容。《水利建筑工程预算定额》第一章第 26 节定额形式见表 3.1。

表 3.1　　　　　　　　　　　　1m³ 挖掘机挖土自卸汽车运输

适用范围：Ⅲ类土、露天作业

工作内容：挖装、运输、卸除、空回

单位：100m³

| 项　　目 | 单位 | 运　距/km | | | | | 增运 1km |
		1	2	3	4	5	
工　　　长	工时						
高　级　工	工时						
中　级　工	工时						
初　级　工	工时	6.7	6.7	6.7	6.7	6.7	
合　　　计	工时	6.7	6.7	6.7	6.7	6.7	
零星材料费	%	4	4	4	4	4	
挖掘机　液压 1m³	台时	1.00	1.00	1.00	1.00	1.00	
推　土　机　59kW	台时	0.50	0.50	0.50	0.50	0.50	
自卸汽车　5t	台时	9.83	12.87	15.67	18.31	20.84	2.33
8t	台时	6.50	8.40	10.15	11.80	13.58	1.46
10t	台时	6.05	7.66	9.14	10.54	11.88	1.23
编　　　号		10365	10366	10367	10368	10369	10370

《水利建筑工程预算定额》中，挖掘机、轮斗挖掘机或装载机挖装土（含渠道土方）自卸汽车运输各节，适应于Ⅲ类土，Ⅰ、Ⅱ和Ⅳ类土需调整系数。而《水利建筑工程概算定额》中，Ⅰ、Ⅱ、Ⅲ、Ⅳ类土分别有定额表。

《水利建筑工程概算定额》第一章第 36 节定额形式见表 3.2。

现行的《水利工程施工机械台时费定额》是一种综合式定额，适用于水利建筑安装工程，内容包括：土石方机械、混凝土机械、运输机械、起重机械、砂石料加工机械、钻孔灌浆机械、工程船舶、动力机械及其他机械共九类。定额由两类费用组成，定额表中以（一）、（二）表示。一类费用是价目式，分为折旧费、修理及替换设备费（含大修理费、经常性修理费）和安装拆卸费，按 2000 年度价格水平计算并用金额表示。二类费用是实物量式，分为人工、动力、燃料或消耗材料，以工时数量和实物消耗量表示，其费用按国家规定的人工工资计算办法和工程所在地的物价水平分别计算。

表 3.2   **1m³ 挖掘机挖土自卸汽车运输**

适用范围：露天作业

工作内容：挖装、运输、卸除、空回

（1）Ⅰ～Ⅱ 类 土

单位：100m³

项 目		单位	运 距/km					增运 1km
			1	2	3	4	5	
工 长		工时						
高 级 工		工时						
中 级 工		工时						
初 级 工		工时	6.3	6.3	6.3	6.3	6.3	
合 计		工时	6.3	6.3	6.3	6.3	6.3	
零星材料费		%	4	4	4	4	4	
挖掘机	液压 1m³	台时	0.95	0.95	0.95	0.95	0.95	
推土机	59kW	台时	0.47	0.47	0.47	0.47	0.47	
自卸汽车	5t	台时	9.31	12.18	14.83	17.33	19.73	2.21
	8t	台时	6.15	7.95	9.61	11.17	12.67	1.38
	10t	台时	5.73	7.25	8.65	9.98	11.25	1.16
编 号			10616	10617	10618	10619	10620	10621

（2）Ⅲ 类 土

单位：100m³

项 目		单位	运 距/km					增运 1km
			1	2	3	4	5	
工 长		工时						
高 级 工		工时						
中 级 工		工时						
初 级 工		工时	7.0	7.0	7.0	7.0	7.0	
合 计		工时	7.0	7.0	7.0	7.0	7.0	
零星材料费		%	4	4	4	4	4	
挖掘机	液压 1m³	台时	1.04	1.04	1.04	1.04	1.04	
推土机	59kW	台时	0.52	0.52	0.52	0.52	0.52	
自卸汽车	5t	台时	10.23	13.39	16.30	19.05	21.68	2.42
	8t	台时	6.76	8.74	10.56	12.28	13.92	1.52
	10t	台时	6.29	7.97	9.51	10.96	12.36	1.28
编 号			10622	10623	10624	10625	10626	10627

（3） Ⅳ 类 土

单位：100m³

项 目	单位	运 距/km					增运 1km
		1	2	3	4	5	
工 长	工时						
高 级 工	工时						
中 级 工	工时						
初 级 工	工时	7.6	7.6	7.6	7.6	7.6	
合 计	工时	7.6	7.6	7.6	7.6	7.6	
零星材料费	%	4	4	4	4	4	
挖 掘 机 液压 1m³	台时	1.13	1.13	1.13	1.13	1.13	
推 土 机 59kW	台时	0.57	0.57	0.57	0.57	0.57	
自 卸 汽 车 5t	台时	11.15	14.59	17.77	20.76	23.63	2.64
8t	台时	7.37	9.52	11.51	11.38	15.17	1.66
10t	台时	6.86	8.69	10.36	11.95	13.47	1.39
编 号		10628	10629	10630	10631	10632	10633

注 表中自卸汽车定额类型为一种名称后列几种型号规格，故只能选用其中一种进行计价。

《水利工程施工机械台时费定额》综合式表示形式，见表3.3。

表 3.3 　　　　　　　　　　土 石 方 机 械

项 目		单位	单 斗 挖 掘 机				
			油动	电动			
			斗容/m³				
			0.5	1.0	2.0	3.0	4.0
（一）	折旧费	元	21.97	28.77	41.56	68.28	175.15
	修理及替换设备费	元	20.47	29.63	43.57	55.67	84.67
	安装拆卸费	元	1.48	2.42	3.08		
	小计	元	43.92	60.82	88.21	123.95	259.82
（二）	人工	工时	2.7	2.7	2.7	2.7	2.7
	汽油	kg					
	柴油	kg	10.7	14.2			
	电	kW·h			100.6	128.1	166.8
	风	m³					
	水	m³					
	煤	kg					
备注						※	※
编号			1001	1002	1003	1004	1005

项　　目		单位	单斗挖掘机				
			电动		液压		
			斗容/m³				
			10.0	12.0	0.6	1.0	1.6
（一）	折旧费	元	437.40	487.67	32.74	35.63	52.37
	修理及替换设备费	元	166.52	188.34	20.21	25.46	32.99
	安装拆卸费	元			1.60	2.18	2.57
	小计	元	603.92	676.01	54.55	63.27	87.93
（二）	人工	工时	2.9	2.9	2.7	2.7	2.7
	汽油	kg					
	柴油	kg			9.5	14.9	
	电	kW·h	266.8	373.6			
	风	m³					
	水	m³					
	煤	kg					
备注			※	※			
编　号			1006	1007	1008	1009	1010

《水利工程施工机械台时费定额》备注栏内注有符号"※"的大型施工机械，表示该项定额未列安装拆卸费，其费用在"其他施工临时工程"中解决。

3.3.2　水利水电工程历年颁发的定额

水利水电工程历年颁发的定额见表 3.4。

表 3.4　　　　　　　　　水利水电工程历年颁发的定额

颁发年份	定　额　名　称	颁发单位
1954	水利水电工程预算定额（草案）	水利部、燃料部水电总局
	水力发电建筑安装工程施工定额（草案）	
	水力发电建筑安装工程预算定额（草案）	
1956	水力发电建筑安装工程预算定额	电力部
1957	水利工程施工定额（草案）	水利部
1958	水利水电建筑安装工程预算定额	水利电力部
	水力发电设备安装价目表	
1964	水利水电安装工程工、料、机械施工指标	
	水利水电建筑安装工程预算指标（征求意见稿）	
	水力发电设备安装价目表（征求意见稿）	
1965	水利水电工程预算指标（即"65"定稿）	
1973	水利水电建筑安装工程定额（讨论稿）	
1975	水利水电建筑工程概算指标	
	水利水电设备安装工程概算指标	
1980	水利水电工程设计预算定额（试行）	

颁发年份	定 额 名 称	颁发单位
1983	水利水电建筑安装工程统一劳动定额	水利电力部水电总局
1985	水利水电工程其他工程费用定额	水利电力部
	水利水电建筑安装工程机械台班费定额	
1986	水利水电设备安装工程预算定额	
	水利水电设备安装工程概算定额	
	水利水电建筑工程预算定额	
1988	水利水电建筑工程概算定额	
1989	水利水电工程设计概（估）算费用构成及计算标准	
1990	水利水电工程投资估算指标（试行）	能源部、水利部
	水利水电工程勘测设计收费标准（试行）	
1991	水利水电工程勘测设计生产定额	水利水电规划设计总院
	水利水电工程施工机械台班费定额	能源部、水利部
1994	水利水电建筑工程补充预算定额	水利部
	水利水电工程设计概（估）算费用构成及计算标准	
1997	水力发电建筑工程概算定额	电力工业部
	水力发电设备安装工程概算定额	
	水力发电工程施工机械台时费定额	
1998	水利水电工程设计概（估）算费用构成及计算标准	水利部
1999	水利水电设备安装工程预算定额	
	水利水电设备安装工程概算定额	
2000	水力发电设备安装工程概算定额	国家经济贸易委员会
2002	水利建筑工程预算定额（上、下册）	水利部
	水利建筑工程概算定额（上、下册）	
	水利水电设备安装工程预算定额	
	水利水电设备安装工程概算定额	
	水利工程施工机械台时费定额	
	水利工程设计概（估）算编制规定	
	水电工程设计概算编制办法及计算标准	国家经济贸易委员会
2003	水力发电设备安装工程预算定额	
2007	水电工程设计概算编制规定	国家发展改革委
	水电工程设计概算费用标准	
	水电建筑工程概算定额	
2013	水电工程设计概算编制规定	
	水电工程设计概算费用标准	
2014	水利工程设计概（估）算编制规定	水利部

思 考 题

1. 什么是定额？什么是建设工程定额？
2. 定额按编制程序和用途分类有哪些？它们之间有何相互关系？
3. 工程建设定额的特点有哪些？
4. 简述施工定额的作用。
5. 什么是劳动消耗定额？其表现形式有哪些？
6. 简述预算定额及其作用。
7. 简述概算定额的作用。
8. 什么是企业定额？简述企业定额的作用。

第4章 水利水电工程基础单价编制

【教学内容】

本章主要学习人工预算单价，材料预算价格，施工用电、水、风预算价格，施工机械台时费，砂石料单价，混凝土及砂浆材料单价等基础单价的概念、组成、计算标准和计算方法。

【教学要求】

掌握人工预算单价，材料预算价格，施工用电、水、风预算价格，施工机械台时费，砂石料单价，混凝土及砂浆材料单价的编制方法。

在编制水利水电工程概预算时，需要根据国家及工程项目所在地区的有关规定、工程所在地的具体条件、工程规模、施工技术、材料来源等，编制人工预算单价，材料预算价格，施工用电、水、风预算价格，施工机械台时费，砂石料单价，混凝土及砂浆材料单价等，作为编制建筑工程单价与安装工程单价的基础性资料。这些预算价格统称为基础单价。

4.1 人 工 预 算 单 价

人工预算单价是指在编制概预算时，用来计算直接从事建筑安装工程施工的生产工人人工费时所采用的人工工时价格，是生产工人在单位时间（工时）所开支的各项费用。它是计算建筑安装工程单价和施工机械台时费中机上人工费的重要基础单价。

4.1.1 人工预算单价的组成

人工预算单价是指生产工人在单位时间内（工时）的费用。结合水利水电工程特点，分别确定了枢纽工程、引水工程、河道工程分级计算标准。生产工人按技术等级不同划分为工长、高级工、中级工、初级工四个档次，与定额中的劳动力等级相对应。

人工预算单价由基本工资和辅助工资两部分组成。

1. 基本工资

基本工资由岗位工资和年功工资组成。

（1）岗位工资。按照职工所在岗位从事的各项劳动要素测评结果确定的工资。

（2）年功工资。按照职工工作年限确定的工资，随工作年限增加而增加。

2. 辅助工资

辅助工资是指在基本工资之外，以其他形式支付给生产工人的工资性收入，包括根据国家有关规定属于工资性质的各种津贴，主要包括艰苦边远地区津贴、施工津贴、夜餐津贴、节假日加班津贴等。

4.1.2　人工预算单价计算标准

目前，按照我国国家和行业的有关规定，结合水利工程的特点，人工预算单价按工程类别（枢纽工程、引水工程及河道工程）和工程所在地的地区类别（国家根据各地区的地理位置、交通条件、经济发展状况，把全国分为一般地区、一至七类地区共 8 个人工预算单价地区类别）确定。根据《水利工程设计概（估）算编制规定》规定，人工预算单价计算标准按表 4.1 确定。

表 4.1　　　　　　　　　人工预算单价计算标准　　　　　　　　单位：元/工时

类别与级		一般地区	一类区	二类区	三类区	四类区	五类区 西藏二类区	六类区 西藏三类区	七类区 西藏四类区
枢纽工程	工长	11.55	11.80	11.98	12.26	12.76	13.61	14.63	15.40
	高级工	10.67	10.92	11.09	11.38	11.88	12.73	13.74	14.51
	中级工	8.90	9.15	9.33	9.62	10.12	10.96	11.98	12.75
	初级工	6.13	6.38	6.55	6.84	7.34	8.19	9.21	9.98
引水工程	工长	9.27	9.47	9.61	9.84	10.24	10.92	11.73	12.11
	高级工	8.57	8.77	8.91	9.14	9.54	10.21	11.03	11.40
	中级工	6.62	6.82	6.96	7.19	7.59	8.26	9.08	9.45
	初级工	4.64	4.84	4.98	5.21	5.61	6.29	7.10	7.47
河道工程	工长	8.02	8.19	8.31	8.52	8.86	9.46	10.17	10.49
	高级工	7.40	7.57	7.70	7.90	8.25	8.84	9.55	9.88
	中级工	6.16	6.33	6.46	6.66	7.01	7.60	8.31	8.63
	初级工	4.26	4.43	4.55	4.76	5.10	5.70	6.41	6.73

注　1. 艰苦边远地区划分执行人事部、财政部《关于印发〈完善艰苦边远地区津贴制度实施方案〉的通知》（国人部发〔2006〕61号）及各省（自治区、直辖市）关于艰苦边远地区津贴制度实施意见。一至六类地区的类别划分参见附录4，执行时应根据最新文件进行调整。一般地区指附录4之外的地区。
　　2. 西藏地区的类别执行西藏特殊津贴制度相关文件规定，其二至四类区划分的具体内容见附录5。
　　3. 跨地区建设项目的人工预算单价可按主要建筑物所在地确定，也可按工程规模或投资比例进行综合确定。

4.2　材料预算价格

材料费是建筑安装工程投资的重要组成部分，对于用量多、影响工程投资大的主要材料，如钢材、木材、水泥、粉煤灰、块（碎）石、黄砂、油料、火工产品、电缆及母线等，一般需编制材料预算价格。

材料预算价格是指材料从购买地运到工地分仓库（或相当于工地分仓库的堆放场地）的出库价格，材料从工地分仓库至施工现场用料点的场内运杂费已计入定额内。

4.2.1　主要材料代表规格

（1）钢筋。普通钢 HPB235，$\phi16\sim18$mm，低合金钢 HRB335 $\phi20\sim25$mm，其比例由设计确定。

（2）木材。按二类（杉木）、三类（松木）树种各 50%，Ⅰ 等、Ⅱ 等（考虑木材节子尺寸、每米节子数、裂纹、腐朽等状况）各占 50%，长度按 2.0～3.8m，原松木径级 ϕ20～28cm，锯材按中板中枋，杉木径级根据设计由储木场供应情况确定。

（3）炸药。根据国防科工委及公安部科工〔2008〕203 号文，铵锑炸药已属淘汰产品，一般选用 2 号岩石水胶炸药、3 号岩石水胶炸药或 2 号煤矿水胶炸药，规格为 1～9kg/包。

（4）油料。汽油、柴油根据国家环境保护的要求，选用辛烷值在 90 以上的汽油；柴油代表规格按工程所在地区气温条件确定。

4.2.2 材料的分类

1. 按对投资影响划分

（1）主材：如水泥、钢材、木材、柴油、炸药、砂石料、粉煤灰、沥青等。

（2）次材：其余材料。

2. 按供用方式划分

（1）外购：大多数材料。

（2）自产：砂石料。

3. 按材料性质划分

（1）消耗性材料：如炸药、电焊条、氧气、油料等。

（2）周转性材料：如模板、支撑件等。

（3）装置性材料：如管道、轨道、母线、电缆等。

4.2.3 材料预算价格计算

4.2.3.1 主要材料预算价格

预算价格一般由材料原价、包装费、运杂费、运输保险费、采购及保管费等组成。

一般情况下，水利水电工程材料的预算价格计算公式为

$$预算价格＝（材料原价＋包装费＋运杂费）×（1＋采购及保管费率）＋运输保险费$$

$$(4.1)$$

1. 材料原价

按工程所在地区就近大型物资供应公司、材料交易中心的市场成交价或设计选定的生产厂家的出厂价计算。

2. 包装费

材料包装费是指为便于材料的运输或为保护材料而进行的包装所发生的费用，包括厂家所进行的包装以及在运输过程中所进行的捆扎、支撑等费用。材料的包装费并不是对每种材料都可能发生，应按工程所在地区的实际资料及有关规定计算。例如，散装材料不存在包装费，有的材料包装费已计入出厂价。

材料包装费计取原则如下：

（1）凡是由厂家负责包装并已将包装费计入材料市场价的，在计算材料预算价格时，不计算包装费。

（2）包装费和包装品的价值，因材料品种和厂家处理包装品的方式不同而异，应根据具体情况分别进行计算。

1）一般情况下，袋装水泥的包装费按规定计入出厂价，不计回收，不计押金；散装水泥由专用罐车运输，一般不计包装费。

　　2）钢材一般不进行包装，特殊钢材存在少量包装费，但与钢材价格相比，所占比重小，编制其预算价格时可忽略不计。

　　3）木材应按实际发生的情况进行计算。

　　4）炸药及其火工产品包装费已包括在出厂价中。

　　5）油料用油罐车运输，一般不存在包装费。

　　3. 运杂费

　　运杂费包括各种运输工具的运费、调车费、装卸费、出入库费和其他费用。

　　铁路运输按铁道部门《铁路货物运价规则》及有关规定计算其运杂费。在国有线路上行驶时，其运杂费一律按《铁路货物运价规则》计算；属于地方营运的铁路，执行地方的规定；施工单位自备机车车辆在自营专用线上行驶的运杂费按摊销费计算。

　　公路及水路运输，按工程所在地交通部门现行规定或市场行情运价计算。其中，公路运杂费的计算，按工程所在地市场行情运价计算。汽车运输轻浮物时，按实际载重量计算。轻浮物是指每立方米重量不足250kg的货物。整车运输时，其长、宽、高不得超过交通部门相关规定，以车辆标记吨位计重。零担运输时，以货物包装的长、宽、高各自最大值计算体积，按每立方米折算250kg计价。

　　水路运输包括内河运输和海洋运输，其运输费按航运部门现行规定计算。

　　4. 运输保险费

　　按工程所在地或中国人民保险公司的有关规定计算。

　　材料运输保险费是指向保险公司缴纳的货物保险费用。一般情况下，材料运输保险的计算公式是

$$材料运输保险费＝材料原价×材料保险费率 \tag{4.2}$$

　　5. 采购及保管费

　　采购及保管费指材料物资供应部门及仓库为采购、验收、保管和收发材料物资所发生的各项费用。按材料运到工地仓库的价格（不包括运输保险费）作为计算基数，其计算公式为

$$材料采购及保管费＝（材料原价＋包装费＋运杂费）×采购及保管费率 \tag{4.3}$$

　　根据《水利工程营业税改征增值税计价依据调整办法》，采购及保管费按现行计算标准乘以1.10的调整系数。调整后的采购及保管费率见表4.2。

表 4.2　　　　　　　　　　采购及保管费率

序号	材 料 名 称	费率/%	调整后的费率/%
1	水泥、碎（砾）石、砂、块石	3.0	3.3
2	钢材	2.0	2.2
3	油料	2.0	2.2
4	其他材料	2.5	2.75

材料原价、运杂费、运输保险费、采购及保管费分别按不含增值税进项税额的价格计算。

4.2.3.2 其他材料预算价格

其他材料预算价格可参考工程所在地区的工业与民用建筑安装工程材料预算价格或信息价格（不含增值税进项税额的价格）。

4.2.3.3 材料补差

主要材料预算价格超过表 4.3 规定的材料基价时，应按基价计入工程单价参与取费，预算价与基价的差值以材料补差形式计算，材料补差列入单价表中并计取税金。

主要材料预算价格低于基价时，按预算价格计入工程单价。

计算施工电、水、风价格时，按预算价格参与计算。

表 4.3　　　　　　　　　主　要　材　料　基　价

序号	材 料 名 称	单位	基价/元
1	柴油	t	2990
2	汽油	t	3075
3	钢筋	t	2560
4	水泥	t	255
5	炸药	t	5150
6	外购砂石料	m³	70
7	商品混凝土	m³	200

【例 4.1】　某水利工程用普通硅酸盐水泥，根据以下资料，计算该工程所用水泥的预算价格。

（1）水泥运输流程如下图所示。

$$\text{水泥厂} \xrightarrow[110km]{\text{火车}} \text{转运站} \xrightarrow[26km]{\text{汽车}} \text{分仓库} \xrightarrow[0.5km]{\text{翻斗车}} \text{工地现场}$$

（2）水泥出厂价：P.O 32.5 水泥 330.00 元/t，P.O 42.5 水泥 370.00 元/t。

（3）火车综合运价为 0.139 元/(t·km)，汽车运价为 0.59 元/(t·km)，装车费为 4.00 元/t，卸车费为 3.00 元/t，水泥运输保险费为 0.2%。

（4）水泥使用比例：P.O 32.5 : P.O 42.5 = 65% : 35%。

【解】

水泥原价 = 330×65% + 370×35% = 344.00（元/t）

运杂费 = 0.139×110 + 0.59×26 + 4.00 + 3.00 = 37.63（元/t）（"一装一卸"）

采购及保管费 = (344.00 + 37.63)×3.3% = 12.59（元/t）

运输保险费 = 344.00×0.2% = 0.69（元/t）

水泥预算单价 = 344.00 + 37.63 + 0.69 + 12.59 = 394.91（元/t）

计算结果填入表 4.4 中。

注意：装车费、卸车费次数需根据实际情况来计算。本例中，水泥经铁路、公路运输到达工地分仓库，按"一装一卸"计算。

表 4.4　　　　　　　　　　　　主要材料预算价格计算

编号	名称及规格	单位	原价依据	单位毛重/t	价　格/元				
					原价	运杂费	采购及保管费	运输保险费	预算价格
1	普通硅酸盐水泥	t	市场价格	1	344.00	37.63	12.59	0.69	394.91

【例 4.2】　某水利枢纽工程施工所用钢筋需从甲、乙两个钢厂购买。所需 A3 光面钢筋 $\phi16\sim18\text{mm}$ 占 30%，出厂价 3620.55 元/t；低合金钢 20MnSi $\phi20\sim25\text{mm}$ 占 70%，出厂价 3737.35 元/t。其运输流程如下图所示。

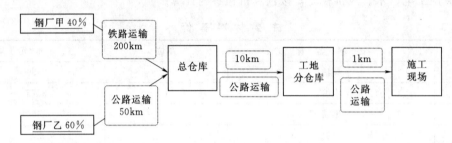

（1）铁路运输。

1）运价：运价号 2，发到基价为 7.90 元/t，运行基价为 0.051 元/(t·km)。

2）火车装车费 3.50 元/t，火车卸车费 2.00 元/t。

（2）公路运输。汽车运价 1.10 元/(t·km)，汽车装车费 5.00 元/t，汽车卸车费 2.00 元/t。

（3）运输保险费率：5‰。

根据上述条件，计算该水利枢纽工程施工所用的钢筋预算价格。

【解】

原价 $=3620.55\times30\%+3737.35\times70\%=3702.31$（元/t）

　　　　　　　　甲厂铁路　　　　　　　　　　　　甲厂公路

运杂费 $=[(7.90+0.051\times200+3.50+2.00)+(1.10\times10+5.00+2.00)]\times40\%$

　　　　　　　　乙厂公路

　　　　$+[1.10\times(50+10)+5.00+2.00+2.00]\times60\%$

　　　　$=[(7.90+10.20+3.50+2.00)+(11+5+2)]\times40\%+(66+5+2+2)\times60\%$

　　　　$=41.60\times40\%+75.00\times60\%=61.64$（元/t）

采购及保管费 $=(3702.31+61.64)\times2.2\%=82.81$（元/t）

运输保险费 $=3702.31\times0.5\%=18.51$（元/t）

钢筋预算价格 $=$ 材料原价$+$包装费$+$运杂费$+$采购及保管费$+$运输保险费

　　　　$=3702.31+0+61.64+82.81+18.51=3865.27$（元/t）

本例中，钢厂甲铁路、公路运输各按"一装一卸"计算；钢厂乙公路运输按"一装两卸"计算。

4.3 施工用电、水、风预算价格

电、水、风在水利水电工程施工中消耗量很大，其预算价格的准确程度直接影响施工机械台时费和工程单价的高低，从而影响工程造价。因此，在编制电、水、风预算单价时，要根据施工组织设计所确定的电、水、风供应方式、布置形式、设备情况和施工企业已有的实际资料分别进行计算。

施工用电、水、风价格是编制水利工程投资的基础价格，其价格组成大致相同，由基本价、能量损耗摊销费、设施维修摊销费三部分组成。

4.3.1 施工用电价格

1. 施工用电分类

施工用电按用途可分为生产用电和生活用电。

(1) 生产用电。生产用电是指施工机械用电、施工照明用电和其他生产用电。直接计入工程成本。

(2) 生活用电。生活用电是指生活、文化、福利建筑的室内、外照明和其他生活用电。不在施工用电电价计算范围内。

水利水电工程概预算的施工用电电价计算范围仅指生产用电。

2. 施工用电来源

水利水电工程施工用电一般有两种来源。

(1) 外购电。外购电由国家或地方电网及其他电厂供电的电网供电。电网供电电价低廉，电源可靠，是施工时的主要电源。

(2) 自发电。自发电由施工企业自备柴油发电机、自建水力发电厂或火力发电厂供电。自发电成本较高，一般作为施工企业的电源或高峰用电时使用。

3. 施工用电价格的组成

电价由基本电价、电能损耗摊销费和供电设施维修摊销费组成。

(1) 基本电价。基本电价是施工用电电价的主要部分。

1) 外购电的基本电价，是指施工企业向供电单位购电所支付的供电价格。

凡是国家电网供电，执行国家规定的基本电网电价中的非工业标准电价，包括电网电价、电力建设基金、用电附加费及规定的加价。

由地方电网或其他企业中、小型电网供电的，执行地方电价主管部门规定的电价。

2) 自发电的基本电价，是指发电厂或自备发电设备的单位发电成本。

(2) 电能损耗摊销费。

1) 外购电的电能损耗摊销费，是指施工企业与供电部门从产权分界处（外购电接入点，即供电单位计量收费点）起，到现场施工点最后一级降压变压器低压侧止，在所有变配电设备和输配电线路上所发生的电能损耗摊销费，包括高压输电线路损耗、变配电设备及配电线路损耗两部分。

高压输电线路损耗指高压电网到施工主变压器高压侧之间的高压输电线路损耗，其损耗率可取 3%~5%。变配电设备及配电线路损耗指由施工主变压器高压侧至现场各施工点最后一级降压变压器低压侧之间的配电线路损耗和变配电设备上的电能损耗,其损耗率可取 4%~7%。线路段、用电负荷集中的取小值,反之取大值。

2) 自发电的电能损耗摊销费,指施工企业自建发电厂的出线侧(或电厂变电站出线侧)至现场各施工点最后一级降压变压器低压侧止,所有变配电设备和输配电线路上发生的电能损耗摊销费用。

从最后一级降压变压器低压侧至施工用电点的施工设备和低压配电线路损耗,已包括在各用电施工设备、工器具的台班耗电定额内,电价中不再考虑。

(3) 供电设施维修摊销费。供电设施维修摊销费是指摊入电价的变配电设备的大修折旧费、安装拆除费、设备及输配电线路的移设和运行维护费。

按现行编制规定,施工场外变配电设备可计入临时工程,故供电设施维修摊销费中不包括基本折旧费。

4. 电价计算

施工用电价格计算,根据施工组织设计确定的供电方式以及不同电源的电量所占比例,按国家或工程所在省(自治区、直辖市)规定的电网电价和规定的加价进行计算。

(1) 外购电电价(电网供电价格)。计算公式为

$$电网供电价格 = 基本电价 \div (1 - 高压输电线路损耗率)$$
$$\div (1 - 35kV 以下变配电设备及配电线路损耗率)$$
$$+ 供电设施维修摊销费 \tag{4.4}$$

(2) 柴油发电机供电价格。

1) 柴油发电机供电价格(自设水泵供冷却水)计算公式为

$$柴油发电机供电价格 = \frac{柴油发电机组(台)时总费用 + 水泵组(台)时总费用}{柴油发电机额定容量之和 \times K \times (1 - 厂用电率)}$$
$$\div (1 - 变配电设备及配电线路损耗率)$$
$$+ 供电设施维修摊销费 \tag{4.5}$$

2) 柴油发电机供电价格(采用循环冷却水,不用水泵)计算公式为

$$柴油发电机供电价格 = \frac{柴油发电机组(台)时总费用}{柴油发电机额定容量之和 \times K \times (1 - 厂用电率)}$$
$$\div (1 - 变配电设备及配电线路损耗率)$$
$$+ 单位循环冷却水费 + 供电设施维修摊销费 \tag{4.6}$$

式中　K——发电机出力系数,一般取 0.80~0.85。

其中,厂用电率取 3%~5%;高压输电线路损耗率取 3%~5%;变配电设备及配电线路损耗率取 4%~7%;供电设施维修摊销费取 0.04~0.05 元/(kW·h);单位循环冷却水费取 0.05~0.07 元/(kW·h)。

5. 综合电价计算

外购电与自发电的比例按施工组织设计确定。有两种或两种以上供电方式的工程,综合电价可按其供电比例加权平均计算。以外购电供电为主的工程,自发电的电量比例一般不宜超过 5%。如仅为保安备用,可忽略不计。

【例 4.3】　某水利枢纽工程位于安徽省太湖县，其施工用电，由国家供电网供电 95％，自发电 5％。基本资料如下：

(1) 外购电。①基本电价 0.766 元/(kW·h)；②损耗率：高压输电线路取 5％，变配电设备和输电线路取 6％；③供电设备摊销费 0.04 元/(kW·h)。

(2) 自发电。①自备柴油发动机，容量 250kW，1 台，台时费用 354.09 元/台时；200kW，1 台，台时费用 291.05 元/台时；2.2kW 潜水泵，2 台，供给冷却水，每台台时费用 16.12 元/台时；②发电机出力系数 0.80；③供电设施摊销费 0.05 元/(kW·h)。计算该水利枢纽工程的综合电价。

【解】

安徽省属于一般地区，枢纽工程中级工的人工预算单价为 8.90 元/工时，柴油预算价为 6300 元/t。

查水利部 2002 年《水利工程施工机械台时费定额》计算自发电中所用机械的台时预算单价（自发电不考虑限价，按基价＋价差的预算价计列），填入表 4.5 中。

表 4.5　　　　　某水利枢纽工程自发电机组施工机械台时费计算表

定额编号	施工机械名称及型号规格	单位	数量	台 时 费 计 算	台时费/(元/台时)
8034	柴油发动机 200kW	台	1	(9.14/1.13＋11.70/1.09＋1.90)＋(3.9×8.90＋37.4×6.30)	291.05
8035	柴油发动机 250kW	台	1	(11.75/1.13＋12.85/1.09＋2.35)＋(3.9×8.90＋46.8×6.30)	354.09
9038	潜水泵 2.2kW	台	2	(0.40/1.13＋1.99/1.09＋0.66)＋(1.3×8.90＋1.9×0.90)	16.12

(1) 计算外购电（电网供电价格）电价，按照式 (4.4)，有

电网供电价格＝基本电价÷(1－高压输电线路损耗率)

÷(1－35kV 以下变配电设备及配电线路损耗率)

＋供电设施维修摊销费

＝0.766÷(1－5％)÷(1－6％)＋0.04＝0.898[元/(kW·h)]

(2) 自发电的电价，按照式 (4.5)（自设水泵供冷却水），有

台时总费用＝291.05×1＋354.09×1＋16.12×2＝677.38（元/台时）

额定容量＝250×1＋200×1＝450（kW·h）

厂用电率取 5％

$$柴油发电机供电价格＝\frac{柴油发电机组(台)时总费用＋水泵组(台)时总费用}{柴油发电机额定容量之和×K×(1－厂用电率)}$$

÷(1－变配电设备及配电线路损耗率)

＋供电设施维修摊销费

＝677.38÷[450×0.8×(1－5％)]÷(1－6％)＋0.05

＝677.38÷342.00÷(1－6％)＋0.05＝2.157[元/(kW·h)]

(3) 综合电价＝0.898×95％＋2.157×5％＝0.961[元/(kW·h)]

综合电价为 0.961 元/(kW・h)。

4.3.2　施工用水价格

施工用水价格计算的关键是确定各种供水方式的台时总费用及台时总出水量。

水利水电工程施工用水包括生产用水和生活用水两部分。因水利水电工程多处偏僻山区，一般均自设供水系统。生产用水要符合生产工艺的要求，保证工程用水的水压、水质和水量。

生产用水指直接进入工程成本的施工用水，包括施工机械用水、砂石料筛洗用水、混凝土拌制养护用水、土石坝砂石料压实用水、钻孔灌浆生产用水以及修配、机械加工和房屋建筑用水等。

生活用水主要指用于职工和家属的饮用和洗涤用水、生活区的公共事业等用水。

水利工程设计概算中的施工用水水价，仅指生产用水水价。生活用水在间接费用内开支，不计入施工用水水价。

1. 水价的组成

施工用水价格由基本水价、供水损耗摊销费和供水设施维修摊销费组成。

(1) 基本水价。基本水价是根据施工组织设计确定的施工期间高峰用水量所配备的供水系统设备，按台时产量分析计算的单位水量的价格。

(2) 供水损耗摊销费。供水损耗指施工用水在储存、输送、处理过程中的水量损失。在计算水价时，损耗通常以损耗率的形式表示为

$$水量损耗率(\%) = \frac{损失水量}{水泵总出水量} \times 100\% \tag{4.7}$$

供水损耗率一般可按出水量的 6%～10% 计取。供水范围大、扬程高、采用两级以上泵站供水系统的取小值；反之取大值。

(3) 供水设施维修摊销费。供水设施维修摊销费是指摊入单位水价的水池、供水管路等供水设施的维修费用（注：水池、供水管路等供水设施的建筑安装费已计入施工临时工程中的其他临时工程内，不能直接摊入水价成本）。

2. 水价格计算

施工用水价格应根据施工组织设计所配置的供水系统设备组（台）时总费用和组（台）时总有效供水量计算。

水价计算公式为

$$施工用水价格 = \frac{水泵组（台）时总费用}{水泵额定容量之和 \times K} \div (1 - 供水损耗率) + 供水设备维修摊销费 \tag{4.8}$$

式中　K——能量利用系数，取 0.75～0.85。

其中，供水损耗率取 6%～10%；供水设施维修摊销费取 0.04～0.05 元/m³。

说明：(1) 施工用水为多级提水并中间有分流时，要逐级计算水价。

(2) 施工用水有循环用水时，水价要根据施工组织设计的供水工艺流程计算。

3. 水价计算时应注意的问题

(1) 水泵台时总出水量计算，应根据施工组织设计供水系统配置的水泵设备（不包括

备用设备）选定的水泵型号、系统的实际扬程和水泵性能曲线确定。

（2）供水系统为一级供水，台时总出水量按全部工作水泵的总出水量计算。如果供水系统为多级供水，则：

1）当全部水量通过最后一级水泵出水，台时总出水量按最后一级工作水泵的出水量计算，但台时总费用应包括所有各级工作水泵的台时费。

2）有部分水量不通过最后一级，而由其他各级分别供水时，要逐级计算水价。

3）当最后一级系供生活用水时，则台时总出水量包括最后一级，但该级台时费不应计算在台时总费用内。

（3）凡生活用水而增加的费用（如净化药品费等）均不应摊入生产用水的单价内。

（4）在计算台时总出水量和台时总费用时，均不包括备用水泵的台时费和容量。

（5）施工用水有循环用水时，水价要根据施工组织设计的供水工艺流程计算。

4. 综合水价计算

生产用水若为多个供水系统，则可按各个系统供水量的比例加权平均计算综合水价。

【例 4.4】　某水利工程施工生产用水设两个供水系统。甲系统设 150D30×4 水泵 3台，其中备用 1 台，包括管路损失总扬程 116m，相应出水流量 150m³/(h·台)；乙系统设 3 台 100D45×3 水泵，其中备用一台，总扬程 120m，相应出水量 90m³/(h·台)。两供水系统供水比例为 60∶40，均为一级供水。经计算水泵台时费分别为 126 元/台时和 95元/台时。供水损耗率取 10%，维修摊销费取 0.04 元/m³，能量利用系数取 0.80，计算其综合水价。

【解】

甲系统的水价=(126×2)÷[150×2×0.8×(1−10%)]+0.04

　　　　　　=(126×2)÷216.00+0.04=1.207（元/m³）

乙系统的水价=(95×2)÷[90×2×0.8×(1−10%)]+0.04

　　　　　　=(95×2)÷129.60+0.04=1.506（元/m³）

综合水价=1.207×60%+1.506×40%=1.327（元/m³）

取定综合电水价为 1.33 元/m³。

4.3.3　施工用风价格

水利工程施工用风主要用于施工机械（如风钻、潜孔钻、风镐、凿岩台车、混凝土喷射机、风水枪等）所需的压缩空气。压缩空气可由固定式空气压缩机和移动式空气压缩机供给。编制设计概算风价时，对分别设置几个供风系统的，应按各系统供风量的比例加权平均计算综合风价。

1. 风价格组成

施工用风价格由基本风价、供风损耗摊销费和供风设施维修摊销费组成。

（1）基本风价。基本风价是指根据施工组织设计供风系统所配置的空气压缩机设备，按台时总费用除以台时总供风量计算的单位风量价格。

（2）供风损耗摊销费。供风损耗摊销费是指由压气站至用风工作面的固定供风管道，在输送压气过程中所发生的漏气损耗、压气在管道中流动时的阻力风量损耗摊销费用，其

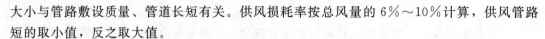

大小与管路敷设质量、管道长短有关。供风损耗率按总风量的 6%～10% 计算，供风管路短的取小值，反之取大值。

（3）供风设施维修摊销费。供风设施维修摊销费是指摊入风价的供风管道的维护、修理费用。

2. 风价格计算

施工用风价格计算，根据施工组织设计所配置的空气压缩机系统设备组（台）时总费用和组（台）时总有效供风量计算。

（1）采用水泵供冷却水时，计算公式为

$$施工用风价格 = \frac{空气压缩机组（台）时总费用 + 水泵组（台）时总费用}{空气压缩机额定容量之和 \times 60min \times K}$$

$$\div（1 - 供风损耗率）+ 供风设施维修摊销费 \qquad (4.9)$$

（2）采用循环水冷却时，不用水泵，则风价计算公式为

$$施工用风价格 = \frac{空气压缩机组（台）时总费用}{空气压缩机额定容量之和 \times 60min \times K}$$

$$\div（1 - 供风水损耗率）+ 单位循环冷却水费 + 供风设施维修摊销费 \qquad (4.10)$$

式中　K——能量利用系数，取 0.70～0.85。

其中，供风损耗率取 6%～10%；单位循环冷却水费取 0.007 元/m³；供风设施维修摊销费取 0.004～0.005 元/m³。

3. 综合风价计算

如果同一工程有两个或两个以上供风系统时，综合风价应该根据供风比例加权平均计算。

【例 4.5】 某水库大坝施工用风，其设置左坝区和右坝区两个区两个气压系统，总容量为 187m³/min，配置见表 4.6。

相关资料：空气压缩机能量利用系数 K 取 0.85，供风损耗率 8%，供风设施维修摊销费 0.004 元/m³，试计算施工用风价格。

表 4.6　　　　　　　　　某水库大坝施工用风机械配置表

编号	施工机械名称及型号规格	单位	数量	台时预算单价/（元/台时）
1	固定式空气压缩机　40m³/min	台	1	186.70
2	固定式电动压缩机　20m³/min	台	6	126.19
3	移动式空气压缩机　9m³/min	台	3	71.23
4	水泵　7kW	台	2	25.88

【解】

采用水泵供冷却水时，按照式（4.9）

$$施工用风价格 = \frac{空气压缩机组（台）时总费用 + 水泵组（台）时总费用}{空气压缩机额定容量之和 \times 60min \times K}$$

$$\div（1 - 供风损耗率）+ 供风设施维修摊销费$$

台时总费用＝186.70×1＋126.19×6＋71.23×3＋25.88×2＝1209.29（元）

台时总供风量＝187×60×0.85＝9537（m³）

基本风价＝1209.29÷9537＝0.127（元/m³）

施工用风价格＝0.127÷（1−8%）＋0.004＝0.142（元/m³）

取定施工用风价格为 0.14 元/m³。

4.4 施工机械台时费

施工机械台时费指一台机械正常工作 1h 所支出和分摊的各项费用之和，以"台时"为单位。建设工程其他定额中，施工机械费往往以"台班"为单位，一个台班为 8 个台时。台时费是计算建筑安装工程单价中机械使用费的基础单价。

4.4.1 施工机械台时费组成

现行水利部颁发的《水利工程施工机械台时费定额》中规定：施工机械台时费一般由一类费用和二类费用两部分组成。若施工机械须通过公用车道时，按工程所在地交通部门规定的收费标准计算三类费用，主要包括养路费、牌照税、车船使用税及保险费等。不领取牌照、不缴纳养路费的非车、船类施工机械不计第三类费用。

由于大型水利工程的施工机械主要在施工场内使用，因此部颁施工机械台时费定额规定只计算一、二类费用。

1. 一类费用

一类费用分为折旧费、修理及替换设备费（含大修理费、经常性修理费）和安装拆卸费，按定额编制年的物价水平计算并用金额表示，编制台时费单价时应按主管部门发布的一类费用调整系数进行调整。

2. 二类费用

二类费用分为人工，动力、燃料或消耗材料费，以工时数量和实物消耗量表示，其费用按国家规定的人工工资计算办法和工程所在地的物价水平分别计算。

编制机械台时费时，其数量指标一般不允许调整。本项费用取决于每台机械的使用情况，只有在机械运输时才发生。

3. 各类费用的定义及取费原则

（1）折旧费：指机械在寿命期内回收原值的台时折旧摊销费用。

（2）修理费及替换设备费：指机械使用过程中，为了使机械保持正常功能而进行修理所需费用、日常保养所需的润滑油料费、擦拭用品费、机械保管费以及替换设备和随机使用的工具附具等所需的台时摊销费用。

（3）安装拆卸费：指机械进出工地的安装、拆卸、试用和场内转移及辅助设施的摊销费用。

部分大型机械（如塔式起重机、高架门机等）的安装拆卸费不在台时费中计列，按现行规定已包括在其他临时工程项内。不需要安装拆卸的施工机械（如自卸汽车、船舶、拖轮等），台时费中不计列此项费用。

（4）人工：指机械使用时机上操作人员的工时消耗，包括机械运转时间，辅助时间，用餐、交接班以及必要的机械正常中断时间，台时费按中级工计算。

（5）动力、燃料或消耗材料费：指机械正常运转时所需的风（压缩空气）、水、电、油、煤及木柴等费用。其中，机械消耗电量包括机械本身和最后一级降压变压器低压侧至施工用电点之间的线路损耗，风、水消耗包括机械本身和移动支管的损耗。

4.4.2　施工机械台时费计算

$$一类费用＝定额一类费用金额×编制年调整系数 \qquad (4.11)$$
$$二类费用＝定额机上人工工时数×中级工人工预算单价$$
$$＋\sum（定额动力、燃料消耗量×动力、燃料预算价格） \qquad (4.12)$$

一、二类费用之和即为施工机械台时费。

按照《水利部办公厅关于调整水利工程计价依据增值税计算标准的通知》（〔2019〕448 号）规定：施工机械台时费定额的折旧费除以 1.13 调整系数，修理及替换设备费除以 1.09 调整系数。掘进机及其他由建设单位采购、设备费单独列项的施工机械，设备费采用不含增值税进项税额的价格。

4.4.3　施工机械组时费计算

组合台时（简称组时）是指多台施工机械设备相互衔接或配备形成的机械联合作业系统的台时。

组时费等于系统中各施工机械台时费之和。如 [例 4.3] 中的柴油发电机组组时总费用为柴油发动机 250kW（1 台）与柴油发动机 200kW（1 台）的台时费之和。

4.4.4　补充施工机械台时费的编制

当施工组织设计选取的施工机械在台时费定额中缺项，或规格、型号不符时，必须编制补充施工机械台时费，其水平要与同类机械相当。编制时一般依据该机械的预算价格、年折旧率、年工作台时、额定功率以及额定动力或燃料消耗量等参数，采用按施工机械台时费定额编制方法、直线内插法、占基本折旧费比例法等进行编制（具体编制办法在本书中不予赘述）。

【例 4.6】　某水利枢纽工程位于一类区，一类费用调整系数为 1.00，柴油预算价格为 6300 元/t。试计算 1m³ 液压挖掘机、59kW 推土机、10t 自卸汽车的台时费。

【解】

（1）查现行的人工预算单价计算标准，一类区枢纽工程的中级工人工预算单价为 9.15 元/工时。

（2）查水利部 2002 年《水利工程施工机械台时费定额》，上述三种机械的定额节选见表 4.7。根据《水利部办公厅关于调整水利工程计价依据增值税计算标准的通知》，施工机械台时费定额的折旧费除以 1.13 调整系数，修理及替换设备费除以 1.09 调整系数。

1m³ 液压挖掘机（定额编号 1009）：折旧费 35.63 元/台时，修理及替换设备费 25.46 元/台时，安装拆卸费 2.18 元/台时；机上人工工时数 2.7 工时/台时，柴油消耗量 14.9kg/台时。则

一类费用＝（35.63/1.13＋25.46/1.09＋2.18）×1.00＝57.07（元）

表 4.7 土石方机械

项 目		单位	单斗挖掘机	推土机	自卸汽车
			液压	功率/kW	载重量/t
			斗容	59	10
			1.0		
(一)	折旧费	元	35.63	10.8	30.49
	修理及替换设备费	元	25.46	13.02	18.30
	安装拆卸费	元	2.18	0.49	
	小计	元	63.27	24.31	48.79
(二)	人工	工时	2.7	2.4	1.3
	汽油	kg			
	柴油	kg	14.9	8.4	10.8
	电	kW·h			
	风	m³			
	水	m³			
	煤	kg			
备注					
编号			1009	1042	3015

二类费用＝2.7×9.15＋14.9×2.99＝69.26（元）

1m³ 液压挖掘机台时费基价＝57.07＋69.26＝126.33（元/台时）

1m³ 液压挖掘机台时费价差＝14.9×（6.3－2.99）＝49.32（元/台时）

59kW 推土机（定额编号 1042）：折旧费 10.80 元/台时，修理及替换设备费 13.02 元/台时，安装拆卸费 0.49 元/台时；机上人工工时数 2.4 工时/台时，柴油消耗量 8.4kg/台时。则

一类费用＝（10.8/1.13＋13.02/1.09＋0.49）×1.00＝21.99（元）

二类费用＝2.4×9.15＋8.4×2.99＝47.08（元）

59kW 推土机台时费基价＝21.99＋47.08＝69.07（元/台时）

59kW 推土机台时费价差＝8.4×（6.3－2.99）＝27.80（元/台时）

10t 自卸汽车（定额编号 3015）：折旧费 30.49 元/台时，修理及替换设备费 18.30 元/台时；机上人工工时数 1.3 工时/台时，柴油消耗量 10.8kg/台时。则

一类费用＝（30.49/1.13＋18.30/1.09）×1.00＝43.77（元）

二类费用＝1.3×9.15＋10.8×2.99＝44.19（元）

10t 自卸汽车台时费基价＝43.77＋44.19＝87.96（元/台时）

10t 自卸汽车台时费价差＝10.8×（6.3－2.99）＝35.75（元/台时）

按照上述计算方法，可把本例改为引水工程、河道工程，分别计算上述三种机械的台时费。

【例 4.7】 已知该水利枢纽工程在甘肃省兰州市城关区，计算 5m³ 装载机的机械台时费。根据造价管理部门的规定，一类费用调整系数为 1.05。该工程施工用电预算单价为 0.835 元/（kW·h），柴油预算单价为 6.30 元/kg。

【解】

查附录 4，甘肃省兰州市城关区属于一般地区，该水利枢纽工程中级工人工预算单价为 8.90 元/工时。

查水利部 2002 年《水利工程施工机械台时费定额》，5m³ 装载机（定额编号 1032）：折旧费 153.46 元/台时，修理及替换设备费 83.79 元/台时；机上人工工时数 2.4 工时/台时，柴油消耗量 39.4kg/台时。则

一类费用＝(153.46/1.13＋83.79/1.09)×1.05＝212.68×1.05＝223.31（元）

二类费用＝2.4×8.90＋39.4×2.99＝139.17（元）

5m³ 装载机台时费基价＝223.31＋139.17＝362.48（元/台时）

5m³ 装载机台时费材料补差＝39.4×(6.3－2.99)＝130.41（元/台时）

5m³ 装载机台时费＝362.48＋130.41＝492.89（元/台时）

计算结果填写在表 4.8 中。

表 4.8　　　　　　　　　　施工机械台时费计算结果表

编号	名称及规格	台时费/元	台时费基价/元	台时费价差/元	一类费用调整系数	定　额　数　量							
						一类费用/元	人工/工时	汽油/kg	柴油/kg	水/m³	电/(kW·h)	风/m³	煤/kg
1032	5m³ 装载机	492.89	362.48	130.41	1.05	212.68	2.4		39.4				

4.5　砂石料单价

4.5.1　概述

砂石骨料是水利工程中砂、卵（砾）石、碎石、块石、料石等材料的统称。砂石骨料是水利工程中混凝土和堆砌石等构筑物的主要建筑材料。

1. 砂石料

砂石料是砂砾石、砂、砾石、块石、条石等材料的统称。

砂石料是水利水电工程的主要建筑材料，按其来源不同一般可分为天然砂石料和人工砂石料两种。天然砂石料是岩石经风化和水流冲刷而形成的，有河砂、山砂、海砂以及河卵石、山卵石和海卵石等；人工砂石料是采用爆破等方式，开采岩体经机械设备的破碎、筛洗、碾磨加工而成的碎石和人工砂（又称机制砂）。

在水利水电工程建设过程中，由于砂石料的使用量很大，大中型工程一般由施工单位自行采备，自行采备的砂石料必须单独编制单价。根据《水利工程设计概（估）算编制规定》，水利工程砂石料由施工企业自行采备时，砂石料单价应根据料源情况、开采条件和工艺流程进行计算，并计取间接费、利润及税金。

2. 骨料

骨料亦称"集料"，是指经过加工分级后可用于混凝土制备的砂、砾石和碎石的统称，在混凝土及砂浆中起骨架和填充作用的粒状材料，有细骨料和粗骨料两种。细骨料颗粒直径在 0.16～5mm，一般采用天然砂，如河砂、海砂及山谷砂等，当缺乏天然砂时，也可

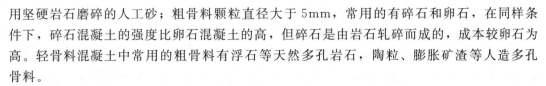

用坚硬岩石磨碎的人工砂；粗骨料颗粒直径大于 5mm，常用的有碎石和卵石，在同样条件下，碎石混凝土的强度比卵石混凝土的高，但碎石是由岩石轧碎而成的，成本较卵石为高。轻骨料混凝土中常用的粗骨料有浮石等天然多孔岩石，陶粒、膨胀矿渣等人造多孔骨料。

砂指粒径小于 5mm 的骨料；碎石指经破碎、加工分级后粒径大于 5mm 的骨料；砾石指砂砾料经加工分级后粒径大于 5mm 的卵石；碎石原料指未经破碎、加工的岩石开采料；超径石指砂砾料中大于设计骨料最大粒径的卵石；块石指长、宽各为厚度的 2～3 倍，厚度大于 20cm 的石块；片石指长、宽各为厚度的 3 倍以上、厚度大于 15cm 的石块；毛条石指长度大于 60cm 的长条形四棱方正的石料；料石指毛条石经过修边打荒加工、外露面方正、各相邻面正交、表面凹凸不超过 10mm 的石料。

外购砂、碎石（砾石）、块石、料石等材料预算价格超过 70 元/m³ 时，应按基价 70 元/m³ 计入工程单价参加取费，预算价格与基价的差额以材料补差形式进行计算，材料补差列入单价表中并计取税金。

4.5.2　骨料单价计算

天然骨料料源是砂砾石，由于砂砾石天然级配各级含量和设计选用的各级粒径用量有差异，因此应根据料场资料、混凝土工程量，计算的骨料各级用量及砂石料平衡计算成果，计算确定有关参数。

1. 确定有关参数

（1）覆盖层清除摊销。覆盖层清除摊销率，是指覆盖层的清除量占设计成品骨料总用量的比例。

$$覆盖层清除摊销率＝\frac{覆盖层清除量(t)}{成品骨料总用量(t)}×100\% \tag{4.13}$$

（2）弃料摊销率。砂石料加工过程中，有部分废弃的砂石料，在砂石骨料单价计算中，施工损耗已在定额中考虑，不再计入弃料处理摊销费，只对级配弃料和超径弃料、剩余骨料弃料分别计算摊销费。如施工组织设计规定某种弃料需挖装运出至指定弃料地点时，则还应计算这一部分运出弃料摊销费。

$$弃料摊销率＝\frac{弃料量(t)}{成品骨料总用量(t)}×100\% \tag{4.14}$$

$$级配弃料摊销率＝\frac{级配弃料量(t)}{设计成品骨料总用量(t)}×100\% \tag{4.15}$$

$$超径石弃料摊销率＝\frac{超径石弃料量(t)}{设计成品骨料总用量(t)}×100\% \tag{4.16}$$

$$剩余骨料弃料摊销率＝\frac{剩余骨料弃料量(t)}{设计成品骨料总用量(t)}×100\% \tag{4.17}$$

（3）破碎率。

$$破碎率＝\frac{需破碎量(t)}{设计成品骨料总用量(t)}×100\% \tag{4.18}$$

2. 各工序单价计算

（1）覆盖层清除。天然砂砾石料场（一般为河滩）表层都有杂草、树木、腐殖土等覆盖，在毛料开采前应剥离清除。采用土方工程定额，计算工序单价，并折算为 100t。

（2）砂砾料开采运输。指砂砾料从料场开采、运输到毛料筛分厂堆存处的整个过程。该工序费用应根据施工组织设计确定的施工方法，采用现行 2002 年《水利建筑工程概算定额》第六章相应子目进行计算，并折算为 100t，根据加工工艺（有无破碎），记入系数计算复价。

（3）预筛分。预筛分指将砂砾石隔离超径石过程，包括条筛、重型振动筛两种隔离方式。

（4）筛分冲洗。筛分冲洗指为满足混凝土骨料质量和级配要求，将通过预筛分的半成品料筛分为粒径等级符合设计级配、干净合格的成品料，且分级堆存。筛分为 5 种径级产品：砂（细骨料）粒径 0.15～5mm，按其粗细程度又可分为粗砂、中砂、细砂三种；4 种砾石（粗骨料）粒径 5～20mm、20～40mm、40～80mm、80～150mm，分别称小石、中石、大石和特大石。

4.5.3　计算砂石料单价时的注意事项

（1）本节定额计量单位，除注明者外，毛料开采、运输一般为成品方（堆方、码方），砂石料加工等内容为成品重量（t）。

（2）计算人工碎石加工单价时，如生产碎石的同时，附带生产人工砂，其数量不超过总量的 10%，则可采用单独制碎石定额计算其单价；如果生产碎石的同时，生产的人工砂的数量通常超过总量的 11%，则适用于同时制碎石和砂的加工工艺，并套用同时制碎石和砂定额分别计算其单价。

（3）在计算砂砾料（或碎石原料）采运单价时，如果有几个料场，或有几种开采运输方式时，应分别编制单价后用加权平均方法计算毛料采运综合单价。

（4）弃料单价应为选定处理工序的砂石料单价。在预筛时产生的超径石弃料单价，其筛洗工序单价可按砂砾料筛洗定额中的人工和机械台时数量各乘 0.2 的系数计价，并扣除用水。若余弃料需转运到指定地点时，其运输单价应按砂石备料工程有关定额子目计算。

（5）根据施工组织设计，砂石加工厂的预筛粗碎车间与成品筛洗车间距离超过 200m 时，应按半成品料运输方式及相关定额计算其单价。

（6）砂石料密度可参考表 4.9。

表 4.9　　　　　　　　　　　　　砂 石 料 密 度

砂石料类别	天 然 砂 石 料			人 工 砂 石 料		
	松散砂砾混合料	分级砾石	砂	碎石原料	成品碎石	成品砂
密度/(t/m³)	1.74	1.65	1.55	1.76	1.45	1.50

【例 4.8】　某大型水利工程施工中，设计砂石料用量 137.5 万 m³，其中粗骨料 97.9 万 m³，砂 39.6 万 m³；料场覆盖层 15.8 万 m³，成品储备量 145.2 万 m³。超径石弃料 3.72 万 m³，粗骨料级配弃料 23.43 万 m³，砂级配弃料 5.17 万 m³。

施工企业自行采备砂石料，计算砂石料单价。

砂石料加工工艺流程：覆盖层清除→毛料开采运输→预筛分、超径石破碎运输→筛洗、运输→成品骨料运输。其中预筛分、超径石破碎、筛洗、运输工序中需将其弃料运至指定地点。

　　已知：工序单价覆盖层清除 11.61 元/m³；弃料运输 12.38 元/m³。

　　砂：毛料开采运输 14.33 元/m³；预筛分、超径石破碎运输 7.16 元/m³；筛洗、运输 8.35 元/m³；成品骨料运输 16.01 元/m³。

　　粗骨料：毛料开采运输 10.98 元/m³；预筛分、超径石破碎运输 7.06 元/m³；筛洗、运输 9.26 元/m³；成品骨料运输 7.98 元/m³。

【解】

（1）计算砂石料基本单价。

基本单价＝毛料开采运输＋预筛分、超径石破碎运输＋筛洗、运输＋成品骨料运输

粗骨料基本单价＝10.98＋7.06＋9.26＋7.98＝35.28（元/m³）

砂基本单价＝14.33＋7.16＋8.35＋16.01＝45.85（元/m³）

（2）计算砂石料摊销单价。

覆盖层清除摊销单价＝覆盖层清除单价×覆盖层清除摊销率

　　　　　　　　　　＝11.61×15.8÷145.2＝1.26（元/m³）

超径石弃料摊销单价＝超径石弃料单价×超径石弃料摊销率

　　　　　　　　　　＝（10.98＋7.06＋12.38）×3.72÷97.9＝1.16（元/m³）

粗骨料级配弃料摊销单价＝粗骨料级配弃料单价×粗骨料级配弃料摊销率

　　　　　　　　　　＝（10.98＋7.06＋9.26＋12.38）×23.43÷97.9

　　　　　　　　　　＝9.50（元/m³）

砂级配弃料摊销单价＝砂级配弃料单价×砂级配弃料摊销率

　　　　　　　　　　＝（14.33＋7.16＋8.35＋12.38）×5.17÷39.6＝5.51（元/m³）

（3）计算砂石料综合单价。

砂石料综合单价＝基本单价＋摊销单价

粗骨料综合单价＝35.28＋1.26＋1.16＋9.50＝47.20（元/m³）

砂综合单价＝45.85＋1.26＋5.51＋＝52.62（元/m³）

4.6　混凝土及砂浆材料单价

　　混凝土及砂浆材料单价是指混凝土及砂浆设计强度等级、级配及施工配合比配制每立方米混凝土及砂浆所需的水泥、砂、石、水、掺合料及外加剂等各种材料的费用之和，它不包括拌制、运输、浇筑等工序的人工、材料和机械费用，也不包括搅拌损耗外的施工操作损耗及超填量等。

　　在编制混凝土工程概算单价时，应根据设计选定的不同工程部位的混凝土及砂浆的强度等级、级配和龄期确定出各组成材料的用量，进而计算出混凝土、砂浆材料单价。

　　根据每立方米混凝土、砂浆中各种材料预算用量分别乘以其材料预算价格，其总和即为定额项目表中混凝土、砂浆的材料单价。

4.6.1　计算方法

　　混凝土材料单价在混凝土工程单价中占有较大的比重，各混凝土施工配合比，是计算

混凝土材料单价（或混凝土基价）的基础。

1. 混凝土材料用量确定

根据设计确定的不同工程部位的混凝土强度等级、级配和龄期，分别计算出每立方米混凝土材料单价，计入相应的混凝土工程概算单价内。其混凝土配合比的各项材料用量，应根据工程试验提供的资料计算，若无试验资料时，也可参照《水利建筑工程概算定额》中附录 7 "混凝土材料配合表" 计算。

2. 掺粉煤灰混凝土材料用量

现行 2002 年《水利建筑工程概算定额》附录 7 中掺粉煤灰混凝土配合比的材料用量是按超量取代法（也称超量系数法）确定的，即按照与纯混凝土同稠度、等强度的原则，用超量取代法对纯混凝土中的材料量进行调整，调整系数称为粉煤灰超量系数。按下列步骤计算：

（1）掺粉煤灰混凝土的水泥用量为

$$C = C_0(1-f) \tag{4.19}$$

式中　C——掺粉煤灰混凝土的水泥用量，kg；

C_0——与掺粉煤灰混凝土同稠度、等强度的纯混凝土水泥用量，kg；

f——粉煤灰取代水泥百分率，即水泥节约量，其值可参考表 4.10 选取。

$$f = \frac{C_0 - C}{C_0} \times 100\% \tag{4.20}$$

表 4.10　　　　　　　　　　粉煤灰取代水泥百分率（f）参考表

混凝土强度等级	普通硅酸盐水泥	矿渣硅酸盐水泥
≤C15	15%～25%	10%～20%
C20	10%～15%	10%
C25～C30	15%～20%	10%～15%

注　1. 32.5（R）水泥及以下取下限，42.5（R）水泥及以上取上限。C20 及以上混凝土宜采用Ⅰ、Ⅱ级粉煤灰，C15 及以下素混凝土可采用Ⅲ级粉煤灰。

2. 粉煤灰等级按《水工混凝土掺用粉煤灰技术规范》（DL/T 5055—2007）标准划分。

（2）确定粉煤灰的掺量。

$$F = K(C_0 - C) \tag{4.21}$$

式中　F——粉煤灰掺量，kg；

K——粉煤灰取代（超量）系数，为粉煤灰的掺量与取代水泥节约量的比值，可按表 4.11 取值。

表 4.11　　　　　　　　　　粉煤灰的取代（超量）系数表

粉煤灰级别	Ⅰ级	Ⅱ级	Ⅲ级
（超量）系数	1.0～1.4	1.2～1.7	1.5～2.0

（3）砂、石用量计算。由于采用超量取代法计算的掺粉煤灰混凝土的灰重（即水泥及粉煤灰总重）较纯混凝土的灰重多，增加的灰重 ΔC(kg) 按下式计算：

$$\Delta C = C + F - C_0 \tag{4.22}$$

按与纯混凝土容重相等的原则，掺粉煤灰混凝土砂、石总量应相应减少 ΔC，按含砂率相等的原则，则掺粉煤灰混凝土砂、石重分别按下式计算：

$$S \approx S_0 - \Delta C S_0 / (S_0 + G_0) \qquad (4.23)$$

$$G \approx G_0 - \Delta C G_0 / (S_0 + G_0) \qquad (4.24)$$

式中　　S——掺粉煤灰混凝土砂重，kg；

　　　　S_0——纯混凝土砂重，kg；

　　　　G——掺粉煤灰混凝土石重，kg；

　　　　G_0——纯混凝土石重，kg。

由于增加的灰重 ΔC 主要是代替细骨料砂填充粗骨料石的空隙，故简化计算时也可将增加的灰重 ΔC 全部从砂的重量中核减，石重不变。

（4）用水量计算。

　　　　掺粉煤灰混凝土用水量 W＝纯混凝土用水量 W_0（m^3）　　（4.25）

（5）外加剂用量计算。外加剂用量 Y 可按掺粉煤灰混凝土的水泥用量 C 的 0.2%～0.3%计算，概算定额取 0.2%计，即

$$Y = C \times 0.2\% \qquad (4.26)$$

根据上述公式，可计算不同的超量系数 K 及不同的粉煤灰取代水泥百分率 f 时掺粉煤灰混凝土的材料用量。

【例 4.9】 某 C20 三级配掺粉煤灰混凝土，水泥强度等级为 42.5（R），水灰比为 0.6，水泥取代百分率为 12%，粉煤灰的超量系数为 1.30，求该混凝土的配合比材料用量。

【解】

（1）计算掺粉煤灰混凝土水泥用量。查现行 2002 年《水利建筑工程概算定额》附录 7 表 7-7，C20 三级配纯混凝土配合比材料用量为：42.5（R）水泥 C_0＝218kg，粗砂 S_0＝618kg，卵石 G_0＝1627kg，水 W_0＝0.125m^3。则

$$C = C_0(1-f) = 218 \times (1-12\%) = 192 \text{（kg）}$$

（2）计算粉煤灰掺量。

$$F = K(C_0 - C) = 1.3 \times (218 - 192) = 34 \text{（kg）}$$

（3）计算砂、石用量。

$$\Delta C = C + F - C_0 = 192 + 34 - 218 = 8 \text{（kg）}$$

$$S \approx S_0 - \Delta C S_0 / (S_0 + G_0) = 618 - 8 \times 618 \div (618 + 1627) = 616 \text{（kg）}$$

$$G \approx G_0 - \Delta C G_0 / (S_0 + G_0) = 1627 - 8 \times 1627 \div (618 + 1627) = 1621 \text{（kg）}$$

（4）计算用水量。

$$W = W_0 = 0.125 m^3$$

（5）计算外加剂用量。

$$Y = 192 \times 0.2\% = 0.38 \text{（kg）}$$

4.6.2　换算系数及有关说明

1. 混凝土强度等级与设计龄期的换算

现浇水泥混凝土强度等级的选取，应根据设计对不同水工建筑物的不同运用要求，尽

可能利用混凝土的后期强度（60 天、90 天、180 天、360 天），以降低混凝土强度等级，节省水泥用量。现行定额中，不同混凝土配合比所对应的混凝土强度等级均以 28 天龄期的抗压强度为准，如设计龄期超过 28 天，应进行换算，折算为 28 天的强度等级，才能使用定额附录混凝土配合比表材料用量。换算系数见表 4.12。当换算结果介于两种强度等级之间时，应选用高一级的强度等级。如某大坝混凝土采用 180 天龄期设计强度等级为 C20，则换算为 28 天龄期时对应的混凝土强度等级为：C20×0.71≈C14，其结果介于 C10 与 C15 之间，则混凝土的强度等级取 C15。

表 4.12　　　　　　　　　　　　混凝土龄期与强度等级换算系数

设计龄期/天	28	60	90	180	360
强度等级换算系数	1.00	0.83	0.77	0.71	0.65

2. 原水泥强度等级与代换水泥强度等级的换算

定额配合比表中的水泥用量时按机械拌和拟定，若采用人工拌和，水泥用量应增加 5%。当工程中采用的水泥强度等级与定额附录配合比表不同时，应对配合比表的水泥、粉煤灰用量进行调整，见表 4.13。

表 4.13　　　　　　　　　　　　水泥强度等级换算系数

原水泥强度等级 ＼ 代换水泥强度等级	32.5	42.5	52.5
32.5	1.00	0.86	0.76
42.5	1.16	1.00	0.88
52.5	1.31	1.13	1.00

3. 骨料种类、粒度换算系

现行 2002 年《水利建筑工程概算定额》附录 7 混凝土配合比表系粗砂、卵石混凝土，当工程中采用中细砂或碎石混凝土时，须按表 4.14 中系数换算。

表 4.14　　　　　　　　　　　　混凝土骨料换算系数

项目	水泥	砂	石子	水
卵石换为碎石	1.10	1.10	1.06	1.10
粗砂换为中砂	1.07	0.98	0.98	1.07
粗砂换为细砂	1.10	0.96	0.97	1.10
粗砂换为特细砂	1.16	0.90	0.95	1.16

注　1. 水泥按重量计，砂、石子、水按体积计。
　　2. 若实际采用碎石及中细砂时，则总的换算系数应为各单项换算系数的连乘积。
　　3. 粉煤灰的换算系数同水泥的换算系数。

4. 埋块石混凝土材料用量的调整

大体积混凝土，为了节约水泥和温控的需要，常常采用埋块石混凝土。这时应将混凝土配合比表中的材料用量，扣除埋块石实体的数量计算。

　　埋块石混凝土材料用量=定额配合比表中的材料用量×（1－埋块石率）　　（4.27）

式中　1－埋块石率——材料用量调整系数;

　　　　埋块石率——由施工组织设计确定,%。

　　进行工程单价计算时,埋块石混凝土用量一般分成"混凝土"与"块石(以码方计)"材料两项,两者的用量均可由埋块石率求得。

$$每100m^3 块石混凝土中混凝土用量＝1－埋块石率 \qquad (4.28)$$

$$每100m^3 块石混凝土中块石用量＝埋块石率×1.67(m^3 码方) \qquad (4.29)$$

　　块石折方系数:　　　　　$1m^3 实体方＝1.67m^3 码方$

　　上述调整后的混凝土,其基价仍用未埋块石的混凝土基价。"块石"在浇筑定额中的计量单位以码方计,相应块石开采、运输单价的计量单位亦以码方计。

　　埋块石混凝土应增加的人工工时数量见表4.15。

表 4.15　　　　　　　　　　　埋块石混凝土浇筑定额增加的人工工时数量

埋块石率/%	5	10	15	20
每100m³块石混凝土增加人工工时	24.0	32.0	42.4	56.8

注　表列工时不包括块石运输及影响浇筑的工时。

4.6.3　混凝土及砂浆材料单价

　　混凝土、砂浆材料单价可按下式计算:

$$混凝土材料单价＝\sum 1m^3 混凝土材料用量×材料的预算价格 \qquad (4.30)$$

$$砂浆材料单价＝\sum 1m^3 砂浆材料用量×材料的预算价格 \qquad (4.31)$$

　　【例4.10】　计算C25混凝土、42.5级普通硅酸盐水泥二级配材料单价。经查询:42.5级普通硅酸盐水泥340元/t,中砂35元/m³,碎石(综合)45元/m³,水0.5元/m³。

　　【解】

　　(1) 确定混凝土的配合比。查水利部2002年《水利建筑工程概算定额》附录7表7-7纯混凝土材料配合比,节选见表4.16。

表 4.16　　　　　　　　　　　每立方米纯混凝土材料配合比及材料用量

混凝土强度等级	水泥强度等级	水灰比	级配	最大粒径/mm	水泥/kg	粗砂 重量/kg	粗砂 体积/m³	卵石 重量/kg	卵石 体积/m³	水/m³
C25	42.5	0.55	1	20	321	789	0.54	1227	0.72	0.170
			2	40	289	733	0.49	1382	0.81	0.150
			3	80	238	594	0.40	1637	0.96	0.125
			4	150	208	498	0.34	1803	1.06	0.110

　　查表可得:每立方米C25混凝土、42.5级水泥(水灰比0.55、二级配)材料预算量:42.5级普通硅酸盐水泥289kg,粗砂733kg(0.49m³),卵石1382kg(0.81m³),水0.15m³。实际采用的是碎石和中砂,应按表4.14系数进行换算。

　　(2) 代入各组成材料的单价。在混凝土组成材料中,水泥、外购砂石骨料等的预算价格超过基价时，应按基价计算。本例中，水泥预算价格 340 元/t 超过了水泥基价 255 元/t，应按基价计算，超出部分以材料补差形式列入工程单价表中，并计取税金。

（3）计算混凝土材料单价。C25 混凝土材料基价为

$(289 \times 1.10 \times 1.07) \times 0.255 + (0.49 \times 1.10 \times 0.98) \times 35 + (0.81 \times 1.06 \times 0.98) \times 45 + (0.15 \times 1.10 \times 1.07) \times 0.50 = 143.18$（元/m³）

C25 混凝土价差为

$$(289 \times 1.10 \times 1.07) \times (0.34 - 0.255) = 28.91（元/m³）$$

本例如果材料预算价格为：42.5 级普通硅酸盐水泥 366 元/t，中砂 72 元/m³，碎石（综合）60 元/m³，请计算该 C25 混凝土（二级配）材料的基价和价差。

当采用商品混凝土时，其材料单价应按基价 200 元/m³ 计入工程单价参加取费，预算价格与基价的差额以材料补差形式进行计算，材料补差列入单价表中并计取税金。

【例 4.11】 某水利工程中某部位采用掺粉煤灰混凝土材料（掺粉煤灰量 25%，超量系数 1.3），采用的混凝土为 C20 三级配，混凝土用 P.O 32.5 普通硅酸盐水泥。经查询：混凝土各组成材料的预算价格为：P.O 32.5 普通硅酸盐水泥 330 元/t、中砂 80 元/m³、碎石 60 元/m³、水 0.80 元/m³、粉煤灰 250 元/t、外加剂 5.0 元/kg。试计算该混凝土材料的预算单价。

【解】

查《水利水电工程概算定额》附录 7 表 7-10"掺粉煤灰混凝土材料配合比表"，节选见表 4.17。

表 4.17　每立方米掺粉煤灰混凝土材料配合比（掺粉煤灰量 25%，超量系数 1.3）

混凝土强度等级	水泥强度等级	水灰比	级配	最大粒径/mm	预算量							
					水泥/kg	粉煤灰/kg	粗砂		卵石		外加剂/kg	水/m³
							重量/kg	体积/m³	重量/kg	体积/m³		
C20	32.5	0.55	3	80	178	79	590	0.40	1622	0.95	0.36	0.125
			4	150	156	69	495	0.32	1787	1.05	0.32	0.110
	42.5	0.60	3	80	163	71	615	0.42	1617	0.95	0.33	0.125
			4	150	143	63	517	0.35	1780	1.05	0.29	0.110

计算过程：

水泥：$178 \times 1.1 \times 1.07 \times 0.255 = 53.42$（元）

粉煤灰：$79 \times 1.1 \times 1.07 \times 0.25 = 23.25$（元）

中砂：$0.40 \times 0.98 \times 1.1 \times 70 = 30.18$（元）

碎石：$0.95 \times 0.98 \times 1.06 \times 60 = 59.21$（元）

外加剂：$0.36 \times 5.0 = 1.80$（元）

水：$0.125 \times 1.07 \times 1.1 \times 0.8 = 0.12$（元）

C20 混凝土材料基价：$53.42 + 23.25 + 30.18 + 59.21 + 1.80 + 0.12 = 167.98$（元/m³）

C20 混凝土材料价差：$178 \times 1.1 \times 1.07 \times 0.075 + 0.40 \times 0.98 \times 1.1 \times 10 = 20.02$（元/m³）

C20 混凝土材料预算价＝167.98＋20.02＝188.00（元/m³）

列表计算见表 4.18，材料预算价格低于基价的，材料基价栏可不填数据。

表 4.18　　　　　　　　　　每立方米掺粉煤灰混凝土材料单价计算表

编号	名称及规格	单位	预算量	调整系数	材料预算单价			混凝土材料价格	
					预算价/元	基价/元	价差/元	基价/元	价差/元
一	C20（三级配）	m³						167.98	20.02
1	水泥（32.5 级）	kg	178	1.07×1.10	0.33	0.255	0.075	53.42	15.71
2	粉煤灰	kg	79	1.07×1.10	0.25			23.25	
3	中砂	m³	0.40	0.98×1.10	80	70	10	30.18	4.31
4	碎石	m³	0.95	0.98×1.06	60			59.21	
5	外加剂	kg	0.36		5			1.80	
6	水	m³	0.125	1.07×1.10	0.8			0.12	

【例 4.12】　某排涝闸工程护底采用 M7.5 浆砌块石施工，已知：砂 40 元/m³，32.5 级普通硅酸盐水泥 300 元/t，施工用水 0.50 元/m³，试计算该工程 M7.5 砂浆材料单价。

【解】

查《水利建筑工程概算定额》附录 7 表 7-15 "水泥砂浆材料配合比表（1）砌筑砂浆"，节选见表 4.19。

表 4.19　　　　　　　　　　每立方米水泥砂浆材料配合比表（1）砌筑砂浆

砂浆类别	砂浆强度等级	水泥/kg	砂/m³	水/m³
		32.5		
水泥砂浆	M5	211	1.13	0.127
	M7.5	261	1.11	0.157
	M10	305	1.10	0.183
	M12.5	352	1.08	0.211

查表可得：每立方米 M7.5 砌筑砂浆配合比：32.5 级水泥 261.00kg，砂 1.11m³，水 0.157m³。则

M7.5 砂浆材料基价＝261.00×0.255＋1.11×40＋0.157×0.50＝111.03（元/m³）

M7.5 砂浆材料价差＝261.00×（0.3－0.255）＝11.75（元/m³）

思 考 题

1. 某水利工程所用混凝土采用 42.5 级普通硅酸盐水泥配制，三级配，该混凝土 180 天强度为 C30。经调查，各材料预算价格为：42.5 级水泥 410 元/t、中砂 90 元/m³、碎石 82 元/m³、水 0.9 元/m³。试计算该混凝土材料的预算单价，计算结果填入表 4.20。

表 4.20　混凝土材料单价计算表

编号	名称及规格	单位	预算量	调整系数	材料单价/元			混凝土材料价格/元		
					预算价	基价	价差	预算价	基价	价差

2. 某水利枢纽工程位于甘肃省张掖市甘州区，根据造价管理部门的规定，一类费用调整系数为 1.05，施工用电预算单价为 0.835 元/(kW·h)，柴油预算单价为 6.30 元/kg，计算 5m³ 装载机的机械台时费。

3. 某河道工程位于安徽省庐江县境内，计算该工程中的液压抓斗 KH180MHL-800 施工机械台时费。柴油的预算价格为 6300 元/t，计算结果填入表 4.21。

表 4.21　施工机械台时费计算表

定额编号	名称及规格	施工机械台时费/元			定额数量								
					一类费用/元			二类费用					
		预算价	基价	价差	折旧费	修理及替换设备费	安装拆卸费	人工/工时	汽油/kg	柴油/kg	水/m³	电/(kW·h)	风/m³	煤/kg

4. 某埋石混凝土工程，混凝土为 C20 三级配，混凝土采用 32.5 级普通硅酸盐水泥，埋石率为 8%。经调查，混凝土各组成材料的预算价格为：32.5 级普通硅酸盐水泥 390 元/t、中砂 80 元/m³、碎石 70 元/m³、水 0.80 元/m³、块石 85 元/m³。试计算该埋石混凝土的材料预算单价。

5. 某护底砌筑采用 M10 砌筑砂浆，用 42.5 级水泥拌制。经调查，42.5 级水泥 380 元/t、中砂 75 元/m³、水 0.80 元/m³。水泥砂浆材料配合比见表 4.19，计算该 M10 砂浆的材料基价及材料价差。

6. 某水利枢纽工程工地距 A 市 73km，距 B 市火车站 28km。钢筋由省物资站供应 30%，由 A 市金属材料公司供应 70%。两供应点供应的钢筋，低合金 20MnSi 螺纹钢占 60%，普通 A3 光面钢筋占 40%。低合金 20MnSi 螺纹钢出厂价为 2400 元/t，普通 A3 光面钢筋出厂价为 2200 元/t。

运输流程：省物资站供应的钢筋用火车运至 B 市火车站，运距 150km，再用汽车运至工地分仓库，运距 28km。A 市金属材料公司供应的钢筋直接由汽车运至工地分仓库，运距 73km。

运输费用：火车运输整车零整比 7:3，整车装载系数 0.8；火车整车运价 20.00 元/t，零担运价 0.06 元/kg；火车出库装车综合费 4.60 元/t，卸车费 1.6 元/t。汽车运价 0.55 元/(t·km)；汽车装车费 2.00 元/t、卸车费 1.8 元/t。运输保险费为 0.8%。毛重系数为 1。

试计算钢筋综合预算价格。

7. 某混凝土重力坝工程，坝身采用 90 天强度等级为 C25（三级配）掺粉煤灰混凝土。掺粉煤灰量 25%，超量系数 1.3，混凝土用 32.5 级普通水泥。已知混凝土各组成材料的预算价格为：32.5 级普通水泥 390 元/t、粗砂 75 元/m³、碎石 60 元/m³、水 0.90 元/m³、粉煤灰 200 元/t、外加剂 5.5 元/kg。计算该混凝土重力坝工程中混凝土材料的预算单价。

第5章 建筑、安装工程单价编制

【教学内容】

本章主要讲述了建筑、安装工程概算单价的组成与计算程序，各类建筑工程概算单价编制方法及使用定额的注意事项，设备费的计算及安装工程单价编制方法及使用定额的注意事项。

【教学要求】

掌握建筑、安装工程概算单价的组成与计算；掌握土方开挖工程、石方开挖工程、土石填筑工程、混凝土工程、模板工程、钻孔灌浆及锚固工程、疏浚工程和其他工程的概算单价编制方法及使用定额的注意事项。熟悉工程单价的概念及其组成内容，应熟练掌握工程概算单价的计算程序。

5.1 建筑、安装工程单价编制方法

工程单价包括建筑工程单价和安装工程单价两部分，指完成单位工程量（如 $1m^3$、$100m^3$、$1t$ 等）所耗用的直接费、间接费、企业利润、材料补差和税金五部分费用的总和。它是编制水利水电建筑安装工程概预算的基础。水利水电建筑安装工程的主要工程项目都要编制工程单价。

建筑、安装工程单价编制的主要依据是《水利工程设计概（估）算编制规定》（水总〔2014〕429号）、《水利工程营业税改征增值税计价依据调整办法》（办水总〔2016〕132号）、《水利部办公厅关于调整水利工程计价依据增值税计算标准的通知》（办财务函〔2019〕448号），现行的概（预）算定额和水利水电工程设计工程量计算规则。

5.1.1 建筑工程单价

1. 直接费

(1) 基本直接费。

$$人工费＝定额劳动量(工时)×人工预算单价(元/工时) \tag{5.1}$$
$$材料费＝定额材料用量×材料预算单价 \tag{5.2}$$
$$机械使用费＝定额机械使用量(台时)×施工机械台时费(元/台时) \tag{5.3}$$

(2) 其他直接费。

$$其他直接费＝基本直接费×其他直接费费率 \tag{5.4}$$

2. 间接费

$$间接费＝直接费×间接费费率 \tag{5.5}$$

3. 利润

$$利润＝(直接费＋间接费)×利润率 \tag{5.6}$$

4. 材料补差

$$材料补差＝(材料预算价格－材料基价)×材料消耗量 \tag{5.7}$$

5. 税金

$$税金=（直接费＋间接费＋利润＋材料补差）×税率 \quad (5.8)$$

6. 建筑工程单价

$$建筑工程单价=直接费＋间接费＋利润＋材料补差＋税金 \quad (5.9)$$

注：建筑工程单价含有未计价材料（如输水管道）时，其格式参照安装工程单价。

5.1.2 安装工程单价

5.1.2.1 实物量形式的安装单价

1. 直接费

（1）基本直接费。

$$人工费=定额劳动量（工时）×人工预算单价（元/工时） \quad (5.10)$$

$$材料费=定额材料用量×材料预算单价 \quad (5.11)$$

$$机械使用费=定额机械使用量（台时）×施工机械台时费（元/台时） \quad (5.12)$$

（2）其他直接费。

$$其他直接费=基本直接费×其他直接费费率之和 \quad (5.13)$$

2. 间接费

$$间接费=人工费×间接费费率 \quad (5.14)$$

3. 利润

$$利润=（直接费＋间接费）×利润率 \quad (5.15)$$

4. 材料补差

$$材料补差=（材料预算价格－材料基价）×材料消耗量 \quad (5.16)$$

5. 未计价装置性材料费

$$未计价装置性材料费=未计价装置性材料用量×材料预算单价 \quad (5.17)$$

6. 税金

$$税金=（直接费＋间接费＋利润＋材料补差＋未计价装置性材料费）×税率 \quad (5.18)$$

7. 安装工程单价

$$安装工程单价=直接费＋间接费＋利润＋材料补差＋未计价装置性材料费＋税金$$

$$(5.19)$$

5.1.2.2 费率形式的安装单价

1. 直接费（％）

（1）基本直接费（％）。

$$人工费（％）=定额人工费（％） \quad (5.20)$$

$$材料费（％）=定额材料费（％） \quad (5.21)$$

$$装置性材料费（％）=定额装置性材料费（％） \quad (5.22)$$

$$机械使用费（％）=定额机械使用费（％） \quad (5.23)$$

（2）其他直接费（％）。

$$其他直接费（％）=基本直接费（％）×其他直接费费率之和（％） \quad (5.24)$$

2. 间接费 (%)

$$间接费(\%) = 人工费(\%) \times 间接费费率(\%) \qquad (5.25)$$

3. 利润 (%)

$$利润(\%) = [直接费(\%) + 间接费(\%)] \times 利润率(\%) \qquad (5.26)$$

4. 税金 (%)

$$税金(\%) = [直接费(\%) + 间接费(\%) + 利润(\%)] \times 税率(\%) \qquad (5.27)$$

5. 安装工程单价

$$单价(\%) = 直接费(\%) + 间接费(\%) + 利润(\%) + 税金(\%) \qquad (5.28)$$

$$安装工程单价 = 单价(\%) \times 设备原价 \qquad (5.29)$$

5.1.3 其他直接费

1. 冬雨季施工增加费

根据不同地区,按基本直接费的百分率计算,具体如下:

西南区、中南区、华东区:0.5%～1.0%。

华北区:1.0%～2.0%。

西北区、东北区:2.0%～4.0%。

西藏自治区:2.0%～4.0%。

西南区、中南区、华东区中,按规定不计冬季施工增加费的地区取小值,计算冬季施工增加费的地区可取大值;华北区中,内蒙古等较严寒地区可取大值,其他地区取中值或小值;西北区、东北区中,陕西、甘肃等省取小值,其他地区可取中值或大值。各地区包括的省(自治区、直辖市)如下:

(1) 华北区:北京、天津、河北、山西、内蒙古5个省(自治区、直辖市)。

(2) 东北区:辽宁、吉林、黑龙江3个省。

(3) 华东区:上海、江苏、浙江、安徽、福建、江西、山东7个省(直辖市)。

(4) 中南区:河南、湖北、湖南、广东、广西、海南6个省(自治区)。

(5) 西南区:重庆、四川、贵州、云南4个省(直辖市)。

(6) 西北区:陕西、甘肃、青海、宁夏、新疆5个省(自治区)。

2. 夜间施工增加费

按基本直接费的百分率计算。

(1) 枢纽工程:建筑工程0.5%,安装工程0.7%。

(2) 引水工程:建筑工程0.3%,安装工程0.6%。

(3) 河道工程:建筑工程0.3%,安装工程0.5%。

3. 特殊地区施工增加费

特殊地区施工增加费指在高海拔、原始森林、沙漠等特殊地区施工而增加的费用,其中高海拔地区施工增加费已计入定额,其他特殊增加费应按工程所在地区规定标准计算,地方没有规定的不得计算此项费用。

4. 临时设施费

按基本直接费的百分率计算。

（1）枢纽工程：建筑及安装工程 3.0%。

（2）引水工程：建筑及安装工程 1.8%～2.8%。若工程自采加工人工砂石料，费率取上限；若工程自采加工天然砂石料，费率取中值；若工程采用外购砂石料，费率取下限。

（3）河道工程：建筑及安装工程 1.5%～1.7%。灌溉田间工程取下限，其他工程取中上限。

5．安全生产措施费

按基本直接费的百分率计算。

（1）枢纽工程：建筑及安装工程 2.0%。

（2）引水工程：建筑及安装工程 1.4%～1.8%。一般取下限标准，隧洞、渡槽等大型建筑物较多的引水工程、施工条件复杂的引水工程取上限标准。

（3）河道工程：建筑及安装工程 1.2%。

6．其他

按基本直接费的百分率计算。

（1）枢纽工程：建筑工程 1.0%，安装工程 1.5%。

（2）引水工程：建筑工程 0.6%，安装工程 1.1%。

（3）河道工程：建筑工程 0.5%，安装工程 1.0%。

特别说明：

（1）砂石备料工程其他直接费费率取 0.5%。

（2）掘进机施工隧洞工程其他直接费取费费率执行以下规定：土石方类工程、钻孔灌浆及锚固类工程其他直接费费率为 2%～3%；掘进机由建设单位采购、设备费单独列项时，台时费中不计折旧费，土石方类工程、钻孔灌浆及锚固类工程其他直接费费率为 4%～5%，敞开式掘进机费率取低值，其他掘进机取高值。

【例 5.1】　某水利枢纽整治工程位于安徽省枞阳县，计算该工程的建筑、安装工程的其他直接费费率。

【解】

1．计算该枢纽工程建筑工程的其他直接费费率

（1）冬雨季施工增加费。安徽省属华东区，其冬季施工增加费费率为 0.5%～1.0%，按基本直接费的 0.5%～1.0%计算冬雨季施工增加费。

（2）夜间施工增加费。枢纽工程的建筑工程按基本直接费的 0.5%计算。

（3）特殊地区施工增加费。地方没有规定的不计算此项费用。

（4）临时设施费。枢纽工程的建筑工程按基本直接费的 3.0%计算。

（5）安全生产措施费。枢纽工程的建筑工程按基本直接费的 2.0%计算。

（6）其他。枢纽工程的建筑工程按基本直接费的 1.0%计算。

则该枢纽工程建筑工程的其他直接费费率范围为

$$（0.5\%～1.0\%）+0.5\%+0+3.0\%+2.0\%+1.0\%=7.0\%～7.5\%$$

2．计算该枢纽工程安装工程的其他直接费费率

同理，计算出该枢纽工程安装工程的其他直接费费率范围为

$$（0.5\%～1.0\%）+0.7\%+0+3.0\%+2.0\%+1.5\%=7.7\%～8.2\%$$

如果本例为安徽省某引水工程，其建筑工程的其他直接费费率范围为

$$(0.5\%\sim1.0\%)+0.3\%+0+(1.8\%\sim2.8\%)+(1.4\%\sim1.8\%)+0.6\%$$
$$=4.6\%\sim6.5\%$$

5.1.4　间接费

按照《水利工程营业税改征增值税计价依据调整办法》，根据工程性质不同，间接费标准划分为枢纽工程、引水工程、河道工程三部分，间接费费率见表5.1。

表 5.1　　　　　　　　　　　　间 接 费 费 率

序号	工 程 类 别	计算基础	间接费费率/%		
			枢纽工程	引水工程	河道工程
一	建筑工程				
1	土方工程	直接费	8.5	5～6	4～5
2	石方工程	直接费	12.5	10.5～11.5	8.5～9.5
3	砂石备料工程（自采）	直接费	5	5	5
4	模板工程	直接费	9.5	7～8.5	6～7
5	混凝土浇筑工程	直接费	9.5	8.5～9.5	7～8.5
6	钢筋制安工程	直接费	5.5	5	5
7	钻孔灌浆工程	直接费	10.5	9.5～10.5	9.25
8	锚固工程	直接费	10.5	9.5～10.5	9.25
9	疏浚工程	直接费	7.25	7.25	6.25～7.25
10	掘进机施工隧洞工程（1）	直接费	4	4	4
11	掘进机施工隧洞工程（2）	直接费	6.25	6.25	6.25
12	其他工程	直接费	10.5	8.5～9.5	7.25
二	机电、金属结构设备安装工程	人工费	75	70	70

注　建筑工程的间接费以直接费为计算基础，安装工程的间接费是以人工费为计算基础。

引水工程：一般取下限标准，隧洞、渡槽等大型建筑物较多的引水工程、施工条件复杂的引水工程取上限标准。

河道工程：灌溉田间工程取下限，其他工程取上限。

工程类别具体可进行以下划分。

（1）土方工程。包括土方开挖与填筑等。

（2）石方工程。包括石方开挖与填筑、砌石、抛石工程等。

（3）砂石备料工程。包括天然砂砾料和人工砂石料的开采加工。

（4）模板工程。包括现浇各种混凝土时制作及安装的各类模板工程。

（5）混凝土浇筑工程。包括现浇和预制各种混凝土、伸缩缝、止水、防水层、温控措施等。

（6）钢筋制安工程。包括钢筋制作与安装工程等。

（7）钻孔灌浆工程。包括各种类型的钻孔灌浆、防渗墙、灌注桩工程等。

（8）锚固工程。包括喷混凝土（浆）、锚杆、预应力锚索（筋）工程等。

（9）疏浚工程。指用挖泥船、水力冲挖机组等机械疏浚江河、湖泊的工程。

（10）掘进机施工隧洞工程（1）。包括掘进机施工土石方类工程、钻孔灌浆及锚固类工程等。

（11）掘进机施工隧洞工程（2）。指掘进机设备单独列项采购并且在台时费中不计折旧费的土石方类工程、钻孔灌浆及锚固类工程等。

（12）其他工程。指除上述所列 11 类工程以外的其他工程。

5.1.5 利润

利润按直接费与间接费之和的 7% 计算。利润按规定应计入建筑安装工程费用中。

5.1.6 税金

税金指应计入建筑安装工程费用内的增值税销项税额。按《水利部办公厅关于调整水利工程计价依据增值税计算标准的通知》，现行的税金税率为 9%。自采砂石料税率为 3%。

国家对税率标准调整时，可以相应调整计算标准。

5.1.7 建筑工程概预算单价编制原则、步骤和方法

1. 编制原则

（1）严格执行《水利工程设计概（估）算编制规定》《水利工程营业税改征增值税计价依据调整办法》《水利部办公厅关于调整水利工程计价依据增值税计算标准的通知》。

（2）正确选用现行定额。现行使用的定额为 2002 年《水利建筑工程概算定额》《水利建筑工程预算定额》《水利工程施工机械台时费定额》等部颁定额。

（3）正确套用定额子目：概预算编制者必须熟读定额的总说明、章节说明、定额表附注及附录的内容，熟悉各定额子目的适用范围、工作内容及有关定额系数的使用方法，根据合理的施工组织设计确定的有关技术条件，选用相应的定额子目。

（4）现行《水利建筑工程概算定额》《水利建筑工程预算定额》中没有的工程项目，可编制补充定额；对于非水利水电专业工程，按照专业专用的原则，执行有关专业部颁的相应定额，如公路工程执行交通运输部《公路工程设计概算定额》《公路工程设计预算定额》等。但费用标准仍执行水利部现行取费标准，对选定的定额子目内容不得随意更改或删除。

（5）现行《水利建筑工程概算定额》《水利建筑工程预算定额》各定额子目中，已按现行施工规范和有关规定，计入了不构成建筑工程单位实体的各种施工操作损耗、允许超挖及超填量、合理的施工附加量及体积变化等所需增加的人工、材料及机械台时消耗量，编制工程概算时，应一律按设计几何轮廓尺寸计算的工程量计算。

（6）使用现行《水利建筑工程概算定额》《水利建筑工程预算定额》编制建筑工程概算、预算单价时，除定额中规定允许调整外，均不得对定额中的人工、材料、施工机械台时数量及施工机械的名称、规格、型号进行调整。

（7）如定额参数（建筑物尺寸、运距等）介于概算定额两子目之间时，可采用插值法调整定额值。计算公式为

$$A = B + \frac{(C-B)(a-b)}{c-b} \qquad (5.30)$$

式中　A——所求定额值；

　　　B——小于 A 而接近 A 的定额值；

　　　C——大于 A 而接近 A 的定额值；

　　　a——A 项定额值的运距；

　　　b——B 项定额值的运距；

　　　c——C 项定额值的运距。

2. 编制步骤

(1) 了解工程概况，熟悉设计图纸，收集基础资料，弄清工程地质条件，确定取费标准。

(2) 根据工程特征和施工组织设计确定的施工条件、施工方法及采用的机械设备情况，正确选用定额子目。

(3) 根据本工程的基础单价和有关费用标准，计算直接费、间接费、企业利润、材料补差和税金，并加以汇总求得建筑工程单价。

3. 计算程序

水利部现行规定的建筑工程单价计算方法见表 5.2。

表 5.2　　　　　　　　　　　　建筑工程单价计算方法

序号	项　目	计　算　方　法
(一)	直接费	(1)+(2)
(1)	基本直接费	①+②+③
①	人工费	∑定额人工工时数×(对应的) 人工预算单价
②	材料费	∑定额材料用量×(对应的) 材料预算价格 (或材料基价)
③	施工机械使用费	∑定额机械台时用量×(对应的) 机械台时费 (或台时费基价)
(2)	其他直接费	(1)×其他直接费费率
(二)	间接费	(一)×间接费费率
(三)	企业利润	[(一)+(二)]×利润率
(四)	材料补差	∑定额材料消耗量×(对应的) 材料差价
(五)	税金	[(一)+(二)+(三)+(四)]×税率
(六)	建筑工程单价	(一)+(二)+(三)+(四)+(五)

4. 编制方法

建筑工程单价的编制一般采用表格法，所用表格形式见表 5.3。

(1) 将定额编号、项目名称、定额单位、施工方法等分别填入表中相应栏内。其中，"名称及规格"一栏，应填写详细且具体，如施工机械的型号、混凝土的强度等级和级配等。

(2) 将定额中查出的人工、材料、机械台时消耗量填入表 5.3 的"数量"栏中。

(3) 将相应的人工预算单价、材料预算价格和机械台时费填入表 5.3 的单价栏中。

表 5.3   建 筑 工 程 单 价 表

定额编号_____   项目名称_____   定额单位：

施工方法：

编号	名称及规格	单位	数量	单价/元	合计/元

（4）按"消耗量×单价"得出相应的人工费、材料费和机械使用费，分别填入相应"合计"栏中，相加得出基本直接费。

（5）根据规定的费率标准，计算其他直接费、间接费、企业利润、材料补差、税金等，汇总后即得出该工程项目的工程单价。

5.2 土方开挖工程单价编制

5.2.1 项目划分和定额选用

5.2.1.1 项目划分

1. 按组成内容分

土方开挖工程由开挖和运输两个主要工序组成。计算土方开挖工程单价时，应计算土方开挖和运输工程综合单价。

2. 按施工方法分

土方开挖工程可分为机械施工和人力施工两种，人力施工效率低而且成本高，只有当工作面狭窄或施工机械进入困难的部位才采用，如小断面沟槽开挖、陡坡上的小型土方开挖等。

3. 按开挖尺寸分

土方开挖工程可分为一般土方开挖、渠道土方开挖、沟槽土方开挖、柱坑土方开挖、平洞土方开挖、斜井土方开挖、竖井土方开挖等。在编制土方开挖工程单价时，应按下述规定来划分项目。

（1）一般土方开挖工程是指一般明挖土方工程和上口宽大于 16m 的渠道及上口面积大于 80m² 的柱坑土方工程。

（2）渠道土方开挖工程是指上口宽不大于 16m 的梯形断面、长条形、底边需要修整的渠道土方工程。

（3）沟槽土方开挖工程是指上口宽不大于 8m 的矩形断面或边坡陡于 1：0.5 的梯形断面，长度大于宽度 3 倍的长条形，只修底不修边坡的土方工程，如截水墙、齿墙等各类墙基和电缆沟等。

（4）柱坑土方开挖工程是指上口面积不大于 80m²，长度小于宽度 3 倍，深度小于上口短边长度或直径，四侧垂直或边坡陡于 1：0.5，不修边坡只修底的坑挖工程，如集水坑工程。

（5）平洞土方开挖工程是指水平夹角不大于 6°、断面面积大于 2.5m² 的洞挖工程。

（6）斜井土方开挖工程是指水平夹角为 6°～75°、断面面积大于 2.5m² 的洞挖工程。

（7）竖井土方开挖工程是指水平夹角大于 75°、断面面积大于 2.5m²、深度大于上口短边长度或直径的洞挖工程，如抽水井、通风井等。

4．按土质级别和运距分

不同的土质和运距均应分别列项计算工程单价。

5.2.1.2　定额选用

1．了解土类级别的划分

土类的级别是按开挖的难易程度来划分的，除冻土外，现行部颁定额均按土石十六级分类法划分，土类级别共分为 Ⅰ～Ⅳ 级。

2．熟悉影响土方工程工效的主要因素

土方工程工效的主要影响因素有土的级别、取（运）土的距离、施工方法、施工条件、质量要求。例如，土的级别越高，其密度（t/m³）越大，开挖的阻力也越大，土方开挖、运输的工效就会降低。再如，水下土方开挖施工、开挖断面小深度大的沟槽及长距离的土方运输等都会降低施工工效，相应的工程单价就会提高。

3．正确选用定额子目

因为土方定额大多是按影响工效的参数来划分节和子目的，所以了解工程概况，掌握现场的地质条件和施工条件，根据合理的施工组织设计确定的施工方法及选用的机械设备来确定影响参数，才能正确地选用定额子目，这是编好土方开挖工程单价的关键。

5.2.2　使用定额编制土方开挖工程概算单价注意事项

使用定额编制土方开挖工程概算单价时，应根据《水利建筑工程概算定额》第一章土方工程的说明。

（1）土方工程定额中使用的计量单位有自然方、松方和实方三种类型。

1）自然方：是指未经扰动的自然状态的土方。

2）松方：是指自然方经人工或机械开挖松动过的土方或备料堆置土方。

3）实方：是指土方填筑（回填）并经过压实后的符合设计干密度的成品方。

4）在计算土方开挖、运输工程单价时，计量单位均按自然方计算。

（2）在计算砂砾（卵）石开挖和运输工程单价时，应按Ⅳ类土定额进行计算。

（3）当采用推土机或铲运机施工时，推土机的推土距离和铲运机的铲运距离是指取土中心至卸土中心的平均距离。推土机推松土时，定额应乘以 0.8 的系数。

（4）当采用挖掘机、装载机挖装土料自卸汽车运输时，定额是按挖装自然方拟定的；如挖装松土时，定额中的人工工时数及挖装机械的台时数量应乘以 0.85 的系数。

（5）在查机械台时数量定额时，应注意以下两个问题：

1）凡一种机械名称之后，同时并列几种型号规格的，如压实机械中的羊足碾、运输定额中的自卸汽车等，表示这种机械只能选用其中一种型号规格的机械定额进行计价。

2）凡一种机械分几种型号规格与机械名称同时并列的，则表示这些名称相同而规格不同的机械定额都应同时进行计价。

（6）定额中的其他材料费、零星材料费、其他机械费均以费率（％）形式表示，其计量基数如下：

1）其他材料费：以主要材料费之和为计算基数。

2）零星材料费：以人工费、机械费之和为计算基数。

3）其他机械费：以主要机械费之和为计算基数。

（7）当采用挖掘机或装载机挖装土方自卸汽车运输的施工方案时，定额子目是按土类级别和运距来划分的。关于运距计算和定额选用有下列几种情况：

1）当运距小于5km且又是整数运距时，如1km、2km、3km，直接按表中定额子目选用。若遇到0.6km、4.3km、6.6km、12.9km时，可采用插入法计算其定额值，计算公式见式（5.30）。

当运距小于1km（如0.7km）时，其定额值计算如下：

$$定额值（运距0.7km）=1km值-（2km值-1km值）×（1-0.7） \quad (5.31)$$

2）当运距为5～10km时，有

$$定额值=5km值+（运距-5）×增运1km值 \quad (5.32)$$

3）当运距大于10km时，有

$$定额值=5km值+5×增运1km值+（运距-10）×增运1km值×0.75 \quad (5.33)$$

当使用定额编制土方开挖工程预算单价时，应根据《水利建筑工程预算定额》第一章土方工程的说明进行编制。

需要说明的是挖掘机、轮斗挖掘机或装载机挖装土（含渠道土方）自卸汽车运输各节，适用于Ⅲ类土。Ⅰ、Ⅱ和Ⅳ类土按表5.4所列系数进行调整。

表 5.4 不同土壤类别定额调整系数

项　　目	人　　工	机　　械
Ⅰ、Ⅱ类土	0.91	0.91
Ⅲ类土	1	1
Ⅳ类土	1.09	1.09

5.2.3 土方开挖工程概算单价实例分析

【例5.2】　某河道工程位于安徽省合肥市肥东县龙塘，其基础土方开挖工程采用1m³挖掘机挖装、10t自卸汽车运输4.3km至弃料场弃料。基本资料如下：

（1）基础土方为Ⅲ类土；

（2）柴油预算价格6300元/t。

计算该河道工程基础土方开挖运输的概算单价。

【解】

第一步：分析基本资料。

（1）确定人工预算单价。该河道工程地处安徽省，为一般地区，根据《水利工程设计概（估）算编制规定》规定，人工预算单价计算标准，一般地区河道工程的四个档次人工预算单价分别为：工长8.02元/工时，高级工7.40元/工时，中级工6.16元/工时，初级工4.26元/工时。

（2）确定取费费率。安徽省属华东区，冬雨季施工增加费费率 0.5%～1.0%，本例中取上限 1.0%计算，则

其他直接费率＝1.0%＋0.3%＋0＋1.7%＋1.2%＋0.5%＝4.7%

查间接费费率表，河道工程土方工程的间接费费率为 4%～5%，本例间接费费率取上限 5%，企业利润率为 7%，税金率取 9%。

第二步：套用定额。

根据该工程特征和施工组织设计确定的施工条件、施工方法、土类级别及采用的机械设备情况，选用部颁 2002 年《水利建筑工程概算定额》（简称概算定额）（上册）——36（2）Ⅲ类土，定额内容见表 5.5。

表 5.5　　　　　　　　　1m³ 挖掘机挖土自卸汽车运输（Ⅲ类土）　　　　　定额单位：100m³

项　目		单位	运　距/km					增运 1km
			1	2	3	4	5	
工　　长		工时						
高 级 工		工时						
中 级 工		工时						
初 级 工		工时	7.0	7.0	7.0	7.0	7.0	
合　　计		工时	7.0		7.0	7.0	7.0	
零星材料费		%	4	4	4	4	4	
挖 掘 机	液压 1m³	台时	1.04	1.04	1.04	1.04	1.04	
推 土 机	59kW	台时	0.52	0.52	0.52	0.52	0.52	
自 卸 汽 车	5t	台时	10.23	13.39	16.30	19.05	21.68	2.42
	8t	台时	6.76	8.74	10.56	12.28	13.92	1.52
	10t	台时	6.29	7.97	9.51	10.96	12.36	1.28
编　号			10622	10623	10624	10625	10626	10627

注　表中自卸汽车定额类型为一种名称后列几种型号规格，故只能选用其中一种进行计价。

第三步：计算运距 4.3km 时自卸汽车的定额值。

运距 4.3km，介于定额子目 10625 与 10626 之间，所以自卸汽车的台时数量需用内插法计算，采用式（5.30）计算。

10t 自卸汽车运距 4.3km 的定额值为

$$10.96＋（12.36－10.96）÷（5－4）×（4.3－4）＝11.38（台时）$$

第四步：计算机械台时费基价。

机械台时费查水利部 2002 年《水利工程施工机械台时费定额》，见［例 4.6］表 4.7，机上人工中级工人工预算单价 6.16 元/工时。计算如下：

（1）1m³ 液压挖掘机（定额编号 1009）。折旧费 35.63 元/台时，修理及替换设备费 25.46 元/台时，安装拆卸费 2.18 元/台时；机上人工工时数 2.7 工时/台时，柴油消耗量 14.9kg/台时。则

一类费用＝（35.63/1.13＋25.46/1.09＋2.18）×1.00＝57.07（元）

二类费用＝2.7×6.16＋14.9×2.99＝61.18（元）

1m³ 液压挖掘机台时费基价＝57.07＋61.18＝118.25（元）

（2）59kW 推土机（定额编号 1042）。折旧费 10.80 元/台时，修理及替换设备费 13.02 元/台时，安装拆卸费 0.49 元/台时；机上人工工时数 2.4 工时/台时，柴油消耗量 8.4kg/台时。则

一类费用＝（10.8/1.13＋13.02/1.09＋0.49）×1.00＝21.99（元）

二类费用＝2.4×6.16＋8.4×2.99＝39.90（元/台时）

59kW 推土机台时费基价＝21.99＋39.90＝61.89（元）

（3）10t 自卸汽车（定额编号 3015）。折旧费 30.49 元/台时，修理及替换设备费 18.30 元/台时；机上人工工时数 1.3 工时/台时，柴油消耗量 10.8kg/台时。则

一类费用＝（30.49/1.13＋18.30/1.09）×1.00＝43.77（元）

二类费用＝1.3×6.16＋10.8×2.99＝40.30（元）

10t 自卸汽车台时费基价＝43.77＋40.30＝84.07（元）

上述三种机械的台时费列表计算见表 5.6。

表 5.6 施工机械台时费计算表

编号	名称及规格	台时费/元	台时费基价/元	台时费价差/元	一类费用调整系数	定 额 数 量							
						一类费用/元	人工工时	汽油/kg	柴油/kg	水/m³	电/(kW·h)	风/m³	煤/kg
1009	液压挖掘机 1m³	167.57	118.25	49.32	1.00		2.7		14.9				
1042	推土机 59kW	89.69	61.89	27.80	1.00		2.4		8.4				
3015	自卸汽车 10t	119.82	84.07	35.75	1.00		1.3		10.8				

第五步：将定额中的人工、材料、机械台时消耗量填入表 5.7 的"数量"栏中，相应的人工预算单价、材料预算价格（或基价）和机械台时费基价填入表 5.7 的"单价"栏中。按"消耗量×单价"得出相应的人工费、材料费和机械使用费填入"合计"栏中。

注意：零星材料费的计算基础为人工费与机械使用费之和。

人工费、材料费、施工机械使用费三项之和为基本直接费。基本直接费乘以其他直接费费率计算出其他直接费。基本直接费、其他直接费之和为直接费。

第六步：根据已取定的各项费率，计算出间接费、企业利润、材料补差、税金等，汇总后即得出该工程项目的工程单价。

本例中材料补差是土方机械消耗的柴油，柴油的差价为 6.30－2.99＝3.31（元/kg）。

土方开挖运输概算单价的计算见表 5.7，计算结果为 20.38 元/m³。

表 5.7 建 筑 工 程 单 价 表

定额编号：10625，10626　　　　　　土方开挖运输工程　　　　　　定额单位：100m³（自然方）

施工方法：1m³ 液压挖掘机挖装 10t 自卸汽车运 4.3km 弃料

序号	名称及规格	单位	数量	单价/元	合计/元
一	直接费				1243.18
（一）	基本直接费				1187.37

续表

序号	名称及规格	单位	数量	单价/元	合计/元
1	人工费	元			29.82
(1)	工长	工时		8.02	
(2)	高级工	工时		7.40	
(3)	中级工	工时		6.16	
(4)	初级工	工时	7	4.26	29.82
2	材料费	元			45.67
(1)	零星材料费	%	4	1141.70	45.67
3	机械使用费	元			1111.88
(1)	挖掘机液压 1m³	台时	1.04	118.25	122.98
(2)	推土机 59kW	台时	0.52	61.89	32.18
(3)	自卸汽车 10t	台时	11.38	84.07	956.72
(二)	其他直接费	%	4.7	1187.37	55.81
二	间接费	%	5	1243.18	62.16
三	企业利润	%	7	1305.34	91.37
四	材料补差				472.57
(1)	柴油	kg	142.77	3.31	472.57
五	税金	%	9	1869.28	168.24
六	单价合计				2037.52

注　柴油：$14.9 \times 1.04 + 8.4 \times 0.52 + 10.8 \times 11.38 = 142.77$（kg）。

需要说明的是，以上计算结果，与计算过程每一步的小数点保留位数有关，是连续运算还是分步运算，会有一点误差。

5.3　石方开挖工程单价编制

5.3.1　项目划分和定额选用

石方开挖工程包括一般石方、基础石方、坡面、沟槽、坑、平洞、斜井、竖井、地下厂房等石方开挖和石渣运输等。

5.3.1.1　石方开挖项目划分

1. 按施工条件分

石方开挖按施工条件分为明挖石方和暗挖石方两大类。

2. 按施工方法分

石方开挖按施工方法分主要分为风钻钻孔爆破开挖、浅孔钻钻孔爆破开挖、液压钻孔爆破开挖和掘进机开挖等几种。钻孔爆破方法一般有浅孔爆破法、深孔爆破法、洞室爆破法和控制爆破法（定向、光面、预裂、静态爆破等）。掘进机是一种新型的开挖专用设备，

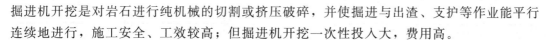

掘进机开挖是对岩石进行纯机械的切割或挤压破碎，并使掘进与出渣、支护等作业能平行连续地进行，施工安全、工效较高；但掘进机开挖一次性投入大，费用高。

3. 按开挖形状及对开挖面的要求分

按开挖形状及对开挖面的要求，石方开挖主要分为一般石方开挖、一般坡面石方开挖、沟槽石方开挖、坡面沟槽石方开挖、坑挖石方开挖、基础石方开挖、平洞石方开挖、斜井石方开挖、竖井石方开挖等。

在编制石方开挖工程概算单价时，应按《水利建筑工程概算定额》石方开挖工程的章说明来具体划分，介绍如下：

（1）一般石方开挖定额，适用于一般明挖石方和底宽超过 7m 的沟槽石方、上口面积大于 160m² 的坑挖石方，以及倾角小于或等于 20°并垂直于设计面平均厚度大于 5m 的坡面石方等开挖工程。

（2）一般坡面石方开挖定额，适用于设计倾角大于 20°、垂直于设计面的平均厚度小于或等于 5m 的石方开挖工程。

（3）沟槽石方开挖定额，适用于底宽小于或等于 7m、两侧垂直或有边坡的长条形石方开挖工程，如渠道、截水槽、排水沟、地槽等。

（4）坡面沟槽石方开挖定额，适用于槽底轴线与水平夹角大于 20°的沟槽石方开挖工程。

（5）坑挖石方开挖定额，适用于上口面积小于或等于 160m²，深度小于或等于上口短边长度或直径的石方开挖工程，如墩基、柱基、机座、混凝土基坑、集水坑等。

（6）基础石方开挖定额，适用于不同开挖深度的基础石方开挖工程，如混凝土坝、水闸、溢洪道、厂房、消力池等基础石方开挖工程。其中潜孔钻钻孔定额系按 100 型潜孔钻拟定，使用时不作调整。

（7）平洞石方开挖定额，适用于水平夹角小于或等于 6°的洞挖工程。

（8）斜井石方开挖定额，适用于水平夹角为 45°～75°的井挖工程。水平夹角 6°～45°的斜井，按斜井石方开挖定额乘以 0.9 系数计算。

（9）竖井石方开挖定额，适用于水平夹角大于 75°，上口面积大于 5m²，深度大于上口短边长度或直径的洞挖工程，如调压井、闸门井等。

（10）地下厂房石方开挖定额，适用于地下厂房或窑洞式厂房的开挖工程。

（11）平洞、斜井、竖井等各节石方开挖定额的开挖断面，系指设计开挖断面。

（12）石方开挖定额中所列"合金钻头"，系指风钻（手持式、气腿式）所用的钻头；"钻头"系指液压履带钻或液压凿岩台车所用的钻头。

（13）洞井石方开挖定额中通风机台时量按一个工作面长度 400m 拟定。如工作面长度超过 400m 时，应按表 5.8 所列系数调整通风机台时定额量。

（14）当岩石级别高于 XIV 级时，按各节 XIII～XIX 级岩石开挖定额，以表 5.9 所列系数进行调整。

（15）装石渣汽车运输定额，其露天与洞内定额的区分，按挖掘机或装载机装车地点确定。

表 5.8　　　　　　　　　　　　通 风 机 调 整 系 数

工作面长度/m	系数	工作面长度/m	系数	工作面长度/m	系数
400	1.00	1000	1.80	1600	2.50
500	1.20	1100	1.91	1700	2.65
600	1.33	1200	2.00	1800	2.78
700	1.43	1300	2.15	1900	2.90
800	1.50	1400	2.29	2000	3.00
900	1.67	1500	2.40		

表 5.9　　　　　　　　　　　　岩 石 级 别 调 整 系 数

项　　目	系　　数		
	人工	材料	机械
风钻为主各节定额	1.30	1.10	1.40
潜孔钻为主各节定额	1.20	1.10	1.30
液压钻、多臂钻为主各节定额	1.15	1.10	1.15

5.3.1.2　石渣运输项目划分

1. 按施工方法分

按施工方法主要分为人力运输和机械运输。

（1）人力运输即人工装双胶轮车、轻轨斗车运输等，适用于工作面狭小、运距短、施工强度低的工程或工程部位。

（2）机械运输即挖掘机或装载机配自卸汽车运输，它的适应性较大，故一般工程都可采用；蓄电池电机车可用于洞井出渣，内燃机车适于较长距离的运输。

2. 按作业环境分

按作业环境主要分为洞内运输与洞外运输。在各节运输定额中，一般都有"露天""洞内"两部分内容。

5.3.1.3　定额选用

1. 了解岩石级别的分类

岩石是按其成分和性质划分级别的，现行部颁定额是按土石十六级分类法划分的，其中 V～XVI 级为岩石。

2. 熟悉影响石方开挖工效的因素

石方开挖的工序由钻孔、装药、爆破、翻渣、清理等组成。影响开挖工序的主要因素如下：

（1）岩石级别。因为岩石级别越高，其强度越高，钻孔的阻力越大，钻孔工效越低；同时对爆破的抵抗力也越大，所需炸药也越多。所以，岩石级别是影响开挖工效的主要因素之一。

（2）石方开挖的施工方法。石方开挖所采用的钻孔设备、爆破的方法、炸药的种类、开挖的部位不同，都会对石方开挖的工效产生影响。

（3）石方开挖的形状及设计对开挖面的要求。根据工程设计的要求，石方开挖往往需开挖成一定的形状，如沟、槽、坑、洞、井等，其爆破系数（每平方米工作面上的炮孔数）较没有形状要求的一般石方开挖要大得多，爆破系数越大，爆破效率越低，耗用爆破器材（炸药、雷管、导线）也越多。为了防止不必要的超挖、欠挖，工程设计对开挖面有基本要求（如爆破对建基面的损伤限制、对开挖面平整度的要求等）时，对钻孔、爆破、清理等工序必须在施工方法和工艺上采取措施。例如，为了限制爆破对建基面的损伤，往往在建基面以上设置一定厚度的保护层（保护层厚度一般以 1.5m 计），保护层开挖大多采用浅孔小炮，爆破系数很高，爆破效率很低，有的甚至不允许放炮，采用人工开挖。再如，有的为了满足开挖面平整度的要求，须在开挖面进行专门的预裂爆破。综上所述，设计对开挖形状及开挖面的要求，也是影响开挖工效的主要因素。

　　3．正确选用定额子目

　　因为石方开挖定额大多按开挖形状及部位来分节，各节再按岩石级别来划分定额子目，所以在编制石方工程单价时，应根据施工组织设计确定的施工方法、运输线路、建筑物施工部位的岩石级别及设计开挖断面的要求等来正确选用定额子目。

5.3.2　使用现行定额编制石方开挖工程概算单价的注意事项

　　（1）在编制石方开挖及运输工程单价时，均以自然方为计量单位。

　　（2）石方开挖各节定额中，均包括了允许的超挖量和合理的施工附加量所增加的人工、材料及机械台时消耗量，使用本定额时，不得在工程量计算中另计超挖量和施工附加量。

　　（3）各节石方开挖定额，均已按各部位的不同要求，根据规范规定，分别考虑了保护层开挖等措施，如预裂爆破、光面爆破等，编制概算单价时一律不做调整。

　　（4）石方开挖定额中炸药的代表型号规格，应根据不同施工条件和开挖部位选取品种、规格。

　　（5）石方运输单价与开挖综合单价关系。在概算中，石方运输费用不单独表示，而是在开挖费用中体现。因此在石方开挖各节定额子目中均列有"石渣运输"项目。编制概算单价时，应按定额石渣运输量乘以石方运输单价（仅计算基本直接费）计算开挖综合单价。

　　（6）在计算石方运输单价时，各节运输定额一般都有"露天""洞内"两部分内容。洞内运输部分，套用"洞内"定额基本运距（装运卸）及"增运"子目；洞外运输部分，套用"露天"定额及"增运"子目（仅有运输工序）。若既有洞内又有洞外运输时，应分别套用。

　　（7）在查石方开挖定额中的材料消耗量时，应注意以下两个问题：

　　1）凡一种材料名称之后，同时并列几种不同型号、规格的，如石方开挖工程定额导线中的导火线和导电线，表示这种材料只能选用其中一种型号规格的定额进行计价。

　　2）凡一种材料分几种型号规格与材料名称同时并列的，如石方开挖工程定额中同时并列的导火线和导电线，则表示这些名称相同而型号规格不同的材料都应同时计价。

5.3.3　石方开挖工程概算单价实例分析

　　【例5.3】　某水电站工程位于河北省石家庄市灵寿县县城外，其基础岩石级别为 XI

级，基础石方开挖采用风钻钻孔爆破，开挖深度为 1.8m，石渣运输采用 1.5m³ 装载机装 10t 自卸汽车运 2km 弃渣。基本资料如下：

（1）人工预算单价：自行分析，查人工预算单价计算标准。

（2）材料预算价格：风 0.14 元/m³，水 0.90 元/m³，合金钻头 50 元/个，炸药综合价 8.50 元/kg，火雷管 1.00 元/个，导火线 0.50 元/m，柴油价格 6.30 元/kg。

（3）施工机械台时费：自行计算，一类费用调整系数为 1.00。

依据现行定额和文件，计算该水电站工程基础石方开挖运输的概算单价。

【解】

第一步：分析基本资料。

（1）确定人工预算单价。由题意分析该工程性质属于枢纽工程，该工程地处河北省石家庄市灵寿县，为一类区。一类区枢纽工程的人工预算单价分别为：工长 11.80 元/工时，高级工 10.92 元/工时，中级工 9.15 元/工时，初级工取 6.38 元/工时。

（2）确定取费费率。其他直接费率：河北省属华北区，其冬雨季施工增加费费率为 1.0%～2.0%，则其他直接费费率 =（1.0%～2.0%）+ 0.5% + 0 + 3.0% + 2.0% + 1.0% = 7.5%～8.5%，本例取下限 7.5%。

间接费费率：枢纽工程石方工程间接费费率取 12.5%。

企业利润率：7%；税金率取 9%。

第二步：套用定额。

根据工程特征和施工组织设计确定的施工条件、施工方法、岩石级别及采用的机械设备情况，石方开挖定额选用部颁 2002 年《水利建筑工程概算定额》（上册）二-11 节 20131 子目，定额见表 5.10。石渣运输定额采用 20514 子目，定额见表 5.11。

第三步：计算机械台时费基价。

查《水利工程施工机械台时费定额》，所用到的施工机械定额量为：

1.5m³ 装载机（定额编号 1029）：折旧费 16.81 元/台时，修理及替换设备费 10.92 元/台时；机上人工工时数 1.3 工时/台时，柴油消耗量 9.8kg/台时。

88kW 推土机（定额编号 1044）：折旧费 26.72 元/台时，修理及替换设备费 29.07 元/台时，安装拆卸费 1.06 元/台时；机上人工工时数 2.4 工时/台时，柴油消耗量 12.6kg/台时。

10t 自卸汽车（定额编号 3015）：折旧费 30.49 元/台时，修理及替换设备费 18.30 元/台时；机上人工工时数 1.3 工时/台时，柴油消耗量 10.8kg/台时。

手持式风钻（定额编号 1096）：折旧费 0.54 元/台时，修理及替换设备费 1.89 元/台时；风 180.1m³/台时，水 0.3m³/台时。

1.5m³ 装载机台时费基价 =（16.81/1.13 + 10.92/1.09）+（1.3×9.15 + 9.8×2.99）

　　　　　　　　　　= 24.89 + 41.20 = 66.09（元/台时）

88kW 推土机台时费基价 =（26.72/1.13 + 29.07/1.09 + 1.06）+（2.4×9.15 + 12.6×2.99）

　　　　　　　　　　= 51.38 + 59.63 = 111.01（元/台时）

10t 自卸汽车台时费基价 =（30.49/1.13 + 18.30/1.09）+（1.3×9.15 + 10.8×2.99）

　　　　　　　　　　= 43.77 + 44.19 = 87.96（元/台时）

手持式风钻台时费基价＝(0.54/1.13＋1.89/1.09)＋(180.1×0.14＋0.3×0.90)
＝2.21＋25.48＝27.69（元/台时）

表 5.10　　　　　　基础石方开挖——风钻钻孔（开挖深度不大于 2m）　　　定额单位：100m³

项　　目	单位	岩　石　级　别			
		V～Ⅷ	Ⅸ～Ⅹ	Ⅺ～Ⅻ	ⅩⅢ～ⅩⅣ
工　　长	工时	5.4	6.6	8.2	10.7
高　级　工	工时				
中　级　工	工时	52.5	75.8	104.1	147.6
初　级　工	工时	205.0	251.0	300.9	371.2
合　　计	工时	262.9	333.4	413.2	529.5
合　金　钻　头	个	2.89	4.75	6.8	9.57
炸　　药	kg	46	59	69	79
火　雷　管	个	264	331	382	432
导　火　线	m	392	493	569	644
其 他 材 料 费	%	7	7	7	7
风钻（手持式）	台时	11.72	19.92	31.52	51.52
其 他 机 械 费	%	10	10	10	10
石 渣 运 输	m³	110	110	110	110
编　　号		20129	20130	20131	20132

表 5.11　　　　　　1.5m³ 装载机装石渣自卸汽车运输（露天）　　　定额单位：100m³

项　　目	单位	运　距/km					增运 1km
		1	2	3	4	5	
工　　长	工时						
高　级　工	工时						
中　级　工	工时						
初　级　工	工时	14.2	14.2	14.2	14.2	14.2	
合　　计	工时	14.2	14.2	14.2	14.2	14.2	
零 星 材 料 费	%	2	2	2	2	2	
装 载 机　1.5m³	台时	2.67	2.67	2.67	2.67	2.67	
推 土 机　88kW	台时	1.34	1.34	1.34	1.34	1.34	
自 卸 汽 车　8t	台时	11.01	13.97	16.69	19.24	21.69	2.27
10t	台时	9.92	12.29	14.46	16.51	18.48	1.81
12t	台时	8.70	10.67	12.48	14.19	15.83	1.51
编　　号		20513	20514	20515	20516	20517	20518

第四步：计算石渣运输单价（只计算到基本直接费）。把人工预算单价、机械台时费基价和定额子目 20514 的数值填入表 5.12 相应各栏中进行计算，计算过程详见表 5.12。石渣运输基本直接费单价为 15.27 元/m³。

表 5.12　　　　　　　　　　　　　**建 筑 工 程 单 价 表**

定额编号：20514　　　　　　　　　石渣运输工程　　　　　　　定额单位：100m³（自然方）

施工方法：1.5m³ 装载机装 10t 自卸汽车运 2km 弃料

序号	名称及规格	单位	数量	单价/元	合计/元
一	直接费				
（一）	基本直接费				1526.78
1	人工费	元			90.60
（1）	工长	工时		11.80	0.00
（2）	高级工	工时		10.92	0.00
（3）	中级工	工时		9.15	0.00
（4）	初级工	工时	14.2	6.38	90.6
2	材料费	元			29.94
（1）	零星材料费	%	2	1496.84	29.94
3	机械使用费	元			1406.24
（1）	装载机　1.5m³	台时	2.67	66.09	176.46
（2）	推土机　88kW	台时	1.34	111.01	148.75
（3）	自卸汽车　10t	台时	12.29	87.96	1081.03

　　第五步：计算石方开挖运输综合单价。将已知的各项基础单价、取定的费率及定额子目 20131 中的各项数值填入表 5.13 中，其中石渣运输单价为表 5.12 的计算结果。

　　注意：其他材料费的计算基础为主要材料费之和，其他机械费的计算基础为主要机械费之和。石方开挖运输综合单价计算过程详见表 5.13，表中基本直接费包括人工费、材料费、机械使用费、石渣运输四项。

　　石方开挖运输综合单价为 109.16 元/m³。

表 5.13　　　　　　　　　　　　　**建 筑 工 程 单 价 表**

定额编号：20131　　　　　　　　　基础石方开挖　　　　　　　定额单位：100m³（自然方）

施工方法：岩石级别为 XI 级，采用手风钻钻孔爆破

序号	名称及规格	单位	数量	单价/元	合计/元
一	直接费				7595.92
（一）	基本直接费				7065.97
1	人工费	元			2969.02
（1）	工长	工时	8.2	11.80	96.76
（2）	高级工	工时		10.92	0.00
（3）	中级工	工时	104.1	9.15	952.52
（4）	初级工	工时	300.9	6.38	1919.74
2	材料费	元			1457.18
（1）	合金钻头	个	6.8	50.00	340.00

施工方法：岩石级别为Ⅺ级，采用手风钻钻孔爆破

序号	名称及规格	单位	数量	单价/元	合计/元
（2）	炸药	kg	69	5.15	355.35
（3）	火雷管	个	382	1.00	382.00
（4）	导火线	m	569	0.50	284.50
（5）	其他材料费	%	7	1361.85	95.33
3	机械使用费	元			960.07
（1）	风钻（手持式）	台时	31.52	27.69	872.79
（2）	其他机械费	%	10	872.79	87.28
4	石渣运输费	m³	110	15.27	1679.70
（二）	其他直接费	%	7.5	7065.97	529.95
二	间接费	%	12.5	7595.92	949.49
三	企业利润	%	7	8545.41	598.18
四	材料补差				871.17
（1）	炸药	kg	69	3.35	231.15
（2）	柴油	kg	193.36	3.31	640.02
五	税金	%	9	10014.76	901.33
六	单价合计				10916.09

注 柴油：$(9.8\times2.67+12.6\times1.34+10.8\times12.29)\times1.1=175.78\times1.1=193.36$（kg）。

5.4 土石填筑工程单价编制

5.4.1 项目划分与定额选用

土石填筑工程主要包括抛石、砌石、土料及砂石料压实等。其中砌石工程又分为干砌石、浆砌石等，因其能就地取材、施工技术简单、造价低，故在我国水利工程中应用较普遍。在编制土石填筑工程概算单价时，一般应根据工程类别、结构部位、施工方法和材料种类等来选用相应的定额子目。在项目划分上要注意工程部位的含义和主要材料规格与标准。

1. 工程部位的含义

（1）护坡。指坡面与水平面夹角（α）在 $10°<\alpha\leqslant30°$ 范围内，砌体平均厚度 0.5m 以内（含勒脚），主要起保护作用的砌体。

（2）护底。指护砌面与水平面夹角在 $10°$ 以下，包括齿墙和围坎。

（3）挡土墙。指坡面与水平面夹角（α）在 $30°<\alpha\leqslant90°$ 范围内，承受侧压力，主要起挡土作用的砌体。

（4）墩墙。指砌体一般与地面垂直，能承受水平和垂直荷载的砌体，包括闸墩和桥墩。

2. 定额石料规格及标准

(1) 碎石。指经破碎、加工分级后，粒径大于 5mm 的石块。

(2) 卵石。指最小粒径大于 20cm 的天然河卵石，呈不规则圆形。

(3) 块石。指厚度大于 20cm，长、宽各为厚度的 2～3 倍，上下两面平行且大致平整，无尖角、薄边的石块。

(4) 片石。指厚度大于 15cm，长、宽各为厚度的 3 倍以上，无一定规则形状的石块。

(5) 毛条石。指一般长度大于 60cm 的长条形四棱方正的石料。

(6) 料石。指毛条石经过修边打荒加工，外露面方正，各相邻面正交，表面凹凸不超过 10mm 的石料。

(7) 砂砾料。指天然砂卵（砾）石混合料。

(8) 堆石料。指山场岩石经爆破后，无一定规格、无一定大小的任意石料。

(9) 反滤料、过渡料。指土石坝或一般堆砌石工程的防渗体与坝壳（土料、砂砾料或堆石料）之间的过渡区石料，由粒径、级配均有一定要求的砂、砾石（碎石）等组成。

(10) 水泥砂浆。是由水泥、细骨料和水，即水泥＋砂＋水，按一定的比例拌和而成的。通常所说的 1∶3 水泥砂浆是用 1 重量水泥和 3 重量砂配合，实际上忽视了水的成分，水的比例一般在 0.6 左右，即应成为 1∶3∶0.6，水泥砂浆的密度为 2000kg/m³。它强度高，防水性能好，多用于重要建筑物及建筑物的水下部位。水泥砂浆的强度等级是以试件 28 天抗压强度作为标准。

(11) 混合砂浆。是在水泥砂浆中掺入一定数量的石灰膏、黏土混合而成的，一般由水泥、石灰膏、砂子拌和而成，它适用于强度要求不高的小型工程或次要建筑物的水上部位。混合砂浆由于加入了石灰膏，改善了砂浆的和易性，操作起来比较方便，有利于砌体密实度和工效的提高。

(12) 细骨料混凝土。一般是指粗骨料最大粒径不大于 15mm 的混凝土，由水泥、砂、水和骨料按规定级配配合而成，可节省水泥，提高砌体强度。细石混凝土不得使用火山灰质水泥；砂采用粒径 0.3～0.5mm 的中粗砂。

5.4.2　使用现行定额编制土石填筑工程概算单价的注意事项

(1) 注意定额中的计量单位。

1) 定额中材料的计量单位。对砂、碎石、堆石料、过渡料和反滤料，按堆方计；对块石、卵石，按码方计；对条石、料石按清料方计。块石的实方指堆石坝坝体方，块石松方就是块石的堆方。松实系数是指土石料体积的比例关系，供一般土石方工程换算时参考，在一般土石方工程换算时可参考表 5.14。

表 5.14　　　土石方松实系数换算

项目	自然方	松方	实方	码方
土方	1	1.33	0.85	
石方	1	1.53	1.31	
砂方	1	1.07	0.94	
混合料	1	1.19	0.88	
块石	1	1.75	1.43	1.67

2）定额计量单位。土石填筑工程定额计量单位，除注明者外，均按建筑实体方（或称成品方）计算。其中，抛石护底护岸工程为抛投方，铺筑砂石垫层、干砌石、浆砌石为砌体方，土石坝物料压实为实方。概算单价的单位应与定额计量单位相一致。

（2）在土石填筑工程概算定额中，材料部分列有砂、石料的定额量，均已考虑了施工操作损耗和体积变化因素。砂、石料自料场运至施工现场堆放点的运输费用应包括在石料单价内。施工现场堆放点至工作面的场内运输已包括在砌石工程定额内。编制砌石工程概算单价时，不得重复计算石料运输费。砂、石料如为外购，则按材料预算价格计算。

（3）编制堆砌石工程概算单价时，应考虑在开挖石渣中捡集块（片）石的可能性，以节省开采费用，其利用数量应根据开挖石渣的多少和岩石质量情况合理确定。

（4）浆砌石定额中已计入了一般要求的勾缝，如设计有防渗要求的开槽勾缝，应增加相应的人工费和材料费。

（5）料石砌筑定额包括了砌体外露面的一般修凿，如设计要求做装饰性修凿，应另行增加修凿所需的人工费。

（6）土石坝物料压实定额是按自料场直接运输上坝与自成品供料场运输上坝两种情况分别编制，根据施工组织设计方案采用相应的定额子目。定额已包括压实过程中所有损耗量以及坝面施工干扰因素。如为非土石堤、坝的一般土料、砂石料压实，其人工、机械定额应乘以 0.8 的系数。

反滤料压实定额中的砂及碎（卵）石数量和组成比例，按设计资料进行调整。

（7）土石填筑工程定额未列土石坝物料的运输定额。编制概算时，可根据定额所列物料运输数量采用本概算定额相关章节子目计算物料运输上坝费用，并乘以坝面施工干扰系数 1.02。

5.4.3 土石填筑工程概算单价编制

土石填筑工程单价包括堆石单价、砌石单价及土方填筑单价，分别叙述如下。

5.4.3.1 堆石单价

堆石单价包括备料单价、压实单价和综合单价。

1. 备料单价

堆石坝的石料备料单价计算，与一般块石开采一样，包括覆盖层清理、石料钻孔爆破和工作面废渣处理。覆盖层的清理费用，以占堆石料的百分率摊入计算。石料钻孔爆破施工工艺同石方开挖工程。堆石坝分区填筑对石料有级配要求，主、次堆石区石料最大粒（块）径可达 1.0m 及以上，而垫层料、过渡层料仅为 0.08m、0.3m 左右，虽在爆破设计中尽可能一次获得级配良好的堆石料，但不少石料还须分级处理（如轧制加工等）。故各区料所耗工料相差很大，而一般石方开挖定额很难体现这一因素，单价编制时要注意这一问题。

石料运输，根据不同的施工方法，套用相应的定额计算。现行概算定额的综合定额，其堆石料运输所需的人工、机械等数量，已经计入压实工序的相应项目中，不在备料单价中体现。爆破、运输采用石方工程开挖定额时，须加计损耗和进行定额单位换算。石方开挖单位为自然方，石方填筑单位为坝体压实方。

2. 压实单价

压实单价包括平整、洒水、压实等费用。压实定额中均包括了体积换算、施工损耗等因素（注意："零星材料费"的计算基数不含堆石料的运输费用）。考虑到各区堆石料粒（块）径大小、层厚尺寸、碾压遍数的不同，压实单价应按过渡料、堆石料等分别编制。

3. 综合单价

堆石单价计算有以下两种形式：

（1）综合定额法：采用现行概算定额编制堆石单价时，一般应按综合定额计算。可将备料单价作为堆石料（包括反滤料、过渡料）材料预算价格，计入填筑单价即可。

（2）综合单价法：当采用其他定额或施工方法与现行概算综合定额不同时，须套用相应的单项定额，分别计算各工序单价，再进行单价综合计算。

5.4.3.2　砌石单价

砌石单价包括备料单价和砌筑单价，其中砌筑单价包括干砌石和浆砌石两种。

1. 备料单价

备料单价作为砌筑工程定额中的一项材料单价，计算时应根据施工组织设计确定的施工方法，套用砂石备料工程定额相应开采、运输定额子目计算（仅计算定额基本直接费，这样可直接代入砌筑工程单价计算表，避免重复计算其他直接费、间接费、企业利润和税金）。如为外购块石、条石或料石时，按材料预算价格计算。

2. 砌筑单价

应根据不同的施工项目、施工部位、施工方法及所用材料套用相应定额进行计算。如为浆砌石，则需先计算胶结材料的半成品价格。砌筑定额中的石料数量均已考虑施工操作损耗和体积变化因素，其材料价格采用备料价格；一般砂、碎石（砾石）、块石、料石等预算价格应控制在 70 元/m³ 左右，超过部分计取税金后列入相应部分之后。

5.4.3.3　土方填筑单价

土方填筑工程施工工序一般包括料场覆盖层清除、土料开采运输、土料翻晒和铺土压实等。在计算土方填筑工程单价时，应与上述工序相对应，一般包括覆盖层清除摊销费、土料开采运输单价、土料翻晒备料单价、土方压实单价四部分，具体组成内容应根据施工组织设计确定的施工因素来选择。

1. 覆盖层清除摊销费

根据填筑土料的质量要求，料场表层覆盖的杂草、乱石、树根及不合格的表土等必须予以清除，以确保土方的填筑质量。其清除费用按清除量乘以清除单价计算。覆盖层清除摊销费就是将其清除费用摊入填筑设计成品方中，即单位设计成品方应摊入的清除费用。计算式为

$$覆盖层清除摊销费＝覆盖层清除总费用/设计成品方量$$
$$＝覆盖层清除单价×覆盖层清除量/设计成品方量$$
$$＝覆盖层清除单价×覆盖层清除摊销率 \tag{5.34}$$

2. 土方开采运输单价

内容同 5.3 节相关内容。

3. 土料翻晒备料单价

若取土区土料含水量偏大，不能直接用于填筑施工，则在料场必须先行犁耙翻晒，必要时堆置土牛以备填筑用料。计算时查部颁 2002 年《水利建筑工程预算定额》（上册），一-43 节 10463 子目。

4. 土方压实单价

土方压实主要工作内容包括平土、洒水、刨毛、碾压、削坡及坝面各种辅助工作。压实定额按自料场直接运输上坝与自成品供料场运输上坝两种情况分别编制。计算压实单价时，应根据施工组织设计确定的施工方案、设计要求压实后需达到的干密度正确选用相应的定额子目。土方压实单价的单位为实方。

5. 土方填筑综合单价

土方填筑综合单价由若干个分项工序单价组成。

（1）编制概算单价时，土石填筑工程定额中未编列土石坝物料的运输定额，在土石坝填筑概算定额中土石坝物料运输量已算好，列在定额最后一行。土石坝物料压实定额中已计入超填量及施工附加量，并考虑坝面干扰因素；土石坝物料运输量，包括超填量及附加量，雨后清理、削坡、施工沉陷等损耗以及物料折实因素等。计算概算单价时，可根据定额所列物料运输数量采用概算定额相关子目计算物料运输上坝费用，并乘以坝面施工干扰系数 1.02。

（2）编制预算单价时，压实工序以前的施工工序定额或单价（即开挖运输单价、翻晒备料单价）都要乘以综合折实系数，即

$$综合折实系数＝(1＋A)×设计干密度/天然干密度 \qquad (5.35)$$

则　　土方填筑预算综合单价＝覆盖层清除单价×摊销率＋（翻晒单价×翻晒比例
$$＋挖运单价）×综合折实系数＋压实单价 \qquad (5.36)$$

综合折实系数 A 包括开挖、上坝运输、雨后清理、边坡削坡、接缝削坡、施工深陷、取土坑、试验坑和不可避免的压坏等损耗因素，其值应根据不同的施工方法和坝料按表5.15 选取，使用时不再调整。

表 5.15　　　　　　　　　　　综 合 系 数 选 用 表

项　目	A/%	项　目	A/%
机械填筑混合坝坝体土料	5.86	人工填筑心（斜）墙土料	3.43
机械填筑均质坝坝体土料	4.93	坝体砂砾料、反滤料	2.20
机械填筑心（斜）墙土料	5.70	坝体堆石料	1.40
人工填筑坝体土料	3.43		

5.4.4　土石填筑工程概算单价实例分析

【例 5.4】　安徽省某河道工程，其护底采用 M7.5 浆砌块石施工，用 32.5 级普通硅酸盐水泥，所有砂石材料均需外购，基本资料如下：

（1）人工预算单价：安徽省为一般地区，其河道工程的人工预算单价工长 8.02 元/工时，高级工 7.40 元/工时，中级工 6.16 元/工时，初级工 4.26 元/工时。

（2）材料预算价格：经调查，砂 90 元/m³，块石 75 元/m³，32.5 级水泥 350 元/t，施工用水 0.90 元/m³，电价 1.00 元/(kW·h)。

（3）M7.5 水泥砂浆每立方米配合比：32.5 水泥 261.00kg，砂 1.11m³，水 0.157m³。计算该河道工程 M7.5 浆砌块石护底工程概算单价。

【解】

第一步：分析基本资料，确定取费费率。

该工程性质属于河道工程，地处安徽省，其他直接费费率取 4.7%（取上限）；间接费费率取 9.5%（取上限），企业利润率为 7%，税金率取 9%。

第二步：计算砂浆材料单价。

M7.5 水泥砂浆材料配合比，查《水利建筑工程概算定额》附录 7（见表 4.19）。水泥以 255 元/t 基价，砂以 70 元/m³ 限价计算砂浆基价，超过的部分计入材料补差。计算如下

M7.5 砂浆基价 $=261.00×0.255+1.11×70+0.157×0.90=144.40$（元/m³）

M7.5 砂浆价差 $=261.00×(0.35-0.255)+1.11×(90-70)=47.00$（元/m³）

第三步：计算机械台时费。

胶轮车（定额编号 3074）台时费为

$$0.26/1.13+0.64/1.09=0.82（元/台时）$$

0.4m³ 砂浆搅拌机（定额编号 2002）台时费为

$$(3.29/1.13+5.34/1.09+1.07)+(1.3×6.16+8.6×1.00)=25.49（元/台时）$$

第四步：套用定额。

根据工程部位和施工方法选用定额，定额选用部颁 2002 年《水利建筑工程概算定额》（上册）三-8 节 30031 子目，定额见表 5.16。

表 5.16　　　　　　　　　　　　浆　砌　块　石

工作内容：选石、修石、冲洗、拌制砂浆、砌筑、勾缝　　　　　　　定额单位：100m³ 砌体方

项　目	单位	护坡		护底	基础	挡土墙	桥墩闸墩
		平面	曲面				
工　长	工时	17.3	19.8	15.4	13.7	16.7	18.2
高 级 工	工时						
中 级 工	工时	356.5	436.2	292.6	243.3	339.4	387.8
初 级 工	工时	490.1	531.2	457.2	427.4	478.5	504.7
合　计	工时	863.9	987.2	765.2	684.4	834.6	910.7
块　石	m³	108	108	108	108	108	108
砂　浆	m³	35.3	35.3	35.3	34.0	34.4	34.8
其他材料费	%	0.5	0.5	0.5	0.5	0.5	0.5
砂浆搅拌机　0.4m³	台时	6.54	6.54	6.54	6.30	6.38	6.45
胶 轮 车		163.44	163.44	163.44	160.19	161.18	162.18
编　　号		30029	30030	30031	30032	30033	30034

第五步：计算浆砌石工程单价。

将各项基础单价、取定的费率及定额子目 30031 中的各项数值填入表 5.17。

注意：按现行规定，外购材料块石的预算价格为 75 元/m³，超过了 70 元/m³ 的限价，因此材料费中的块石应以 70 元/m³ 计，超过部分 75－70＝5 元/m³ 应计入材料补差。计算过程详见表 5.17，浆砌块石护底的工程单价为 249.89 元/m³。

表 5.17　　　　　　　　　　　　　　　**建 筑 工 程 单 价 表**

定额编号：30031　　　　　　　　浆砌块石护底　　　　　　　定额单位：100m³ 砌体方

施工方法：选石、修石、冲洗、拌制砂浆、砌筑、勾缝

序号	名称及规格	单位	数量	单价/元	合计/元
一	直接费				17690.47
(一)	基本直接费				16896.34
1	人工费	元			3873.60
(1)	工长	工时	15.4	8.02	123.51
(2)	高级工	工时		7.40	
(3)	中级工	工时	292.6	6.16	1802.42
(4)	初级工	工时	457.2	4.26	1947.67
2	材料费	元			12722.02
(1)	块石	m³	108	70	7560.00
(2)	砂浆　M7.5	m³	35.3	144.44	5098.73
(3)	其他材料费	%	0.5	12658.73	63.29
3	机械使用费	元			300.72
(1)	砂浆搅拌机　0.4m³	台时	6.54	25.49	166.70
(2)	胶轮车	台时	163.44	0.82	134.02
(二)	其他直接费	%	4.7	16896.34	794.13
二	间接费	%	9.5	17690.47	1680.59
三	企业利润	%	7	19371.06	1355.97
四	材料补差				2198.55
(1)	块石	m³	108	5	540
(2)	水泥	t	9.21	95	874.95
(3)	砂	m³	39.18	20	783.60
五	税金	%	9	22925.58	2063.30
六	单价合计				24988.88

注　水泥：261×35.3/1000＝9.21（t）。

　　砂：1.11×35.3＝39.18（m³）。

表 5.17 中，M7.5 砂浆材料的材料差价，是以其配合比材料中的水泥、砂单独计列调差的。如果材料补差以砂浆 M7.5 计列，其计算过程详见表 5.18。

表 5.18　　　　　　　　　建 筑 工 程 单 价 表

定额编号：30031　　　　　　　浆砌块石护底　　　　　　定额单位：100m³（砌体方）

施工方法：选石、修石、冲洗、拌制砂浆、砌筑、勾缝

序号	名称及规格	单位	数量	单价/元	合计/元
一	直接费				17690.47
（一）	基本直接费				16896.34
1	人工费	元			3873.60
（1）	工长	工时	15.4	8.02	123.51
（2）	高级工	工时		7.40	
（3）	中级工	工时	292.6	6.16	1802.42
（4）	初级工	工时	457.2	4.26	1947.67
2	材料费	元			12722.02
（1）	块石	m³	108	70	7560.00
（2）	砂浆　M7.5	m³	35.3	144.44	5098.73
（3）	其他材料费	%	0.5	12658.73	63.29
3	机械使用费	元			300.72
（1）	砂浆搅拌机　0.4m³	台时	6.54	25.49	166.70
（2）	胶轮车	台时	163.44	0.82	134.02
（二）	其他直接费	%	4.7	16896.34	794.13
二	间接费	%	9.5	17690.47	1680.59
三	企业利润	%	7	19371.06	1355.97
四	材料补差				2199.10
（1）	块石	m³	108	5	540
（2）	砂浆　M7.5	m³	35.3	47.00	1659.10
五	税金	%	9	22926.13	2063.35
六	单价合计				24989.48

【例 5.5】　安徽省合肥市大房郢水库，其主坝、副坝都为均质土坝。土方回填工程采用 2.75m³ 铲运机从土料场运 500m 直接上坝，拖拉机碾压；料场土类级别为Ⅲ级，坝体土料设计干密度为 16.5kN/m³，土料天然干密度为 14.5kN/m³。基本资料如下：

（1）料场覆盖层清除单价为 4.30 元/m³（自然方），覆盖层清除摊销费费率为 4%。

（2）人工预算单价：工长 11.55 元/工时，高级工 10.67 元/工时，中级工 8.90 元/工时，初级工 6.13 元/工时。

（3）材料预算价格：柴油 6.30 元/kg，电价 1.00 元/(kW·h)。

计算该土坝工程土方填筑的概算综合单价。

【解】

第一步：分析资料，确定取费费率。

该工程性质属于枢纽工程，其他直接费费率取 7.5%（取上限），土方工程的间接费

费率取 8.5%，企业利润率为 7%，税金率取 9%。

第二步：计算机械台时费。

中级工 8.90 元/工时，柴油 2.99 元/kg，机械台时费计算见表 5.19。

表 5.19 施工机械台时费计算表

| 定额编号 | 名称及规格 | 定额数量 | | | | | | | 施工机械台时费 | | |
| | | 一类费用 | | | 二类费用 | | | | | | |
		折旧费/元	修理及替换设备费/元	安装拆卸费/元	人工/工时	柴油/kg	电/(kW·h)	其他	基价/元	价差/元	预算价/元
1067	铲运机 2.75m³	4.35	5.61	0.57					9.57	0	9.57
1060	拖拉机 55kW	3.8	4.56	0.22	2.4	7.4			51.25	24.49	75.74
1041	推土机 55kW	7.14	12.5	0.44	2.4	7.9			63.21	26.15	89.36
1062	拖拉机 74kW	9.65	11.38	0.54	2.4	9.9			70.48	32.77	103.25
1043	推土机 74kW	19	22.81	0.86	2.4	10.6			91.65	35.09	126.74
1095	蛙式打夯机 2.8kW	0.17	1.01		2		2.5		21.38	0	21.38
1094	刨毛机	5.07	5.62	0.22	2.4	7.4			53.35	24.49	77.84

注 刨毛机台时按照 2005 年《水利工程概预算补充定额》勘误。

第三步：套用定额。

根据施工方法，土方运输采用 2.75m³ 铲运机从土料场运 500m，选用《水利建筑工程概算定额》—-33 节 10574 子目，定额见表 5.20。

表 5.20 2.75m³ 铲运机铲运土（Ⅲ类土） 定额单位：100m³

| 项 目 | 单位 | 运 距/m | | | | |
		100	200	300	400	500
工 长	工时					
高 级 工	工时					
中 级 工	工时					
初 级 工	工时	3.7	6.0	7.9	9.7	11.3
合 计	工时	3.7	6.0	7.9	9.7	11.3
零星材料费	%	10	10	10	10	10
铲 运 机 2.75m³	台时	3.00	4.79	6.33	7.72	9.07
拖 拉 机 55kW	台时	3.00	4.79	6.33	7.72	9.07
推 土 机 55kW	台时	0.30	0.48	0.63	0.77	0.91
编 号		10570	10571	10572	10573	10574

土料是自料场直接运输上坝，采用拖拉机碾压，且土料设计干密度为 16.5kN/m³，选用《水利建筑工程概算定额》（上册）三-19 节 30075 子目，见表 5.21。

表 5.21　　　　　　**土石坝物料压实（土料自料场直接运输上坝）**

工作内容：推平、刨毛、压实，削坡、洒水补夯边及坝面各种辅助工作　　　定额单位：100m³ 实方

项　　　目	单位	拖拉机压实		羊脚碾压实	
		干密度/(kN/m³)			
		≤16.67	>16.67	≤16.67	>16.67
工　　　　长	工时				
高　级　工	工时				
中　级　工	工时				
初　级　工	工时	21.8	25.1	26.8	29.4
合　　　计	工时	21.8	25.1	26.8	29.4
零星材料费	%	10	10	10	10
羊脚碾拖拉机　5～7t　59kW	组时			1.81	2.33
8～12t　74kW	组时			1.30	1.68
拖　拉　机　74kW	台时	2.06	2.65		
推　土　机　74kW	台时	0.55	0.55	0.55	0.55
蛙式打夯机　2.8kW	台时	1.09	1.09	1.09	1.09
刨　毛　机	台时	0.55	0.55	0.55	0.55
其他机械费	%	1	1	1	1
土料运输（自然方）	m³	126	126	126	126
编　　　号		30075	30076	30077	30078

第四步：计算土方运输单价。

因为"土方运输"在土石坝物料压实定额中，与人工费、材料费、机械使用费"并列"，所以，土方运输单价只要计算到"基本直接费"这一步，计算过程见表 5.22。土方运输基本直接费单价为 7.46 元/m³（自然方）。

注意：本定额所用的机械中，55kW 拖拉机、55kW 推土机两种机械消耗的燃料是柴油，柴油发生的材料差价，代入到土料压实单价的材料补差中计算。

表 5.22　　　　　　　　　**建 筑 工 程 单 价 表**

定额编号：10574　　　　　　　　　土方运输工程　　　　　　　定额单位：100m³（自然方）

施工方法：2.75m³ 铲运机铲装运 500m 上坝

序号	名称及规格	单位	数量	单价/元	合计/元
一	直接费				
（一）	基本直接费				746.27
1	人工费	元			69.27
（1）	工长	工时		11.15	
（2）	高级工	工时		10.67	
（3）	中级工	工时		8.90	
（4）	初级工	工时	11.3	6.13	69.27

续表

序号	名称及规格	单位	数量	单价/元	合计/元
2	材料费	元			67.84
(1)	零星材料费	%	10	678.43	67.84
3	机械使用费	元			609.16
(1)	铲运机　2.75m³	台时	9.07	9.57	86.80
(2)	拖拉机　55kW	台时	9.07	51.25	464.84
(3)	推土机　55kW	台时	0.91	63.21	57.52

　　第五步：计算土方压实单价。

　　把表 5.22 计算的土方运输基本直接费，嵌套入压实定额单价中。土方压实单价计算过程见表 5.23，结果为 23.33 元/m³（实方）。

表 5.23　　　　　　　　　　　　建 筑 工 程 单 价 表

定额编号：30075　　　　　　　　　　　土料压实工程　　　　　　　　　定额单位：100m³ 实方

施工方法：拖拉机压实，Ⅲ类土，设计干密度：16.5kN/m³

序号	名称及规格	单位	数量	单价/元	合计/元
一	直接费				1485.17
(一)	基本直接费				1381.55
1	人工费	元			133.63
(4)	初级工	工时	21.8	6.13	133.63
2	材料费	元			38.44
(1)	零星材料费	%	10	384.35	38.44
3	机械使用费	元			250.72
(1)	拖拉机 74kW	台时	2.06	70.48	145.19
(2)	推土机 74kW	台时	0.55	91.65	50.41
(3)	蛙式打夯机 2.8kW	台时	1.09	21.38	23.30
(4)	刨毛机	台时	0.55	53.35	29.34
(5)	其他机械费	%	1	248.24	2.48
4	土料运输（自然方）	m³	128.52	7.46	958.76
(二)	其他直接费	%	7.5	1381.55	103.62
二	间接费	%	8.5	1485.17	126.24
三	企业利润	%	7	1611.41	112.80
四	材料补差	元			416.36
(1)	柴油	kg	125.79	3.31	416.36
五	税金	%	9	2140.57	192.65
六	单价合计				2333.22

　　注　柴油：(9.07×7.4＋0.91×7.9)×1.26×1.02＋2.06×9.9＋0.55×10.6＋0.55×7.4＝125.79 (kg)。

根据土石填筑工程定额说明："土石填筑工程定额未编列土石坝物料的运输定额。编制概算时，可根据定额所列物料运输数量采用本概算定额相关章节子目计算物料运输上坝费用，并乘以坝面施工干扰系数 1.02。"土料运输（自然方）为 $126 \times 1.02 \text{m}^3$。

第六步：计算土方填筑概算综合单价。

料场覆盖层清除单价为 4.30 元/m^3（自然方），覆盖层清除摊销费费率为 4%，则
$$土方填筑综合单价 = 4.30 \times 4\% + 23.33 = 23.50（元/\text{m}^3）$$

5.5　混凝土工程单价编制

5.5.1　项目划分与定额选用

1．项目划分

混凝土工程按施工工艺可分为现浇混凝土和预制混凝土两大类。现浇混凝土又可分为常态混凝土、碾压混凝土和沥青混凝土。混凝土具有强度高、抗渗性、耐久性好等优点，在水利工程建设中应用十分广泛，如常态混凝土适用于坝、闸涵、船闸、水电站厂房、隧洞衬砌等工程；沥青混凝土适用于堆石坝、砂壳坝的心墙、斜墙及均质坝的上游防渗工程等。

2．定额选用

根据设计提供的资料，确定建筑物的施工部位，选定正确的施工方法及运输方案，确定混凝土的强度等级和级配，并根据施工组织设计确定的拌和系统布置形式等来选用相应的定额。

5.5.2　使用现行定额编制混凝土工程概算单价的注意事项

现行部颁定额包括常态混凝土、碾压混凝土和沥青混凝土、混凝土预制及安装、钢筋制作及安装，以及混凝土拌制、运输、止水等。

1．定额的计量单位

（1）除注明者外，混凝土浇筑的计量单位均为建筑物及构筑物的成品实体方。

（2）混凝土拌制及混凝土运输定额的计量单位均为半成品方，不包括干缩、运输、浇筑和超填等损耗的消耗量在内。

（3）止水、沥青砂柱止水、混凝土管安装计量单位为"延米"；钢筋制作与安装的计量单位为"t"；防水层、伸缩缝、沥青混凝土涂层、斜墙碎石垫层涂层计量单位为"m^2"。

2．混凝土定额的主要工作内容

（1）常态混凝土浇筑包括冲（凿）毛、冲洗、清仓、铺水泥砂浆、平仓浇筑、振捣、养护，工作面运输及辅助工作。混凝土浇筑定额包括浇筑和工作面运输所需全部人工、材料和机械的数量及费用，但是混凝土拌制、混凝土浇筑定额中不包括骨料预冷、加冰、通水等温控所需人工、材料、机械的数量和费用。地下工程混凝土浇筑施工照明用电已计入浇筑定额的其他材料费中。

（2）碾压混凝土浇筑包括冲毛、冲洗、清仓、铺水泥砂浆、平仓、碾压、切缝、养护，工作面运输及辅助工作。

（3）沥青混凝土浇筑包括配料、混凝土加温、铺筑、养护，模板制作、安装、拆除、修整，以及场内运输和辅助工作。

（4）预制混凝土包括预制场冲洗、清理、配料、拌制、浇筑、振捣、养护，模板制作、安装、拆除、修整，现场冲洗、拌浆、吊装、砌筑、勾缝，以及预制场和安装现场场内运输及辅助工作。混凝土构件预制及安装定额包括预制及安装过程中所需人工、材料、机械的数量和费用。若预制混凝土构件单位重量超过定额中起重机械的起重量，可用相应起重量的机械替换，但是"台时量"不变。预制混凝土定额中的模板材料为单位混凝土成品方的摊销量，已考虑了周转。

（5）混凝土拌制定额是按常态混凝土拟定的。混凝土拌制包括配料、加水、加外加剂、搅拌、出料、清洗及辅助工作。

（6）混凝土运输包括装料、运输、卸料、空回、冲洗、清理及辅助工作。现浇混凝土运输，指混凝土自搅拌楼或搅拌机出料口至浇筑现场工作面的全部水平和垂直运输。预制混凝土构件运输，指预制场至安装现场之间的运输，预制混凝土构件在预制场和安装现场的运输已包括在预制及安装定额内。

（7）钢筋制作与安装定额中，其钢筋定额消耗量已包括钢筋制作与安装过程中的加工损耗、搭接损耗及施工架立筋附加量。

3. 关于"模板"问题

在混凝土工程定额中，常态混凝土和碾压混凝土定额中不包含模板制作与安装，模板的费用应按模板工程定额另行计算；预制混凝土及沥青混凝土定额中已包括了模板的相关费用，计算时不得再算模板费用。

4. 注意"节"定额表下面的"注"

在使用有些定额子目时，应根据"注"的要求来调整人工、机械的定额消耗量。如《水利建筑工程概算定额》"四-45 搅拌车运混凝土"，注：1. 如采用 $6m^3$ 混凝土搅拌车，机械定额乘以 0.52 系数；2. 洞内运输，人工、机械定额乘以 1.25 系数。

5.5.3 混凝土工程概算单价的编制

混凝土工程概算单价主要包括：现浇混凝土单价、预制混凝土单价、钢筋制作安装单价和止水单价等，对于大型混凝土工程还要计算混凝土温控措施费。

5.5.3.1 现浇混凝土单价编制

1. 混凝土材料单价

混凝土半成品的单价，为配制每立方米混凝土所需水泥、砂、石、水、掺合料及其外加剂等的费用之和。不包括拌制、运输、浇筑等工序的人工、材料和机械费用，也不包含除搅拌损耗外的施工操作损耗及超填量等。

混凝土材料单价在混凝土工程单价中占有较大比重，编制概算单价时，各项材料用量定额，按本工程的混凝土级配试验资料计算。如无试验资料，可参照本书附录 2 或《水利建筑工程概算定额》附录 7 混凝土配合比表计算混凝土材料单价。

2. 混凝土拌制单价

混凝土拌制包括配料、运输、搅拌、出料等工序。在进行混凝土拌制单价计算时，应根据所采用的拌制机械来选用现行《水利建筑工程概算定额》第 4 章 35～37 节中的相应子目,进行工程单价计算。一般情况下,混凝土拌制单价作为混凝土浇筑定额中的一项内容,构成混凝土浇筑单价中的定额基本直接费。为避免重复计算其他直接费、间接费、企业利润和税金,混凝土拌制单价只计算定额基本直接费。混凝土搅拌系统布置视工程规模大小、工期长短、混凝土数量多少,以及地形条件、施工技术要求和设备拥有情况来具体拟定。在使用定额时,要注意以下两点:

(1) 混凝土拌制定额按拌制常态混凝土拟定,若拌制加冰、加掺合料等其他混凝土,则应按表 5.24 所规定的系数对混凝土拌制定额进行调整。

表 5.24 混凝土拌制定额调整表

搅拌楼规格	混凝土级别			
	常态混凝土	加冰混凝土	加掺合料混凝土	碾压混凝土
1×2.0m³ 强制式	1.00	1.20	1.00	1.00
2×2.5m³ 强制式	1.00	1.17	1.00	1.00
2×1.0m³ 自落式	1.00	1.00	1.10	1.30
2×1.5m³ 自落式	1.00	1.00	1.10	1.30
3×1.5m³ 自落式	1.00	1.00	1.10	1.30
2×3.0m³ 自落式	1.00	1.00	1.10	1.30
4×3.0m³ 自落式	1.00	1.00	1.10	1.30

(2) 各节用搅拌楼拌制现浇混凝土定额子目中,以“组时”表示的“骨料系统”和“水泥系统”是指骨料、水泥进入搅拌楼之前与搅拌楼相衔接而必须配备的有关机械设备,包括自搅拌楼骨料仓下廊道内接料斗开始的胶带输送机及其供料设备;自水泥罐开始的水泥提升机械或空气输送设备、胶带运输机、吸尘设备,以及袋装水泥的拆包机械等。其组时费用根据施工组织设计选定的施工工艺和设备配备数量自行计算。

3. 混凝土运输单价

混凝土运输是指混凝土自搅拌机(楼)出料口至浇筑现场工作面的运输,是混凝土工程施工的一个重要环节,包括水平运输和垂直运输两部分。水利工程多采用数种运输设备相互配合的运输方案,不同的施工阶段,不同的浇筑部位,可能采用不同的运输方式。但使用现行概算定额时须注意,各节现浇混凝土定额中“混凝土运输”作为浇筑定额的一项内容,它的数量已包括完成每一定额单位有效实体所需增加的超填量和施工附加量等。编制概算单价时,一般应根据施工组织设计选定的运输方式来选用运输定额子目,为避免重复计算其他直接费、间接费、企业利润和税金,混凝土运输单价只计算定额基本直接费,并以该运输单价乘以混凝土浇筑定额中所列的“混凝土运输”数量,构成混凝土运输单价的费用项目。

4. 混凝土浇筑单价

混凝土浇筑的主要子工序包括基础面清理、施工缝处理、入仓、平仓、振捣、养护、凿毛等。影响浇筑工序的主要因素有仓面面积、施工条件等。仓面面积大,便于发挥人工及机械效率,工效高。施工条件对混凝土浇筑工序的影响很大,计算混凝土浇筑单价时,需注意以下几点：

（1）现行混凝土浇筑定额中包括浇筑和工作面运输（不含浇筑现场垂直运输）所需全部人工、材料和机械的数量和费用。

（2）混凝土浇筑仓面清洗用水，地下工程混凝土浇筑施工照明用电，已分别计入浇筑定额的用水量及其他材料费中。

（3）平洞、竖井、地下厂房、渠道等混凝土衬砌定额中所列示的开挖断面和衬砌厚度按设计尺寸选取。定额与设计厚度不符，可用插值法计算。

（4）混凝土材料定额中的"混凝土"，系指完成单位产品所需的混凝土成品量，其中包括干缩、运输、浇筑和超填等损耗量。

5.5.3.2 预制混凝土单价编制

预制混凝土单价一般包括混凝土拌和、运输、预制、预制构件运输及安装等工序单价。现行概算定额中混凝土预制及安装定额包括混凝土拌和及预制场内混凝土运输工序，场外混凝土运输、预制件运输需根据所采用的运输机械选用相应的定额，另计运输单价。

混凝土预制构件运输包括装车、运输、卸车，应按施工组织设计确定的运输方式、装卸和运输机械、运输距离选择定额。

混凝土预制构件安装与构件重量、设计要求安装有关的准确度以及构件是否分段等有关。当混凝土构件单位重量超过定额中起重机械起重量时，可用相应起重机械替换，但台时量不变。

5.5.3.3 混凝土温度控制费用的计算

在水利工程中，为防止拦河大坝等大体积混凝土由于温度应力而产生裂缝和坝体接缝灌浆后接缝再度拉裂，根据现行设计规程和混凝土坝设计及施工规范的要求，对混凝土坝等大体积混凝土工程的施工，都必须进行混凝土温控设计，提出温控标准和降温防裂措施。温控措施很多，采用哪些温控措施，应根据不同地区的气温条件、不同坝体结构的温控要求、不同工程的特定施工条件及建筑材料的要求等综合因素，分别采用风或水预冷骨料，采用水化热较低的水泥，减少水泥用量，加冰或冷水拌制混凝土，对坝体混凝土进行一、二期通水冷却及表面保护等措施。

1. 温控措施费用的计算原则和标准

大体积混凝土温控措施的费用，应根据坝址夏季月平均气温、设计要求温控标准、混凝土冷却降温后的降温幅度和混凝土的浇筑温度参照表5.25进行计算。

2. 基本参数的选择和确定

（1）工程所在地区的多年月平均气温、水温、寒潮降温幅度和次数等气象数据。

（2）设计要求的混凝土出机口温度、浇筑温度和坝体的容许温差。

（3）拌制每立方米混凝土所需加冰或加水的数量、时间及相应措施的混凝土数量。

（4）混凝土骨料预冷的方式，平均预冷每立方米混凝土骨料所需消耗冷风、冷水的数量，预冷时间与温度，每立方米混凝土需预冷骨料的数量及需进行骨料预冷的混凝土数量。

（5）坝体的设计稳定温度，接缝灌浆的时间，坝体混凝土一、二期通低温水的时间、流量、冷水温度及通水区域。

表 5.25　　　　　　　　　　　混凝土温控措施费用计算标准参考表

夏季月平均气温/℃	降温幅度/℃	温 控 措 施	占混凝土总量比例/%
20 以下		个别高温时段，加冰或加冷水拌制混凝土	20
20 以下	5	加冰、加冷水拌制混凝土	35
		坝体一、二期通水冷却及混凝土表面保护	100
20～25	5～10	风或水预冷大骨料	25～35
		加冰、加冷水拌制混凝土	40～45
		坝体一、二期通水冷却及混凝土表面保护	100
20～25	10 以上	风预冷大、中骨料	35～40
		加冰、加冷水拌制混凝土	45～55
		坝体一、二期通水冷却及混凝土表面保护	100
25 以上	10～15	风预冷大、中、小骨料	35～45
		加冰、加冷水拌制混凝土	55～60
		坝体一、二期通水冷却及混凝土表面保护	100
25 以上	15 以上	风和水预冷大、中、小骨料	50
		加冰、加冷水拌制混凝土	60
		坝体一、二期通水冷却及混凝土表面保护	100

注　降温幅度指夏季月平均气温与混凝土出机口温度之差。

（6）各制冷或冷冻系统的工艺流程，配置设备的名称、规格、型号、数量和制冷剂消耗指标等。

（7）混凝土表面保护方式，保护材料的品种、规格及每立方米混凝土的保护材料数量。

3.混凝土温控措施费用计算步骤

（1）根据夏季月平均气温、水温计算混凝土用砂、石骨料的自然温度和常温混凝土出机口温度。如常温混凝土出机口温度能满足设计要求，则不需要采用特殊降温措施（计算方法见《水利建筑工程概算定额》附录 10 表 10－1）。

（2）根据温控设计确定的混凝土出机口温度，确定应预冷材料（石子、砂、水等）的冷却温度，并据此验算混凝土出机口温度能否满足设计要求。每立方米混凝土加片冰数量一般为 40～60kg，加冷水量＝配合比用水量－加片冰数量－骨料含水量，机械热可用插值法计算。

（3）计算风冷骨料、冷水、片冰、坝体通水等温控措施的分项单价，然后计算出每立方米混凝土温控综合直接费。

（4）计算直接费、间接费、企业利润及税金，然后计算每立方米混凝土温控综合单价。

（5）根据需温控混凝土占混凝土总量的比例，计算每立方米混凝土温控加权平均单价。

5.5.3.4 钢筋制作安装单价编制

钢筋是水利工程的主要建筑材料，常用钢筋多为直径 6～40mm。建筑物或构筑物所用钢筋的安装方法有散装法和整装法两种。散装法是将加工成型的散钢筋运到工地，再逐根绑扎或焊接。整装法是在钢筋加工厂内制作好钢筋骨架，再运至工地安装就位。水利工程因结构复杂，断面庞大，多采用散装法。

在进行钢筋制作安装单价计算时，现行 2002 年《水利建筑工程概算定额》中不分工程部位和钢筋规格型号，把"钢筋制作与安装"定额综合成一节，定额编号为四-23 节 40123 子目，计量单位为 t。钢筋定额消耗量已包括切断及焊接损耗、截余短头废料损耗，以及搭接帮条等附加量。该节概算定额适用于水工建筑物各部位的现浇及预制混凝土。

5.5.4 混凝土工程概算单价实例分析

【例 5.6】 某大型水闸工程位于安徽省颍上县，其底板采用现浇钢筋混凝土底板，底板厚度为 1.0m，混凝土强度等级为 C25，二级配；施工方法采用 0.8m³ 搅拌机拌制混凝土，1t 机动翻斗车装混凝土运 300m 至仓面进行浇筑。计算该大型水闸闸底板现浇混凝土工程的概算单价。基本资料如下：

（1）人工预算单价：工长 11.55 元/工时，高级工 10.67 元/工时，中级工 8.90 元/工时，初级工 6.13 元/工时。

（2）材料预算价格：42.5 级 P.O 42.5 普通硅酸盐水泥 464.63 元/t，中砂 72 元/m³，碎石（综合）60 元/m³，柴油 6.30 元/kg，施工用电 1.00 元/(kW·h)，水 0.90 元/m³，风 0.14 元/m³。

【解】

第一步：计算混凝土材料单价。

查水利部 2002 年《水利建筑工程概算定额》附录 7 混凝土材料配合比及材料用量。每立方米 C25 混凝土、水泥 42.5、二级配混凝土材料用量见表 5.26。

表 5.26　　　　　　　　每立方米纯混凝土材料配合比及材料用量

混凝土强度等级	水泥强度等级	水灰比	级配	最大粒径/mm	预算量				
					水泥/kg	粗砂		卵石		水/m³
						kg	m³	kg	m³	
C25	42.5	0.55	2	40	289	733	0.49	1382	0.81	0.150

从表 5.26 查出：二级配 42.5 级水泥 289kg，粗砂 0.49m³，卵石 0.81m³，水 0.150m³。本闸底板浇筑混凝土采用碎石和中砂拌制，应按表 4.14 所列系数进行换算。

换算后的 C25 混凝土材料基价为

$(289 \times 1.10 \times 1.07) \times 0.255 + (0.49 \times 1.10 \times 0.98) \times 70 + (0.81 \times 1.06 \times 0.98) \times 60 + (0.150 \times 1.10 \times 1.07) \times 0.90 = 174.36$（元/m³）

C25 混凝土材料价差为

$(289 \times 1.10 \times 1.07) \times (0.465 - 0.255) + (0.49 \times 1.10 \times 0.98) \times (75 - 70) = 74.07$（元/m³）

第二步：计算施工机械台时费。

查《水利工程施工机械台时费定额》，计算结果见表 5.27。

表 5.27   施工机械台时费计算表

定额编号	名称及规格	一类费用 折旧费 /元	一类费用 修理及替换设备费 /元	安装拆卸费 /元	二类费用 人工 /工时	二类费用 柴油 /kg	二类费用 电 /(kW·h)	二类费用 风 /m³	二类费用 水 /m³	施工机械台时费 基价 /元	施工机械台时费 价差 /元	施工机械台时费 预算价 /元
2003	搅拌机 0.8m³	4.39	6.30	1.35	1.3		18.0			40.58	0	40.58
3074	胶轮车	0.26	0.64							0.82	0	0.82
3075	机动翻斗车 1t	1.22	1.22		1.3	1.5				18.25	4.97	23.22
2049	插入式振动器 1.1kW	0.54	1.86				1.7			3.88	0	3.88
2080	风水枪	0.24	0.42					202.5	4.1	32.64	0	32.64

第三步：分析资料，确定取费费率。

根据工程地点、性质（枢纽）、特点确定取费费率为：其他直接费费率取 7.5%，间接费费率取 9.5%，企业利润率为 7%，税金率取 9%。

第四步：计算混凝土拌制单价（只计算定额基本直接费）。

采用 0.8m³ 搅拌机拌制混凝土，选用《水利建筑工程概算定额》（上册）四-35 节 40172 子目，定额见表 5.28。

表 5.28   搅 拌 机 拌 制

适用范围：各种级配常态混凝土   定额单位：100m³

项 目	单位	搅拌机出料/m³ 0.4	搅拌机出料/m³ 0.8
工 长	工时		
高 级 工	工时		
中 级 工	工时	126.2	93.8
初 级 工	工时	167.2	124.4
合 计	工时	293.4	218.2
零星材料费	%	2	2
搅 拌 机	工时	18.90	9.07
胶 轮 车	工时	87.15	87.15
编 号		40171	40172

计算过程见表 5.29，混凝土拌制基本直接费为 20.78 元/m³。

第五步：计算混凝土运输单价（只计算定额基本直接费）。

采用 1t 机动翻斗车运混凝土 300m，选用《水利建筑工程概算定额》（上册）四-40 节 40194 子目，定额见表 5.30。

如果同时发生了混凝土垂直运输，则要根据施工组织设计中混凝土垂直运输所用的方式选套定额，计算出混凝土垂直运输基本直接费。

表 5.29　　　　　　　　建 筑 工 程 单 价 表

定额编号：40172　　　　　　　　混凝土拌制　　　　　　　　定额单位：100m³

施工方法：0.8m³ 搅拌机拌制混凝土

序号	名称及规格	单位	数量	单价/元	合计/元
一	直接费				
(一)	基本直接费				2077.65
1	人工费	元			1597.39
(1)	工长	工时		11.55	0.00
(2)	高级工	工时		10.67	0.00
(3)	中级工	工时	93.8	8.9	834.82
(4)	初级工	工时	124.4	6.13	762.57
2	材料费	元			40.74
(1)	零星材料费	%	2	2036.91	40.74
3	机械使用费	元			439.52
(1)	搅拌机 0.8m³	台时	9.07	40.58	368.06
(2)	胶轮车 1t	台时	87.15	0.82	71.46

表 5.30　　　　　　　　机动翻斗车运混凝土

适用范围：人工给料　　　　　　　　　　　　　　　　定额单位：100m³

项　目	单位	运　距/m					增运 100m
		100	200	300	400	500	
工　长	工时						
高 级 工	工时						
中 级 工	工时	37.6	37.6	37.6	37.6	37.6	
初 级 工	工时	30.8	30.8	30.8	30.8	30.8	
合　计	工时	68.4	68.4	68.4	68.4	68.4	
零星材料费	%	5	5	5	5	5	
机动翻斗车 1t	台时	20.32	23.73	26.93	29.87	32.76	2.78
编　号		40192	40193	40194	40195	40196	40197

注　如果是洞内运输混凝土，则定额人工、机械乘 1.25 系数。

混凝土运输（水平）计算过程见表 5.31，基本直接费为 10.66 元/m³。

表 5.31　　　　　　　　建 筑 工 程 单 价 表

定额编号：40192　　　　　　　　混凝土运输　　　　　　　　定额单位：100m³

施工方法：1t 机动翻斗车运混凝土 100m

序号	名称及规格	单位	数量	单价/元	合计/元
一	直接费				
(一)	基本直接费				1065.66
1	人工费	元			523.44

续表

施工方法：1t 机动翻斗车运混凝土 100m

序号	名称及规格	单位	数量	单价/元	合计/元
(1)	工长	工时		11.55	0.00
(2)	高级工	工时		10.67	0.00
(3)	中级工	工时	37.6	8.90	334.64
(4)	初级工	工时	30.8	6.13	188.80
2	材料费	元			50.75
(1)	零星材料费	%	5	1014.91	50.75
3	机械使用费	元			491.47
(1)	机动翻斗车 1t	台时	26.93	18.25	491.47

第六步：计算混凝土浇筑单价。

选用《水利建筑工程概算定额》（上册）四-10 节 40057 子目，见表 5.32。混凝土拌制、混凝土运输包括在基本直接费中。混凝土运输机械消耗的柴油，柴油材料价差，代入浇筑单价表材料补差中计算。

表 5.32　　　　　　　　　　　底　板

适用范围：溢流堰、护坦、铺盖、阻滑板、趾板等　　　　　　　　　　　定额单位：100m³

项　目	单位	厚　度/cm		
		100	200	400
工　长	工时	17.6	11.8	8.1
高级工	工时	23.4	15.8	10.9
中级工	工时	310.6	209.3	143.8
初级工	工时	234.4	157.9	108.5
合　计	工时	586.0	394.8	271.3
混凝土	m³	112	108	106
水	m³	133	107	74
其他材料费		0.5	0.5	0.5
振动器 1.1kW	台时	45.84	44.16	43.31
风水枪	台时	17.08	11.51	7.91
其他机械费	%	3	3	3
混凝土拌制	m³	112	108	106
混凝土运输	m³	112	108	106
编　号		40057	40058	40059

混凝土浇筑工程概算单价计算过程见表 5.33，计算结果为 485.61 元/m³。

表 5.33 **建 筑 工 程 单 价 表**

定额编号：40057　　　　　　　　　　底板混凝土浇筑　　　　　　　　　　定额单位：100m³

施工方法：1t机动翻斗车装混凝土运300m至仓面，1.1kW插入式振动器振捣

序号	名称及规格	单位	数量	单价/元	合计/元
一	直接费				30830.05
(一)	基本直接费				28679.12
1	人工费				4654.17
(1)	工长	工时	17.6	11.55	203.28
(2)	高级工	工时	23.4	10.67	249.68
(3)	中级工	工时	310.6	8.90	2764.34
(4)	初级工	工时	234.4	6.13	1436.87
2	材料费				19746.26
(1)	混凝土　C25	m³	112	174.36	19528.32
(2)	水	m³	133	0.90	119.70
(3)	其他材料费	%	0.5	19648.02	98.24
3	机械使用费				757.41
(1)	振动器　1.1kW	台时	45.84	3.88	177.86
(2)	风水枪	台时	17.08	32.64	557.49
(3)	其他机械费	%	3	735.35	22.06
4	混凝土拌制	m³	112	20.78	2327.36
5	混凝土运输（水平）	m³	112	10.66	1193.92
(二)	其他直接费	%	7.5	28679.12	2150.93
二	间接费	%	9.5	30830.05	2928.85
三	企业利润	%	7	33758.90	2363.12
四	材料补差				8429.56
(1)	混凝土　C25	m³	112	74.07	8295.84
(2)	柴油	kg	40.40	3.31	133.72
五	税金	%	9	40780.54	4009.64
六	单价合计				48561.22

　　【例 5.7】　在［例 5.6］的大型水闸工程中，闸底板和闸墩采用的钢筋型号有 A3 光面钢筋 $\phi18$，MnSi$\phi25$ 钢筋。钢筋综合单价 3900 元/t，铁丝 5.8 元/kg，电焊条 4.5 元/kg，汽油 7.00 元/kg，人工预算单价、其他材料价格、所取费率同［例 5.6］。计算该大型水闸工程钢筋制作与安装概算单价。

　　【解】

　　(1) 计算施工机械台时费。注意 5t 载重汽车消耗的是汽油，见表 5.34。

表 5.34　　　　　　　　　　　施工机械台时费计算表

定额编号	名称及规格	定 额 数 量								施工机械台时费		
		一类费用			二类费用							
		折旧费/元	修理及替换设备费/元	安装拆卸费/元	人工/工时	汽油/kg	电/(kW·h)	风/m³	水/m³	基价/元	价差/元	预算价/元
9147	钢筋调直机　14kW	1.60	2.69	0.44	1.3		7.2			23.09	0	23.09
2080	风水（砂）枪	0.24	0.42					202.5	4.1	32.64	0	32.64
9146	钢筋切断机　20kW	1.18	1.71	0.28	1.3		17.2			31.66	0	31.66
9143	钢筋弯曲机　φ6～40	0.53	1.45	0.24	1.3		6.0			19.61	0	19.61
9126	电焊机　25kVA	0.33	0.30	0.09			14.5			15.16	0	15.16
9135	电弧对焊　150 型	1.35	3.20	0.65	1.3		80.1			96.45	0	96.45
3004	载重汽车　5t	7.77	10.86			7.2				38.98	28.26	67.24
4030	塔式起重机　10t	41.37	16.89	3.1	2.7		36.7			115.94	0	115.94

施工用电 1.00 元/(kW·h)，水 0.90 元/m³，风 0.14 元/m³。

（2）套用定额。因现行概算定额中钢筋不分工程部位和规格型号，把"钢筋制作与安装"定额综合成一节，故选用四-23 节 40123 子目，定额见表 5.35。

表 5.35　　　　　　　　　　　钢 筋 制 作 与 安 装

适用范围：水工建筑物各部位

工作内容：回直、除锈、切断、弯制、焊接、绑扎及加工场至施工场地运输　　　　　定额单位：1t

项　　目	单位	数　　量
工　　长	工时	10.6
高　级　工	工时	29.7
中　级　工	工时	37.1
初　级　工	工时	28.6
合　　计	工时	106.0
钢　　筋	t	1.07
铁　　丝	kg	4
电　焊　条	kg	7.36
其他材料费	%	1
钢筋调直机　14kW	台时	0.63
风砂枪	台时	1.58
钢筋切断机　20kW	台时	0.42
钢筋弯曲机　φ6～40	台时	1.10
电　焊　机　25kVA	台时	10.50
电弧对焊机　150 型	台时	0.42
载　重　汽　车　5t	台时	0.47
塔式起重机　10t	台时	0.11
其他机械费	%	2
编　　号		40123

钢筋制作与安装工程概算单价计算过程见表5.36，结果为7009.38元/t。

表 5.36   **建 筑 工 程 单 价 表**

定额编号：40123   钢筋制作与安装   定额单位：1t

施工方法：回直、除锈、切断、弯制、焊接、绑扎及加工场至施工场地运输

序号	名称及规格	单位	数量	单价/元	合计/元
一	直接费				4414.71
（一）	基本直接费				4106.71
1	人工费				944.84
（1）	工长	工时	10.6	11.55	122.43
（2）	高级工	工时	29.7	10.67	316.90
（3）	中级工	工时	37.1	8.9	330.19
（4）	初级工	工时	28.6	6.13	175.32
2	材料费				2823.48
（1）	钢筋	t	1.07	2560	2739.20
（2）	铁丝	kg	4	5.8	23.20
（3）	电焊条	kg	7.36	4.5	33.12
（4）	其他材料费	%	1	2795.52	27.96
3	机械使用费				338.39
（1）	钢筋调直机 14kW	台时	0.63	23.09	14.55
（2）	风砂枪	台时	1.58	32.64	51.57
（3）	钢筋切断机 20kW	台时	0.42	31.66	13.30
（4）	钢筋弯曲机 φ6～40	台时	1.10	19.61	21.57
（5）	电焊机 25kVA	台时	10.50	15.16	159.18
（6）	电弧对焊机 150型	台时	0.42	96.45	40.51
（7）	载重汽车 5t	台时	0.47	38.98	18.32
（8）	塔式起重机 10t	台时	0.11	115.94	12.75
（9）	其他机械费	%	2	331.75	6.64
（二）	其他直接费	%	7.5	4106.71	308.00
二	间接费	%	5.5	4414.71	242.81
三	企业利润	%	7	4657.52	326.03
四	材料补差	元			1447.07
（1）	钢筋	t	1.07	1340	1433.80
（2）	汽油	kg	3.38	3.925	13.27
五	税金	%	9	6430.62	578.76
六	单价合计				7009.38

注 汽油：7.2×0.47＝3.38（kg）。

5.6　模板工程单价编制

5.6.1　项目划分和定额选用

5.6.1.1　项目划分

模板工程是指混凝土浇筑工程中使用的平面模板、曲面模板、异形模板、滑动模板等的制作、安装及拆除等。模板的主要作用是支撑流态混凝土的重量和侧压力，使之按设计要求的形状凝固成型。

1．按型式分

模板可分为平面模板、曲面模板、异形模板（如渐变段、厂房蜗壳及尾水管等）、针梁模板、滑模、钢模台车。

2．按材质分

模板可分为木模板、钢模板、预制混凝土模板。木模板的周转次数少、成本高、易于加工，大多用于异形模板。钢模板的周转次数多、成本低，广泛用于水利工程建设中。

3．按安装性质分

模板可分为固定模板和移动模板。固定模板每使用一次，就拆除一次。移动模板与支撑结构构成整体，使用后整体移动，如隧洞中常用的钢模台车或针梁模板，使用这种模板能大大缩短模板安拆的时间和人工、机械费用，也提高了模板的周转次数，故广泛应用于较长的隧洞中。对于边浇筑边移动的模板称滑动模板（简称滑模），采用滑模浇筑具有进度快、浇筑质量高、整体性好等优点，故广泛应用于大坝及溢洪道的溢流面、闸（桥）墩、竖井、闸门井等部位。

4．按模板自身结构分

模板可分为悬臂组合钢模板、普通标准钢模板、普通曲面模板等。

5．按使用部位分

模板可分为尾水肘管模板、蜗壳模板、牛腿模板、渡槽槽身模板等。

5.6.1.2　定额选用

1．立模面积

模板制作与安装拆除定额，均以 100m^2 立模面积为计量单位。立模面积应按混凝土与模板的接触面积计算，即按混凝土结构物体形及施工分缝要求所需的立模面积计算。

在编制概（预）算时，模板工程量应根据设计图纸及混凝土浇筑分缝图计算。在初步设计之前没有详细图纸时，可参考现行《水利建筑工程概算定额》附录 9 "水利工程混凝土建筑物立模面系数参考表"的数据进行估算，即模板工程量＝相应工程部位混凝土概算工程量×相应的立模面系数（m^2）。立模面系数是指每单位混凝土（100m^3）所需的立模面积（m^2）。立模面系数与混凝土的体积、形状有关，也就是与建筑物的类型和混凝土的工程部位有关。

2．定额的使用

（1）模板单价包括模板及其支撑结构的制作、安装、拆除、场内运输及修理等全部工

序的人工、材料和机械费用。

（2）模板材料均按预算消耗量计算，包括制作、安装、拆除、维修的损耗和消耗，并考虑了周转和回收。

（3）模板定额中的材料，除模板本身外，还包括支撑模板的立柱、围令、桁（排）架及铁件等。对于悬空建筑物（如渡槽槽身）的模板，计算到支撑模板结构的承重梁为止。承重梁以下的支撑结构应包括在"其他施工临时工程"中。

（4）在隧洞衬砌钢模台车、针梁模板台车、竖井衬砌的滑模台车及混凝土面板滑模台车中，所用到的行走机构、构架、模板及支撑型钢，电动机、卷扬机、千斤顶等动力设备，均作为整体设备以工作台时计入定额。但定额中未包括轨道及埋件，只有溢流面滑模定额中含轨道及支撑轨道的埋件、支架等材料。

（5）大体积混凝土（如坝、船闸等）中的廊道模板，均采用一次性预制混凝土板（浇筑后作为建筑物结构的一部分）。混凝土模板预制及安装，可参考混凝土预制及安装定额编制其单价。

5.6.2　使用定额编制模板工程概算单价注意事项

（1）概算定额中列有模板制作定额，并在"模板安装拆除"定额子目中嵌套模板制作数量$100m^2$，这样便于计算模板综合工程单价。而预算定额中将模板制作和安装拆除定额分别计列，使用预算定额时将模板制作及安装拆除工程单价算出后再相加，即为模板综合单价。

（2）使用概算定额计算模板综合单价时，模板制作单价有两种计算方法：

1）若施工企业自制模板，按模板制作定额计算出基本直接费（不计入其他直接费、间接费、企业利润和税金），作为模板的预算价格代入安装拆除定额，统一计算模板综合单价。

2）若外购模板，安装拆除定额中的模板预算价格应为模板使用一次的摊销价格，其计算公式为

$$外购模板预算价格(1-残值率)÷周转次数×综合系数 \qquad (5.37)$$

公式中残值率为10%，周转次数为50次，综合系数为1.15（含露明系数及维修损耗系数）。

（3）概算定额中凡嵌套有"模板$100m^2$"的子目，计算"其他材料费"时，计算基数不包括模板本身的价值。

5.6.3　模板工程概算单价实例分析

【例5.8】　在［例5.6］的水闸工程中，岩石基础底板混凝土模板采用普通标准钢模板。材料预算价格（不含增值税进项税额）：组合钢模板6.50元/kg，型钢3.26元/kg，卡扣件6.60元/kg，铁件6.50元/kg，电焊条4.50元/kg，C25预制混凝土柱600.00元/m^3。其他同［例5.6］。计算该水闸岩石基础底板混凝土的模板工程概算单价。

【解】

第一步：计算施工机械台时费。

注意：5t载重汽车、5t汽车起重机机械台时费中消耗的是汽油，以汽油基价3075元/t计入二类费用中。具体见表5.34和表5.37。

表 5.37　　　　　　　　　施工机械台时费计算表

定额编号	名称及规格	定 额 数 量					施工机械台时费		
		一类费用			二类费用				
		折旧费/元	修理及替换设备费/元	安装拆卸费/元	人工/工时	汽油/kg	……	基价/元	价差/元	预算价/元
4085	汽车起重机　5t	12.92	12.42		2.7	5.8		64.69	22.77	87.46

第二步：计算模板制作单价。

查《水利建筑工程概算定额》（上册）选用五-12 节 50062 子目，定额见表 5.38。

计算过程见表 5.39，5t 载重汽车所发生的汽油价差代入模板制安单价表材料补差中计算，定额基本直接费计算结果为 10.04 元/m²。

表 5.38　　　　　　　　　普 通 模 板 制 作

适用范围：标准钢模板：直墙、挡土墙、防浪墙、闸墩、底板、趾板、板、梁、柱等。

　　　　　平面木模板：混凝土坝、厂房下部结构等大体积混凝土的直立面、斜面、混凝土墙、墩等。

　　　　　曲面模板：混凝土墩头、进水口下侧收缩曲面等弧形柱面

工作内容：标准钢模板：铁件制作、模板运输。

　　　　　平面木模板：模板制作，立柱、围令制作，铁件制作，模板运输。

　　　　　曲面模板：钢架制作、面板拼装、铁件制作、模板运输　　　　　定额单位：100m²

项　目	单位	标准钢模板	平面木模板	曲面模板
工　　　　长	工时	1.2	4.1	4.5
高　级　工	工时	3.8	12.1	14.7
中　级　工	工时	4.2	33.6	30.3
初　级　工	工时	1.5	12.8	11.9
合　　　　计	工时	10.7	62.6	61.4
锯　　　　材	m²		2.3	0.4
组合钢模板	kg	81		106
型　　　　钢	kg	44		498
卡　扣　件	kg	26		43
铁　　　　件	kg	2	25	36
电　焊　条	kg	0.6		11.0
其他材料费	%	2	2	2
圆　盘　锯	台时		4.69	
双面刨床	台时		3.91	
型钢剪断机　13kW	台时			0.98
型材弯曲机	台时			1.53
钢筋切断机　20kW	台时	0.07	0.17	0.19
钢筋弯曲机　$\phi 6 \sim 40$	台时		0.44	0.49
载重汽车　5t	台时	0.37	1.68	0.43
电焊机　25kVA	台时	0.72		8.17
其他机械费	%	5	5	5
编　　　　号		50062	50063	50064

表 5.39　　　　　　　　　　**建 筑 工 程 单 价 表**

定额编号：50062　　　　　　　　底板钢模板制作　　　　　　　　定额单位：100m²

施工方法：铁件制作、模板运输

序号	名称及规格	单位	数量	单价/元	合计/元
一	直接费				
(一)	基本直接费				1004.31
1	人工费				100.99
(1)	工长	工时	1.2	11.55	13.86
(2)	高级工	工时	3.8	10.67	40.55
(3)	中级工	工时	4.2	8.90	37.38
(4)	初级工	工时	1.5	6.13	9.20
2	材料费				874.38
(1)	组合钢模板	kg	81	6.50	526.50
(2)	型钢	kg	44	3.26	143.44
(3)	卡扣件	kg	26	6.60	171.60
(4)	铁件	kg	2	6.50	13.00
(5)	电焊条	kg	0.6	4.50	2.70
(6)	其他材料费	%	2	857.24	17.14
3	机械使用费				28.94
(1)	钢筋切断机　20kW	台时	0.07	31.66	2.22
(2)	载重汽车　5t	台时	0.37	38.98	14.42
(3)	电焊机　25kVA	台时	0.72	15.16	10.92
(4)	其他机械费	%	5	27.56	1.38

第三步：模板安装、拆除定额修改。

选用《水利建筑工程概算定额》（上册）五-1节 50001 子目，再根据 2005 年《水利工程概预算补充定额》中"水利工程修改定额"中的"五-1普通模板的修改"，修改后的定额见表 5.40。

根据本定额下面的注："底板、趾板为岩石基础时，标准钢模板定额人工乘 1.2 系数，其他材料费按 8% 计算"。

则定额 50001 子目人工定额量调整为

工　　长　　14.6×1.2＝17.52（工时）

高级工　　49.5×1.2＝59.4（工时）

中级工　　83.7×1.2＝100.44（工时）

初级工　　39.8×1.2＝47.76（工时）

其他材料费按 8% 计算。

表 5.40　　　　　　　　　　　　　　**普 通 模 板**

适用范围：标准钢模板：直墙、挡土墙、防浪墙、闸墩、底板、趾板、板、梁、柱等。

　　　　　　平面木模板：混凝土坝、厂房下部结构等大体积混凝土的直立面、斜面、混凝墙、墩等。

　　　　　　曲面模板：混凝土墩头、进水口下侧收缩曲面等弧形柱面

工作内容：模板安装、拆除、除灰、刷脱模剂，维修、倒仓　　　　　　　　定额单位：100m²

项　　目	单位	标准钢模板		平面木模板	曲面模板
		一般部位	梁板柱部位		
工　　　　长	工时	14.6	18.3	11.0	14.1
高　级　工	工时	49.5	61.8	7.4	59.3
中　级　工	工时	83.7	104.6	111.2	167.2
初　级　工	工时	39.8	49.7	27.7	37.2
合　　　　计	工时	187.6	234.4	157.3	277.8
模　　　　板	m²	100	100	100	100
铁　　　　件	kg	124	30	321	357
预制混凝土柱	m³	0.3		1.0	
电　焊　条	kg	2.0	2.0	5.2	5.8
其 他 材 料 费	%	2	2	2	2
汽车起重机　5t	台时	14.6	8.75	11.95	12.88
电　焊　机　25kVA	台时	2.06	2.06	6.71	2.06
其 他 机 械 费	%	5	5	5	10
编　　　　号		50001	50002	50003	50004

注　底板、趾板为岩石基础时，标准钢模板定额人工乘 1.2 系数，其他材料费按 8% 计算。

第四步：计算底板钢模板制作、安装综合单价。

根据工程地点、性质（枢纽）特点确定取费费率，模板工程间接费费率取 9.5%，其他费率同［例 5.6］。

注意：在计算其他材料费时，其计算基数不包括模板本身的价值。

本例中其他材料费计算基数，不包括模板本身的材料费 1004.00 元，只以"铁件、预制混凝土柱、电焊条"三项材料的材料费之和 995.00 元（即 806.00 元＋180.00 元＋9.00 元）为计算基础。计算过程详见表 5.41，计算结果为 74.11 元/m²。

表 5.41　　　　　　　　　　**建 筑 工 程 单 价 表**

定额编号：50001　　　　　　　模板制作、安装和拆除　　　　　　　定额单位：100m²

施工方法：模板安装、拆除、除灰、刷脱模剂、维修、倒仓

序号	名称及规格	单位	数量	单价/元	合计/元
一	直接费				5510.39
（一）	基本直接费				5125.94
1	人工费				2022.85
（1）	工长	工时	17.52	11.55	202.36
（2）	高级工	工时	59.4	10.67	633.80

续表

序号	名称及规格	单位	数量	单价/元	合计/元
（3）	中级工	工时	100.44	8.90	893.92
（4）	初级工	工时	47.76	6.13	292.77
2	材料费				2078.60
（1）	模板	m²	100	10.04	1004.00
（2）	铁件	kg	124	6.50	806.00
（3）	预制混凝土柱 C25	m³	0.3	600	180.00
（4）	电焊条	kg	2	4.50	9.00
（5）	其他材料费	%	8	995.00	79.60
3	机械使用费				1024.49
（1）	汽车起重机 5t	台时	14.6	64.69	944.47
（2）	电焊机 25kVA	台时	2.06	15.16	31.23
（3）	其他机械费	%	5	975.70	48.79
（二）	其他直接费	%	7.5	5125.94	384.45
二	间接费	%	9.5	5510.39	523.49
三	企业利润	%	7	6033.88	422.37
四	材料补差	元			342.81
（1）	汽油	kg	87.34	3.925	342.81
五	税金	%	9	6799.06	611.92
六	单价合计				7410.98

注 汽油：7.2×0.37＋5.8×14.6＝87.34（kg）。

5.7 钻孔灌浆及锚固工程单价编制

5.7.1 钻孔灌浆

钻孔灌浆工程指水工建筑物为提高地基承载能力、改善和加强其抗渗性及整体性所采取的处理措施，包括帷幕灌浆、固结灌浆、回填（接触）灌浆、防渗墙、减压井等工程。灌浆就是利用灌浆机施加一定的压力，将浆液通过预先设置的钻孔或灌浆管，灌入岩石、土或建筑物中，使其胶结成坚固、密实而不透水的整体。灌浆是水利工程基础处理中最常用的有效手段。

5.7.1.1 灌浆分类

1. 按灌浆材料分

按灌浆材料分，主要有水泥灌浆、水泥黏土灌浆、黏土灌浆、沥青灌浆和化学灌浆五类。

2. 按灌浆作用分

（1）帷幕灌浆。为在坝基形成一道阻水帷幕以防止坝基及绕坝渗漏，降低坝底扬压力而进行的深孔灌浆。

（2）固结灌浆。为提高地基整体性、均匀性和承载能力而进行的灌浆。

（3）接触灌浆。为加强坝体混凝土和基岩接触面的结合能力，使其有效传递应力，提高坝体的抗滑稳定性而进行的灌浆。接触灌浆多在坝体下部混凝土固化收缩基本稳定后进行。

（4）接缝灌浆。大体积混凝土由于施工需要而形成了许多施工缝，为了恢复建筑物的整体性，利用预埋的灌浆系统，对这些缝进行的灌浆。

（5）回填灌浆。为使隧道顶拱岩面与衬砌的混凝土面，或压力钢管与底部混凝土接触面结合密实而进行的灌浆。

5.7.1.2　岩基灌浆施工工艺流程

1. 灌浆施工工艺流程

灌浆工艺流程一般为：施工准备→钻孔→冲洗→表面处理→压水试验→灌浆→封孔→质量检查。

（1）施工准备。包括场地清理、劳动组合、材料准备、孔位放样、电风水布置、机具设备就位、检查等。

（2）钻孔。采用手风钻、回转式钻机和冲击钻等钻孔机械进行。

（3）冲洗。用水将残存在孔内的岩粉和铁砂末冲出孔外，并将裂隙中的充填物冲洗干净，以保证灌浆效果。

（4）表面处理。为防止有压情况下浆液沿裂隙冒出地面而采取的塞缝、浇盖面混凝土等措施。

（5）压水试验。压水试验的目的是确定地层的渗透特性，为岩基处理设计和施工提供依据。压水试验是在一定压力下将水压入孔壁四周缝隙，根据压入流量和压力，计算出代表岩层渗透特性的技术参数。

渗透特性用透水率表示，单位为吕容（Lu），定义为：压水压力为 1MPa 时，每米试段长度每分钟注入水量 1L 时，称为 1Lu。

（6）灌浆。

1）按照灌浆时浆液灌注和流动的特点，可分为纯压式和循环式两种灌浆方式。

a. 纯压式灌浆：单纯地把浆液沿灌浆管路压入钻孔，再扩张到岩层裂隙中。适用于裂隙较大、吸浆量多和孔深不超过 15m 的岩层。这种方式设备简单，操作方便，当吃浆量逐渐变小时，浆液流动慢，易沉淀，影响灌浆效果。

b. 循环式灌浆：浆液通过进浆管进入钻孔后，一部分被压入裂隙，另一部分由回浆管返回拌浆筒。这样可使浆液始终保持流动状态，防止水泥沉淀，保证了浆液的稳定和均匀，提高了灌浆效果。

2）按照灌浆顺序，灌浆方法有一次灌浆法和分段灌浆法。后者又可分为自上而下分段、自下而上分段及综合灌浆法。

a. 一次灌浆法：将孔一次钻到设计深度，再沿全孔一次灌浆。施工简便，多用于孔深10m内、基岩较完整、透水性不大的地层。

b. 分段灌浆法：

a）自上而下分段灌浆法：自上而下钻一段（一般不超过5m）后，冲洗、压水试验、灌浆。待上一段浆液凝结后，再进行下一段钻灌工作。如此钻、灌交替，直至设计深度。此法灌浆压力较大，质量好，但钻、灌工序交叉，工效低，多用于岩层破碎、竖向节理裂隙发育地层。

b）自下而上分段灌浆法：一次将孔钻到设计深度，然后自下而上利用灌浆塞逐段灌浆。这种方法钻灌连续，速度较快，但不能采用较高压力，质量不易保证，一般适用于岩层较完整坚固的地层。

c）综合灌浆法：通常接近地表的岩层较破碎，越往下则越完整，上部采用自上而下分段，下部采用自下而上分段，使之既能保证质量，又可加快速度。

（7）封孔。人工或机械（灌浆及送浆）用砂浆封填孔口。

（8）质量检查。质量检查的方法较多，最常用的是打检查孔检查，取岩心、做压水试验检查透水率是否符合设计和规范要求。检查孔的数量，一般帷幕灌浆为灌浆孔的10%，固结灌浆为5%。

2. 影响灌浆施工工效的主要因素

（1）岩石（地层）级别。岩石（地层）级别是钻孔工序的主要影响因素。岩石级别越高，对钻进的阻力越大，钻进工效越低，钻具消耗越多。

（2）岩石（地层）的透水性。透水性是灌浆工序的主要影响因素。透水性强（透水率高）的地层可灌性好，吃浆量大，单位灌浆长度的耗浆量大；反之，灌注每吨浆液干料所需的人工、机械台班（时）用量就少。

（3）施工方法。一次灌浆法和自下而上分段灌浆法的钻孔和灌浆两大工序互不干扰，工效高。自上而下分段灌浆法钻孔与灌浆相互交替，干扰大、工效低。

（4）施工条件。露天作业，机械的效率能正常发挥。隧洞（或廊道）内作业影响机械效率的正常发挥，尤其是对较小的隧洞（或廊道），限制了钻杆的长度，增加了接换钻杆次数，降低了工效。

5.7.1.3 定额使用

现行概算定额钻孔灌浆及锚固工程包括钻灌浆孔、帷幕灌浆、固结灌浆、回填灌浆、劈裂灌浆、高压喷射灌浆、接缝灌浆、防渗墙造孔及浇筑、振冲桩、冲击钻造灌注桩孔、灌注混凝土桩、减压井、锚杆支护、预应力锚索、喷混凝土、喷浆、挂钢筋网等。

1. 定额选用

在计算钻孔灌浆工程单价时，应根据设计确定的孔深、灌浆压力等参数以及岩石的级别、透水率等，按施工组织设计确定的钻机、灌浆方式、施工条件来选择概预算定额相应的定额子目，这是正确计算钻孔灌浆工程单价的关键。

（1）灌浆工程定额中的水泥用量是指概算基本量，如有实际资料，可按实际消耗量调整。

（2）灌浆工程定额中的灌浆压力划分标准为：高压>3MPa；中压1.5～3MPa；低压<1.5MPa。

（3）灌浆定额中水泥强度等级的选择应符合设计要求，设计未明确的，可按以下标准选择：回填灌浆 32.5；帷幕与固结灌浆 32.5；接缝灌浆 42.5；劈裂灌浆 32.5；高喷灌浆 32.5。

（4）工程的项目设置、工程量数量及其单位均必须与概算定额的设置、规定相一致。如不一致，应进行科学的换算。

1）帷幕灌浆：现行概算定额分造孔及帷幕灌浆两部分，造孔和灌浆均以单位延米（m）计，帷幕灌浆概算定额包括制浆、灌浆、封孔、孔位转移、检查孔钻孔、压水试验等内容。预算定额则需另计检查孔压水试验，检查孔压水试验按试段计。

2）固结灌浆：现行概算定额分造孔及固结灌浆两部分，造孔和灌浆均以单位延米（m）计。固结灌浆定额包括已计入灌浆前的压水试验和灌浆后的补浆及封孔灌浆等工作。预算定额灌浆后的压水试验要另外计算。

3）劈裂灌浆：劈裂灌浆多用于土坝（堤）除险加固坝体的防渗处理。概算定额分钻机钻土坝（堤）灌浆孔和土坝（堤）劈裂灌浆，均以单位延米（m）计。劈裂灌浆定额已包括检查孔、制浆、灌浆、劈裂观测、冒浆处理、记录、复灌、封孔、孔位转移、质量检查。定额是按单位孔深干料灌入量不同而分类的。

4）回填灌浆：现行概算定额分隧洞回填灌浆和钢管道回填灌浆。隧洞回填灌浆适用于混凝土衬砌段。隧洞回填灌浆定额的工作内容包括预埋管路、简易平台搭拆、风钻通孔、制浆、灌浆、封孔、检查孔钻孔、压浆试验等。定额是以设计回填面积为计量单位的，按开挖面积分子目。

5）坝体接缝灌浆：现行概算定额分预埋铁管法和塑料拔管法，定额适用于混凝土坝体，按接触面积（m²）计算。

2. 岩土的平均级别和平均透水率

岩土的级别和透水率分别为钻孔和灌浆两大工序的主要参数，正确确定这两个参数对钻孔灌浆单价有重要意义。由于水工建筑物的地基绝大多数不是单一的地层，通常多达十几层或几十层。各层的岩土级别、透水率各不相同，为了简化计算，几乎所有的工程都采用一个平均的岩石级别和平均的透水率来计算钻孔灌浆单价。在计算这两个重要参数的平均值时，一定要注意计算的范围要和设计确定的钻孔灌浆范围完全一致，也就是说，不要简单地把水文地质剖面图中的数值拿来平均，要把上部开挖范围内的透水性强的风化层和下部不在设计灌浆范围的相对不透水地层都剔开。

3. 定额系数调整

（1）在使用《水利建筑工程概算定额》七-1 节"钻机钻岩石层帷幕灌浆孔"（自下而上灌浆法）、七-3 节"钻岩石层排水孔、观测孔"（钻机钻孔）时，应注意下列事项：

1）当终孔孔径＞91mm 或孔深＞70m 时，钻机应改用 300 型钻机。

2）在廊道或隧洞内施工时，人工、机械定额应乘以表 5.42 所列系数。

表 5.42　　　　　　　　　　　　　人工、机械定额调整系数

廊道或隧洞高度/m	0～2.0	2.0～3.5	3.5～5.0	5.0
系数	1.19	1.10	1.07	1.05

3）上述两节中各定额是按平均孔深 30～50m 拟定的。当孔深＜30m 或孔深＞50m 时，其人工和钻机定额应乘以表 5.43 所列系数。

表 5.43　　　　　　　　　　　　　　人工、机械定额调整系数

孔深/m	≤30	30～50	50～70	70～90	＞90
系数	0.94	1.00	1.07	1.17	1.31

（2）当采用地质钻机钻灌不同角度的灌浆孔或观察孔、试验孔时，其人工、机械、合金片、钻头和岩心管定额应乘以表 5.44 所列系数。

表 5.44　　　　　　　　　　　　人工、机械及材料定额调整系数表

钻机与水平夹角	0°～60°	60°～75°	75°～85°	85°～90°
系数	1.19	1.05	1.02	1.00

（3）压水试验适用范围。

1）现行概算定额中，压水试验已包含在灌浆定额中。

2）预算定额中的压水试验适用于灌浆后的压水试验。灌浆前的压水试验和灌浆后的补灌及封孔灌浆已计入定额。压水试验一个压力点法适用于固结灌浆，三压力五阶段法适用于帷幕灌浆。压浆试验适用于回填灌浆。

（4）钻孔灌浆工程量。

1）钻孔工程量按实际钻孔深度计算，计量单位为 m。计算钻孔工程量时，应按不同岩石类别分项计算，混凝土钻孔一般按 Ⅹ 类岩石级别计算。

2）灌浆工程量从基岩面起计算，计量单位为 m^2。计算工程量时，应按不同岩层的不同单位吸水率或单位干料耗量分别计算。

3）隧洞回填灌浆，其工程量计算范围一般在顶拱中心角 90°～120°范围内的拱背面积计算，高压管道回填灌浆按钢管外径面积计算工程量。

4. 混凝土防渗墙

建筑在冲积层上的挡水建筑物，一般设置混凝土防渗墙是一种有效的防渗处理措施。防渗墙施工包括造孔和浇筑混凝土两部分内容。

（1）造孔。防渗墙的成墙方式大多采用槽孔法。造孔采用冲击钻、反循环钻、液压开槽机等机械进行。一般用冲击钻较多，其施工程序包括造孔前的准备、泥浆制备、造孔、终孔验收、清孔换浆等。

（2）浇筑混凝土。防渗墙称为地下连续墙，概算定额中分为地下连续墙成槽、地下连续墙浇筑混凝土两部分。

防渗墙采用导管法浇筑水下混凝土，其施工工艺为浇筑前的准备、配料拌和、浇筑混凝土、质量验收。由于防渗墙混凝土不经振捣，因而混凝土应具有良好的和易性。要求入孔时坍落度为 18～22cm，扩散度为 34～38cm，最大骨料粒径不大于 4cm。

混凝土防渗墙一般都将造孔和浇筑分列，概算定额均以阻水面积（$100m^2$）为单位，按墙厚分列子目；而预算定额造孔用折算进尺（100 折算米）为单位，防渗墙混凝土用 $100m^3$ 为单位，所以一定要按科学的换算方式进行换算。

定额中，浇筑混凝土按水下混凝土消耗量列示。定额中钢材主要是钻头、钢导管的摊销，钢板卷制导管的制作用电焊机台时和焊条消耗定额已综合考虑。

（3）工程量。若采用概算定额，按设计的阻水面积计算其工程量，计量单位为 m^2。

5.7.1.4　钻孔灌浆工程概算单价实例分析

【例5.9】　在［例5.6］中，水闸工程坝基岩石基础固结灌浆，钻垂直孔，采用手持式风钻钻孔，一次灌浆法，灌浆孔深5m，岩石级别为Ⅷ级。基本资料如下：

（1）坝基岩石层平均单位吸水率3Lu，灌浆水泥采用52.5级普通硅酸盐水泥。

（2）材料预算价格（不含增值税进项税额）：合金钻头50元/个，空心钢10元/kg，52.5级普通硅酸盐水泥482.33元/t。

计算该水闸工程坝基岩石基础固结灌浆工程的概算单价。

【解】

第一步：计算施工机械台时费。

同［例5.6］：中级工8.90元/工时，施工用电1.00元/（kW·h），水0.90元/m^3，风0.14元/m^3，施工机械台时费见表5.45。

表5.45　　　　　　　　　　施工机械台时费计算表

定额编号	名称及规格	定额数量							施工机械台时费		
		一类费用			二类费用				基价/元	价差/元	预算价/元
		折旧费/元	修理及替换设备费/元	安装拆卸费/元	人工/工时	电/（kW·h）	风/m^3	水/m^3			
1096	风钻　手持式	0.54	1.89				180.1	0.3	27.70		27.70
6024	灌浆泵中压泥浆	2.38	6.95	0.57	2.4	13.2			43.61		43.61
6021	灰浆搅拌机	0.83	2.28	0.20	1.3	6.3			20.90		20.90

第二步：根据工程性质（枢纽）、特点确定取费费率。

其他直接费费率取7.5%，间接费费率取10.5%，企业利润率为7%，税金率取9%。

第三步：计算钻岩石层固结灌浆孔工程单价。

根据采用的施工方法和岩石级别（Ⅷ），查水利部2002年《水利建筑工程概算定额》（下册），选用七-2节70017定额子目，定额见表5.46。

计算过程见表5.47，计算结果为19.40元/m。

注意：根据水利部2002年《水利建筑工程概算定额》七-2钻岩石层固结灌浆孔"（3）风钻钻孔灌浆"定额下面的"注"：

（1）本例钻岩石层固结灌浆孔是钻垂直孔，使用手持式风钻。如果是钻水平孔、倒向孔，则需使用气腿式风钻，其台时费单价按工程量比例综合计算。

（2）本例是露天作业，如果是洞内作业，则定额人工、机械需乘1.15系数。

第四步：计算基础固结灌浆工程单价。

本工程灌浆岩层的平均吸水率3Lu，查《水利建筑工程概算定额》七-5节70046子目，定额见表5.48。计算过程见表5.49，其中水泥的基价为255元/t，52.5级普通硅酸盐水泥价差为482.33－255＝227.33（元/t）。基础固结灌浆工程单价为162.34元/m。

表 5.46　　　　　　　　　**钻岩石层固结灌浆孔（风钻钻灌浆孔）**

适用范围：露天作业、孔深小于 8m

工作内容：孔位转移、接拉风管、钻孔、检查孔钻孔　　　　　　　　　定额单位：100m

项　目	单位	岩　石　级　别			
		V～Ⅷ	Ⅸ～Ⅹ	Ⅺ～Ⅻ	Ⅻ～ⅩⅨ
工　长	工时	2	3	5	7
高　级　工	工时				
中　级　工	工时	29	38	55	84
初　级　工	工时	54	70	101	148
合　计	工时	85	111	161	239
合金钻头	个	2.30	2.72	3.38	4.31
空　心　钢	kg	1.13	1.46	2.11	3.50
水	m³	7	10	15	23
其他材料费	%	14	13	11	9
风　钻	台时	20.0	25.8	37.2	55.8
其他机械费	%	15	14	12	10
编　号		70017	70018	70019	70020

表 5.47　　　　　　　　　**建 筑 工 程 单 价 表**

定额编号：70017　　　　　　　　钻岩石层固结灌浆　　　　　　　　定额单位：100m

施工方法：手持式风钻钻孔，孔深 5m

序号	名称及规格	单位	数量	单价/元	合计/元
一	直接费				1505.52
（一）	基本直接费				1400.48
1	人工费				612.22
（1）	工长	工时	2	11.55	23.10
（2）	高级工	工时		10.67	0.00
（3）	中级工	工时	29	8.90	258.10
（4）	初级工	工时	54	6.13	331.02
2	材料费				151.16
（1）	合金钻头	个	2.30	50.00	115.00
（2）	空心钢	kg	1.13	10.00	11.30
（3）	水	m³	7	0.90	6.30
（4）	其他材料费	%	14	132.60	18.56
3	机械使用费				637.10
（1）	风钻（手持式）	台时	20.0	27.70	554.00
（2）	其他机械费	%	15	554.00	83.10
（二）	其他直接费	%	7.5	1400.48	105.04
二	间接费	%	10.5	1505.52	158.08
三	企业利润	%	7	1663.60	116.45
四	税金	%	9	1780.05	160.20
五	单价合计				1940.25

第五步：计算坝基岩石基础固结灌浆综合概算单价。

坝基岩石基础固结灌浆综合概算单价包括钻孔单价和灌浆单价，即

坝基岩石基础固结灌浆综合概算单价＝19.40＋162.34＝181.74（元/m）

表 5.48　　　　　　　　　　　　　基 础 固 结 灌 浆

工作内容：冲洗、制浆、灌浆、封孔、孔位转移，以及检查孔的压水试验、灌浆　　定额单位：100m

项　　　目	单位	透 水 率/Lu						
		<2	2~4	4~6	6~8	8~10	10~20	20~50
工　　　长	工时	23	23	24	25	26	28	29
高　级　工	工时	48	48	50	51	53	56	58
中　级　工	工时	139	141	145	151	159	169	175
初　级　工	工时	240	243	251	263	277	297	308
合　　　计	工时	450	455	470	490	515	550	570
水　　　泥	t	2.3	3.2	4.1	5.7	7.4	8.7	10.4
水	m³	481	528	565	610	663	715	1005
其他材料费	%	15	15	14	14	13	13	12
灌浆泵　中压泥浆	台时	92	93	96	100	105	112	116
灰浆搅拌机	台时	84	85	88	92	97	104	108
胶　轮　车	台时	13	17	22	31	42	47	58
其他机械费	%	5	5	5	5	5	5	5
编　　　号		70045	70046	70047	70048	70049	70050	70051

表 5.49　　　　　　　　　　　　建 筑 工 程 单 价 表

定额编号：70046　　　　　　　　　基础固结灌浆　　　　　　　　　定额单位：100m

施工方法：冲洗、制浆、灌浆、封孔、孔位转移，以及检查孔的压水试验、灌浆

序号	名称及规格	单位	数量	单价/元	合计/元
一	直接费				11981.58
(一)	基本直接费				11145.66
1	人工费				3522.30
(1)	工长	工时	23	11.55	265.65
(2)	高级工	工时	48	10.67	512.16
(3)	中级工	工时	141	8.90	1254.90
(4)	初级工	工时	243	6.13	1489.59
2	材料费				1484.88
(1)	水泥	t	3.2	255	816.00
(2)	水	m³	528	0.90	475.20
(3)	其他材料费	%	15	1291.20	193.68
3	机械使用费				6138.48

续表

序号	名称及规格	单位	数量	单价/元	合计/元
(1)	灌浆泵 中压泥浆	台时	93	43.61	4055.73
(2)	灰浆搅拌机	台时	85	20.9	1776.50
(3)	胶轮车	台时	17	0.82	13.94
(4)	其他机械费	%	5	5846.17	292.31
(二)	其他直接费	%	7.5	11145.66	835.92
二	间接费	%	10.5	11981.58	1258.07
三	企业利润	%	7	13239.65	926.78
四	材料补差				727.46
(1)	水泥 52.5	t	3.2	227.33	727.46
五	税金	%	9	15053.89	1340.45
六	单价合计				16234.34

5.7.2 锚固工程

5.7.2.1 锚固工程分类

锚固可分为锚杆、喷锚支护与预应力锚固三大类，其适用范围见表5.50。

表 5.50 锚固分类及适用范围

类型	结 构 型 式	适 用 范 围
锚杆	钢筋混凝土桩：人工挖孔桩、大口径钻孔桩 钢桩：型钢桩、钢棒桩	适用于浅层具有明显滑面的地基加固
喷锚支护	锚杆加喷射混凝土 锚杆挂网加喷混凝土	适用于高边坡加固，隧洞入口边坡支护
预应力锚固	混凝土柱状锚头	适用于大吨位预应力锚固
	镦头锚锚头	适用于大、中、小吨位预应力锚固
	爆炸压接螺杆锚头	适用于中、小吨位预应力锚固
	锚塞锚环钢锚头	适用于小吨位预应力锚固
	组合型钢锚头	适用于大、中、小吨位预应力锚固

5.7.2.2 施工工艺

1. 一般锚杆施工工艺

钻孔→锚杆制作→安装→水泥浆封孔（或药卷产生化学反应封孔）、锚定。锚杆长度超过10m的长锚杆，应配锚杆钻机或地质钻机。

2. 预应力锚固施工工艺

造孔、锚束编制→运输吊装→放锚束、锚头锚固→超张拉、安装、补偿→采用水泥浆封孔、灌浆防护。

预应力锚固是在外荷载作用前，针对建筑物可能滑移拉裂的破坏方向，预先施加主动压力。这种人为的预压应力能提高建筑物的滑动和防裂能力。预应力锚固由锚头、锚束、锚根三部分组成。

预应力锚束按材料分为钢丝、钢绞线与优质钢筋三类，预应力锚束按作用可分为无黏结型和黏结型。钢丝的强度最高，宜于密集排列，多用于大吨位锚束，适用于混凝土锚头、镦头及组合锚；钢绞线的价格较高，锚具也较贵，适用中小型锚束，与锚塞锚环型锚具配套使用，对编束、锚固较方便；优质钢筋适用于预应力锚杆及短的锚束。

钻孔设备应根据地质条件、钻孔深度、钻孔方向和孔径大小选择钻机。工程中一般用：风钻、SGZ-1（Ⅲ）、YQ-100、XJ-100-1及东风-300专用锚杆钻机、履带钻、地质钻机等钻机。

3. 喷锚支护一般工艺

凿毛→配料→上料、拌和→挂网、喷锚→喷混凝土→处理回弹料、养护。

5.7.2.3 定额使用

1. 锚杆

在现行概算定额中，锚杆分地面和地下，钻孔设备分为风钻钻孔、履带钻孔、锚杆钻机钻孔、地质钻机钻孔、锚杆台车钻孔、凿岩台车钻孔。按注浆材料又分为砂浆和药卷。锚杆以"根"为单位，按锚杆长度和钢筋直径分项，按不同的岩石级别划分子目。

套用定额时应注意的问题：加强长砂浆锚杆束是按$4×\phi28$锚筋拟定的，如设计采用锚筋根数、直径不同，应按设计调整锚筋用量。定额中的锚筋材料预算价按钢筋价格计算，锚筋的制作已含在定额中。

2. 预应力锚束

预应力锚束分为岩体和混凝土，按作用分为无黏结型和黏结型。以"束"为单位，按施加预应力的等级分类，按锚束长度分项。

3. 喷射

喷射分为地面和地下，按材料分为喷浆和混凝土，喷浆以"喷射面积"为单位，按有钢筋和无钢筋喷射工艺不同，按喷射厚度不同定额的消耗量不同。喷射混凝土分为地面护坡、平洞支护、斜井支护，以"喷射混凝土的体积"为单位，按厚度不同划分子项。喷浆（混凝土）定额的计量以喷后的设计有效面积（体积）计算，定额中已包括了回弹及施工损耗量。

4. 锚筋桩

可参考相应的锚杆定额，定额中的锚杆附件包括垫板、三角铁和螺母等。锚杆（索）定额中的锚杆（索）长度是指嵌入岩石的设计有效长度，不包括锚头外露部分，按规定应留的外露部分及加工过程中的消耗，均已计入定额。

5.7.2.4 锚固工程概算单价编制示例

【例5.10】 在［例5.6］水闸工程中，拦河水闸边坡岩石面先挂钢筋网，再喷浆。喷浆厚度为2cm，喷浆不采用防水粉。

材料预算价格（不含增值税进项税额）：32.5级普通硅酸盐水泥433.65元/t，水0.9元/m³，砂子80元/m³，防水粉3000元/t，风0.14元/m³，电1.0元/（kW·h）。计算该水闸边坡岩石面喷浆工程的概算单价。

【解】

第一步：计算施工机械台时费。

同 [例 5.6]：中级工 8.90 元/工时，施工用电 1.00 元/(kW·h)，水 0.90 元/m³，风 0.14 元/m³，施工机械台时费计算见表 5.51。

表 5.51

施工机械台时费计算表

| 定额编号 | 名称及规格 | 定额数量 | | | | | | | 施工机械台时费 | | |
| | | 一类费用 | | | 二类费用 | | | | | | |
		折旧费/元	修理及替换设备费/元	安装拆卸费/元	人工/工时	电/(kW·h)	风/m³	水/m³	基价/元	价差/元	预算价/元
2046	喷浆机 75L	2.28	7.30	0.34	1.3	2.0	111.8		38.28	0	38.28
1098	风镐	0.48	1.68				74.5		12.40	0	12.4

第二步：根据本工程性质（枢纽）、特点确定取费费率。

其他直接费费率取 7.5%，间接费费率取 10.5%，企业利润率为 7%，税金率取 9%。

第三步：计算岩石面喷浆工程单价。

根据边坡岩石面先挂钢筋网，再喷浆和喷浆厚度为 2cm 的施工方法，查水利部 2002 年《水利建筑工程概算定额》（下册）七-42 节岩石面喷浆（1）地面喷浆，选用有钢筋定额子目 70522，定额见表 5.52。

表 5.52

地 面 喷 浆

工作内容：凿毛、冲洗、配料、喷浆、修饰、养护

定额单位：100m²

| 项 目 | 单位 | 有 钢 筋 | | | | |
| | | 厚度/cm | | | | |
		1	2	3	4	5
工 长	工时	5	5	6	6	7
高 级 工	工时	7	8	9	10	10
中 级 工	工时	37	41	44	47	50
初 级 工	工时	74	81	87	95	101
合 计	工时	123	135	146	158	168
水 泥	t	0.82	1.63	2.45	3.27	4.09
砂 子	m³	1.22	2.45	3.67	4.89	6.12
水	m³	3	3	4	4	5
防 水 粉	kg	41	82	123	164	205
其他材料费	%	9	5	3	2	2
喷 浆 机 75L	台时	7.8	9.6	11.2	13.1	14.7
风 水 枪	台时	7.3	7.3	7.3	7.3	7.3
风 镐	台时	20.6	20.6	20.6	20.6	20.6
其他机械费	%	1	1	1	1	1
编 号		70521	70522	70523	70524	70525

注 不用防水粉的不计。

第四步：计算边坡岩石面喷浆工程单价。

32.5 级普通硅酸盐水泥基价 255 元/t，砂基价 70 元/m³，计算 32.5 级普通硅酸盐水泥价差 178.65 元/t，砂子价差 10 元/m³。根据定额注释不用防水粉的不计。计算过程见表 5.53，计算结果为 34.74 元/m²。

表 5.53　　　　　　　　　　　建 筑 工 程 单 价 表

定额编号：70522　　　　　　　地面喷浆（不用防水粉）　　　　　　定额单位：100m²

施工方法：凿毛、冲洗、配料、喷浆、修饰、养护

序号	名称及规格	单位	数量	单价/元	合计/元
一	直接费				2428.52
（一）	基本直接费				2259.09
1	人工费				1004.54
（1）	工长	工时	5	11.55	57.75
（2）	高级工	工时	8	10.67	85.36
（3）	中级工	工时	41	8.90	364.90
（4）	初级工	工时	81	6.13	496.53
2	材料费				619.34
（1）	水泥	t	1.63	255	415.65
（2）	砂子	m³	2.45	70	171.50
（3）	水	m³	3	0.90	2.70
（4）	防水粉	kg			
（5）	其他材料费	%	5	589.85	29.49
3	机械使用费				635.21
（1）	喷浆机　75L	台时	9.6	38.28	367.49
（2）	风水枪	台时	7.3	0.82	5.99
（3）	风镐	台时	20.6	12.4	255.44
（4）	其他机械费	%	1	628.92	6.29
（二）	其他直接费	%	7.5	2259.09	169.43
二	间接费	%	10.5	2428.52	254.99
三	企业利润	%	7	2683.51	187.85
四	材料补差				315.70
（1）	水泥	t	1.63	178.65	291.20
（2）	砂子	m³	2.45	10.00	24.50
五	税金	%	9	3187.06	286.84
六	单价合计				3473.90

如果本项目喷浆时采用防水粉，计算过程见表 5.54，计算结果为 38.32 元/m²。

表 5.54   建 筑 工 程 单 价 表

定额编号：70522   地面喷浆（用防水粉）   定额单位：100m²

施工方法：凿毛、冲洗、配料、喷浆、修饰、养护

序号	名称及规格	单位	数量	单价/元	合计/元
一	直接费				2706.19
（一）	基本直接费				2517.39
1	人工费				1004.54
（1）	工长	工时	5	11.55	57.75
（2）	高级工	工时	8	10.67	85.36
（3）	中级工	工时	41	8.90	364.90
（4）	初级工	工时	81	6.13	496.53
2	材料费				877.64
（1）	水泥	t	1.63	255	415.65
（2）	砂子	m³	2.45	70	171.50
（3）	水	m³	3	0.90	2.70
（4）	防水粉	kg	82	3.00	246.00
（5）	其他材料费	％	5	835.85	41.79
3	机械使用费				635.21
（1）	喷浆机 75L	台时	9.6	38.28	367.49
（2）	风水枪	台时	7.3	0.82	5.99
（3）	风镐	台时	20.6	12.40	255.44
（4）	其他机械费	％	1	628.92	6.29
（二）	其他直接费	％	7.5	2517.39	188.80
二	间接费	％	10.5	2706.19	284.15
三	企业利润	％	7	2990.34	209.32
四	材料补差				315.70
（1）	水泥	t	1.63	178.65	291.20
（2）	砂子	m³	2.45	10.00	24.50
五	税金	％	9	3515.36	316.38
六	单价合计				3831.74

5.8 疏浚工程单价编制

5.8.1 疏浚工程分类

疏浚工程项目包括疏浚工程和吹填工程。疏浚工程主要用于河湖整治，内河航道疏浚，出海口门疏浚，湖、渠道、海边的开挖与清淤工程，以挖泥船应用最广。

挖泥船按工作机构原理和输送方式的不同划分为机械式、水力式和气动式三大类，常用的机械式挖泥船有链斗式、抓斗式、铲斗式；水力式挖泥船有绞吸式、斗轮式、耙吸

式、射流式及冲吸式等，以绞吸式运用最广。吹填施工的工艺流程是采用机械挖土，以压力管道输送泥浆至作业面，完成作业面上土颗粒沉积淤填。

江河疏浚开挖经常与吹填工程相结合，这样可充分利用江河疏浚开挖的弃土对堤身两侧的池塘洼地做充填，进行堤基加固；吹填法施工不受雨天和黑夜的影响，能连续作业，施工效率高。在土质符合要求的情况下，也可用以堵口或筑新堤。

5.8.2　定额使用

疏浚工程定额包括绞吸、链斗、抓斗及铲斗式挖泥船，吹泥船，水力冲挖机组等。

（1）土、砂分类。

1）绞吸、链斗、抓斗及铲斗式挖泥船、吹泥船开挖水下方的泥土及粉细砂分为Ⅰ～Ⅶ类，中、粗砂各分为松散、中密、紧密三类。详见现行《水利建筑工程概算定额》附录4 土、砂分级表。

2）水力冲挖机组的土类划分为Ⅰ～Ⅳ类，详见现行《水利建筑工程概算定额》附录4 水力冲挖机组土类划分表。

（2）定额计量单位。现行概算定额计量单位，除注明者外，均按水下自然方计算。疏浚或吹填工程量应按设计要求计算，吹填工程陆上方应折算为水下自然方。在开挖过程中的超挖、回淤等因素均包括在定额内。在河道疏浚遇到障碍物清除时，应按实单独列项。

（3）绞吸、链斗式挖泥船及吹泥船均按名义生产率划分船型；抓斗、铲斗式挖泥船按斗容划分船型。

（4）定额中的人工是指从事辅助工作的用工，如对排泥管线的巡视、检修、维护等。不包括绞吸式挖泥船及吹泥船岸管的安装、拆移（除）及各排泥场（区）的围堰填筑和维护用工。

当各式挖泥船、吹泥船及其系列的配套船舶定额调整时，人工定额亦做相应调整。

（5）绞吸式挖泥船的排泥管线长度，指自挖泥（砂）区中心至排泥（砂）区中心，浮筒管、潜管、岸管各管线长度之和。如所需排泥管线长度介于两定额子目之间时，应按插值法计算。

（6）在选用定额时，首先要认真阅读定额规范中该章说明及各节“注”中的系数及要求，再根据采用的施工方法、名义生产率（或斗容）、土（砂）级别正确选用定额子目。

5.8.3　疏浚工程概算单价编制示例

【例 5.11】　某水库位于安徽省金寨县县城以外，进行清淤疏浚工程，采用绞吸式挖泥船进行施工，挖泥船的名义生产率为 200m³/h，库底土质为Ⅲ类可塑壤土，挖深为 6m，排泥管线长度为 400m。柴油预算价格为 6.30 元/kg。计算该水库疏浚工程的概算单价。

【解】

第一步：选用定额子目。

根据挖泥船的名义生产率（200m³/h）、土质类别（Ⅲ类土）及排泥管线长度（400m），选用《水利建筑工程概算定额》（下册）八-1 绞吸式挖泥船（5）80205 子目，定额见表 5.55。

表 5.55　　　　　　　　　　绞吸式挖泥船（200m³/h，Ⅲ类土）

工作内容：固定船位，挖、排泥（砂），移浮筒管，施工区内作业面移位，配套船舶定位、行驶等及其他辅助工作

定额单位：10000m³

项目	单位	排泥管线长度/km							
		≤0.5	0.6	0.7	0.8	0.9	1.0	1.1	1.3
工　　长	工时								
高级工	工时								
中级工	工时	31.1	32.6	34.1	36.0	37.9	40.1	42.5	48.8
初级工	工时	46.6	48.9	51.3	54.0	56.8	60.1	63.8	73.1
合　　计	工时	77.7	81.5	85.4	90.0	94.7	100.2	106.3	121.9
挖泥船　200m³/h	艘时	44.11	46.32	48.53	51.17	53.82	56.90	60.43	69.26
浮筒管　φ400×7500mm	组时	1176	1235	1294	1365	1435	1518	1612	1847
岸　管　φ400×6000mm	根时	2205	3088	4044	5117	6279	7586	9065	12697
拖　轮　176kW	艘时	11.03	11.58	12.13	12.79	13.46	14.23	15.10	17.31
锚　艇　88kW	艘时	13.23	13.89	14.56	15.35	16.14	17.07	18.13	20.77
机　艇　88kW	艘时	14.55	15.29	16.01	16.89	17.76	18.77	19.94	22.85
其他机械费	%	4	4	4	4	4	4	4	4
编　　号		80205	80206	80207	80208	80209	80210	80211	80212

注　1. 基本排高 6m，每增（减）1m，定额乘（除）以 1.015。

　　2. 最大挖深 10m；基本挖深 6m，每增 1m，定额增加系数 0.03。

第二步：确定人工预算单价。

根据工程地点、概况，确定工程性质为一般地区枢纽工程。人工预算单价为：工长 11.55 元/工时，高级工 10.67 元/工时，中级工 8.90 元/工时，初级工 6.13 元/工时。

第三步：计算施工机械台时费。

中级工 8.90 元/工时，计算见表 5.56。

表 5.56　　　　　　　　　　施工机械台时费计算表

定额编号	名称及规格	定额数量						施工机械台时费		
		一类费用			二类费用			基价/元	价差/元	预算价/元
		折旧费/元	修理及替换设备费/元	安装拆卸费/元	人工/工时	柴油/kg	其他			
7011	挖泥船　200m³/h	143.29	85.98		11.2	130.0		694.07	430.30	1124.37
7085	浮筒管　φ400×7500mm	0.72	0.22	0.08				0.92	0	0.92
7103	岸管　φ400×6000mm	0.47	0.06					0.47	0	0.47
7138	拖轮　176kW	51.95	49.36		6.3	21.6		211.91	71.50	283.41
7151	锚艇　88kW	19.00	26.18		3.9	14.2		118.00	47.00	165.00
7162	机艇　88kW	16.03	19.66		5.0	16.0		124.56	52.96	177.52

第四步：确定取费费率。

根据工程地点（安徽省）、性质（枢纽）、特点，确定取费费率：其他直接费费率取7.5%，间接费费率取7.25%，企业利润率为7%，税金率取9%。

第五步：计算疏浚工程概算单价。

分别把人工预算单价、机械台时费基价及定额80205子目中的各项数据填入表5.57中，计算过程见表5.57，计算结果为7.76元/m³（水下自然方）。

表 5.57　建筑工程单价表

定额编号：80205　　　　　　　　疏浚工程　　　　　定额单位：10000m³（水下自然方）

施工方法：固定船位，挖、排泥（砂），移浮筒管，配套船舶定位、行驶及其他辅助工作

序号	名称及规格	单位	数量	单价/元	合计/元
一	直接费				43585.65
（一）	基本直接费				40544.79
1	人工费				562.45
（1）	工长	工时		11.55	0.00
（2）	高级工	工时		10.67	0.00
（3）	中级工	工时	31.1	8.90	276.79
（4）	初级工	工时	46.6	6.13	285.66
2	机械使用费				39982.34
（1）	挖泥船　200m³/h	艘时	44.11	694.07	30615.43
（2）	浮筒管　ϕ400×7500mm	组时	1176	0.92	1081.92
（3）	岸管　ϕ400×6000mm	根时	2205	0.47	1036.35
（4）	拖轮　176kW	艘时	11.03	211.91	2337.37
（5）	锚艇　88kW	艘时	13.23	118.00	1561.14
（6）	机艇　88kW	艘时	14.55	124.56	1812.35
（7）	其他机械费	%	4	38444.56	1537.78
（二）	其他直接费	%	7.5	40544.79	3040.86
二	间接费	%	7.25	43585.65	3159.96
三	企业利润	%	7	46745.61	3272.19
四	材料补差				21161.53
（1）	柴油	kg	6393.21	3.31	21161.53
五	税金	%	9	71179.33	6406.14
六	单价合计				77585.47

注　柴油：44.11×130＋11.03×21.6＋13.23×14.2＋14.55×16＝6393.21（kg）。

5.9 其他工程单价编制

5.9.1 其他工程项目内容

其他工程项目包括围堰、公路、铁道等临时工程，以及塑料薄膜、土工布、土工膜、复合柔毡铺设、铺草皮等定额共 15 节。

5.9.2 定额使用

（1）塑料薄膜、土工膜、复合柔毡、土工布四节定额仅指这些防渗（反滤）材料本身的铺设，不包括上面的保护（覆盖）层和下面的垫层砌筑。其定额计量单位是指设计有效防渗面积。

（2）临时工程定额中的材料数量均为备料量，未考虑周转回收。周转及回收量可按该临时工程使用时间参照表 5.58 所列材料使用寿命及残值进行计算。

表 5.58   临时工程材料使用寿命及残值表

材 料 名 称	使 用 寿 命	残 值/%
钢板桩	6 年	5
钢 轨	12 年	10
钢丝绳（吊桥用）	10 年	5
钢 管（风水管道用）	8 年	10
钢 管（脚手架用）	10 年	10
阀 门	10 年	5
卡扣件（脚手架用）	50 次	10
导 线	10 年	10

5.9.3 其他工程概算单价编制示例

【例 5.12】 安徽省境内某水库工程，水库大坝坝面边坡为 1∶2.5，其坝面反滤层采用土工布铺设。土工布材料预算价格（不含增值税进项税额）为 3.50 元/m²。计算该水库大坝坝面土工布铺设工程概算单价。

【解】

第一步：选用定额子目。

根据项目情况，选用《水利建筑工程概算定额》九-14 土工布铺设 90069 子目，定额见表 5.59。

第二步：确定人工预算单价。

根据工程地点、概况，确定工程性质为一般地区枢纽工程。人工预算单价为：工长 11.55 元/工时，高级工 10.67 元/工时，中级工 8.90 元/工时，初级工 6.13 元/工时。

第三步：确定取费费率。

根据工程地点（安徽省）、性质（枢纽）、特点，确定取费费率：其他直接费费率取 7.5%，间接费费率取 10.5%，企业利润率为 7%，税金率取 9%。

第四步：计算土工布铺设概算单价。

表 5.59 土 工 布 铺 设

使用范围：土石坝、围堰的反滤层

工作内容：场内运输、铺设、接缝（针缝） 定额单位：100m²

项 目	单位	平铺	斜 铺		
			边 坡		
			1:2.5	1:2.0	1:1.5
工 长	工时	1	1	1	1
高 级 工	工时				
中 级 工	工时	2	2	3	3
初 级 工	工时	10	12	12	14
合 计	工时	13	15	16	18
土 工 布	m²	107	107	107	107
其他材料费	%	2	2	2	2
编 号		90068	90069	90070	90071

计算过程见表 5.60，计算结果为 6.72 元/m²（有效防渗面积）。

表 5.60 建 筑 工 程 单 价 表

定额编号：90069 土 工 布 铺 设 定额单位：100m²

施工方法：场内运输、铺设、接缝（针缝）

序号	名称及规格	单位	数量	单价/元	合计/元
一	直接费				521.27
（一）	基本直接费				484.90
1	人工费				102.91
（1）	工长	工时	1	11.55	11.55
（2）	高级工	工时		10.67	0.00
（3）	中级工	工时	2	8.90	17.80
（4）	初级工	工时	12	6.13	73.56
2	材料费				381.99
（1）	土工布	m²	107	3.50	374.50
（2）	其他材料费	%	2	374.50	7.49
（二）	其他直接费	%	7.5	484.90	36.37
二	间接费	%	10.5	521.27	54.73
三	企业利润	%	7	576.00	40.32
四	税金	%	9	616.32	55.47
五	单价合计				671.79

5.10 设备及安装工程单价编制

5.10.1 设备及安装工程项目划分

在第1章、第2章介绍了水利工程按概算项目划分为四大部分，分别为工程部分、建设征地移民补偿、环境保护工程、水土保持工程。其中，工程部分又划分为建筑工程、机电设备及安装工程、金属结构设备及安装工程、施工临时工程和独立费用五个部分。

设备安装工程包括机电设备及安装工程和金属结构设备及安装工程，分别构成工程总概算的第二部分和第三部分。

1. 机电设备及安装工程

对于枢纽工程，本部分由发电设备及安装工程、升压变电设备及安装工程和公用设备及安装工程三个一级项目组成；对于引水工程、河道工程，本部分由泵站设备及安装工程、水闸设备及安装工程、电站设备及安装工程、供电设备及安装工程和公用设备及安装工程五个一级项目组成。

2. 金属结构设备及安装工程

一级项目应按第一部分建筑工程相应的一级项目分项；二级项目一般包括闸门设备及安装、启闭设备及安装、拦污设备及安装，以及引水工程的钢管制作及安装和航运工程的升船机设备及安装。

设备安装工程投资由设备费与安装费构成。编制设备及安装工程概算时，应根据设计图纸和设备清单，按项目划分规定，在设备安装工程概算表中，逐级详细列出一至三级项目，设备数量与单位的填写与设备和安装工程单价相一致。

5.10.2 设备费

5.10.2.1 设备与工器具、装置性材料的划分

1. 设备与工器具划分

设备与工器具主要按单项价值划分，凡单项价值2000元或2000元以上者作为设备，否则作为工器具。

2. 设备与装置性材料划分

（1）设备体腔内的填充物：设备体腔内的定量填充物，应视为设备，其价值计入设备费。

1）透平油：透平油的作用是散热、润滑、传递受力，主要用在水轮机、发电机的油槽内，调速器及油压装置内，进水阀本体的操作机构内、油压装置内。

2）变压器油：变压器油的作用是散热、绝缘和灭电弧，主要用在变压器、油浸电抗器、所有带油的互感器、油断路器、消弧线圈、大型实验变压器内。其油款在设备出厂价内。

3）六氟化硫：断路器中六氟化硫作为设备，其价值计入设备费。

（2）不论成套供货，还是现场加工或零星购置的储气罐、阀门、盘用仪表、机组本体上的梯子、平台和栏杆等均作为设备，不能因供货来源不同而改变设备性质。

（3）如管道和阀门构成设备本体部件时，应作为设备；否则应作为材料。

（4）随设备供应的保护罩、网门等已计入相应设备出厂价格内时，应作为设备；否则应作为材料。

（5）电缆和管道的支吊架、母线、金具、滑触线和架、屏盘的基础型钢、钢轨、石棉板、穿墙隔板、绝缘子、一般用保护网、罩、门、梯子、栏杆和蓄电池架等，均作为材料。

（6）设备喷锌费用应列入设备费。

5.10.2.2　设备费计算

设备费按设计选型设备的数量和价格进行编制。设备费包括设备原价、运杂费、运输保险费和采购及保管费。

设备费计算公式为

$$设备费＝设备原价＋运杂费＋运输保险费＋采购及保管费 \qquad (5.38)$$

1. 设备原价

（1）国产设备，以出厂价为原价，非定型和非标准产品（如闸门、拦污栅、压力钢管等）采用与厂家签订的合同价或询价。

（2）进口设备，以到岸价和进口征收的税金、手续费、商检费及港口费等各项费用之和为原价。到岸价采用与厂家签订的合同价或询价计算，税金和手续费等按规定计算。

（3）大型机组拆卸分装运至工地后的拼装费用，应包括在设备原价内。

（4）可行性研究和初步设计阶段，非定型和非标准产品，一般不可能与厂家签订价格合同，设计单位可按向厂家索取的报价资料和当年的价格水平，经认真分析论证后，确定设备价格。

2. 运杂费

运杂费是指设备由厂家运至工地安装现场所发生的一切运杂费用，主要包括运输费、调车费、装卸费、包装绑扎费、大型变压器充氮费以及其他可能发生的杂费。设备运杂费分主要设备运杂费和其他设备运杂费，均按占设备原价的百分率计算，即

$$运杂费＝设备原价×运杂费费率 \qquad (5.39)$$

（1）主要设备运杂费费率。设备由铁路直达或铁路、公路联运时，分别按里程求得费率后叠加计算；如果设备由公路直达，应按公路里程计算费率后，再加公路直达基本费率。

主要设备运杂费费率标准见表 5.61。

表 5.61　　　　　　　　　　　主要设备运杂费费率表　　　　　　　　　　　%

设备分类		铁　路		公　路		公路直达基本费率
		基本运距1000km	每增运500km	基本运距100km	每增运20km	
水轮发电机组		2.21	0.30	1.06	0.15	1.01
主阀、桥机		2.99	0.50	1.85	0.20	1.33
主变压器	120000kVA 及以上	3.50	0.40	2.80	0.30	1.20
	120000kVA 以下	2.97	0.40	0.92	0.15	1.20

（2）其他设备运杂费费率。工程地点距铁路线近者费率取小值，远者取大值。新疆、西藏两自治区的费率在表 5.62 中未包括，可视具体情况另行确定。

表 5.62　其他设备运杂费费率表　　　　　　　　　　　　　　　　　　　%

类别	适 用 地 区	费率
Ⅰ	北京、天津、上海、江苏、浙江、江西、安徽、湖北、湖南、河南、广东、山西、山东、河北、陕西、辽宁、吉林、黑龙江等省（直辖市）	3～5
Ⅱ	甘肃、云南、贵州、广西、四川、重庆、福建、海南、宁夏、内蒙古、青海等省（自治区、直辖市）	5～7

以上运杂费适用于国产设备运杂费，在编制概预算时，可根据设备来源地、运输方式、运输距离等逐项进行分析计算。

（3）进口设备国内段运杂费费率。国产设备运杂费费率乘以相应国产设备原价占进口设备原价的比例系数，即为进口设备国内段运杂费费率。

3．运输保险费

运输保险费是指设备在运输过程中的保险费用。国产设备的运输保险费可按工程所在省、自治区、直辖市的规定计算。进口设备的运输保险费按有关规定计算。运输保险费费率一般取 0.1%～0.4%。

$$运输保险费＝设备原价×运输保险费费率 \qquad (5.40)$$

4．采购及保管费

采购及保管费是指建设单位和施工企业在负责设备的采购、保管过程中发生的各项费用。主要包括：

（1）采购保管部门工作人员的基本工资、辅助工资、工资附加费、劳动保护费、教育经费、办公费、差旅交通费、工具用具使用费等。

（2）仓库、转运站等设施的运行费、维修费，固定资产折旧费，技术安全措施费和设备的检验、试验费等。

$$采购及保管费＝（设备原价＋运杂费）×采购及保管费费率 \qquad (5.41)$$

按现行规定，设备的采购及保管费费率取 0.7%。

5．运杂综合费

在编制设备安装工程概预算时，一般将设备运杂费、运输保险费和采购及保管费合并，统称为设备运杂综合费，按设备原价乘以运杂综合费费率计算。

$$运杂综合费费率＝运杂费费率＋（1＋运杂费费率）×采购及保管费费率＋运输保险费费率 \qquad (5.42)$$

即　　　　　　　　$$设备费＝设备原价×（1＋运杂综合费费率） \qquad (5.43)$$

6．交通工具购置费

工程竣工后，为保证建设项目初期生产管理单位正常运行必须配备生产、生活、消防车辆和船只。

交通工具购置费按现行《水利工程设计概（估）算编制规定》中所列设备数量和国产设备出厂价格加车船附加费、运杂费计算。

【例 5.13】　湖北省某水利工程所用的水轮机原价为 36 万元/台。基本资料：经火车运输 1500km、公路运输 60km 到达安装现场，运输保险费费率取 0.4%。计算每台水轮机的设备费。

【解】

第一步：计算运杂费费率。

$$运杂费费率=[(2.21+0.30×1)+1.06]\%=3.57\%$$

第二步：计算运杂综合费费率。

$$运杂综合费费率=运杂费费率+(1+运杂费费率)×采购及保管费费率+运输保险费费率$$
$$=3.57\%+(1+3.57\%)×0.7\%+0.4\%=4.695\%$$

第三步：计算设备费。

$$设备原价=36 万元=360000 元$$
$$设备费=设备原价×(1+运杂综合费费率)$$
$$=360000×(1+4.695\%)=376902（元）$$

5.10.3　安装工程费

5.10.3.1　设备安装工程概预算定额简介

现行《水利水电设备安装工程概算定额》包括水轮机安装、水轮发电机安装、大型水泵安装、进水阀安装、水力机械辅助设备安装、电气设备安装、变电站设备安装、通信设备安装、起重设备安装、闸门安装、压力钢管制作及安装，共计 11 章及附录，共 55 节、659 个子目。

现行《水利水电设备安装工程预算定额》包括水轮机安装、调速系统安装、水轮发电机安装、大型水泵安装、进水阀安装、水力机械辅助设备安装、电气设备安装、变电站设备安装、通信设备安装、电气调整、起重设备安装、闸门安装、压力钢管制作及安装、设备工地运输，共计 14 章及附录，共 66 节。

5.10.3.2　材料的确定

装置性材料是个专用名称，它本身属于材料，但又是被安装的对象，安装后构成工程的实体。

装置性材料可分为主要装置性材料和次要装置性材料。凡是在概算定额各项目中作为主要安装对象的材料，即为主要装置性材料，如轨道、管路、电缆、母线、一次接线、接地装置、保护网、滑触线等。其余的即为次要装置性材料，如轨道的垫板、螺栓电缆支架、母线之金具等。

主要装置性材料在概算定额中一般作为未计价材料，须按设计提供的规格、数量和工地材料预算价计算其费用（另加定额规定的损耗率），如果没有足够的设计资料，可参考《水利水电设备安装工程概算定额》附录二～附录十一确定主要装置性材料耗用量（已包括损耗在内）；次要装置性材料因品种多、规模小，且价值也较低，已计入概算定额中，在编制概算时，不必另计。

5.10.3.3　安装工程概算单价计算方法

1. 实物量形式的安装单价

以实物量形式表现的安装单价，其计算方法及程序见表 5.63。

表 5.63　　　　　　　　　实物量形式的安装工程单价计算程序表

序号	项目	计算方法
（一）	直接费	(1)+(2)
(1)	基本直接费	①+②+③
①	人工费	∑定额劳动量（工时）×人工预算单价（元/工时）
②	材料费	∑定额材料用量×材料预算单价（或材料基价）
③	机械使用费	∑定额机械使用量（台时）×施工机械台时费（或台时费基价）（元/台时）
(2)	其他直接费	(1)×其他直接费费率之和
（二）	间接费	人工费×间接费费率
（三）	利润	[（一）+（二）]×利润率
（四）	材料补差	∑（材料预算价格－材料基价）×材料消耗量
（五）	未计价装置性材料费	∑未计价装置性材料用量×材料预算单价
（六）	税金	[（一）+（二）+（三）+（四）+（五）]×税率
（七）	安装工程单价合计	（一）+（二）+（三）+（四）+（五）+（六）

2. 费率形式的安装单价

以费率形式的安装单价，其计算方法及程序见表 5.64。

表 5.64　　　　　　　　　费率形式的安装工程单价计算程序表

序号	费用名称	计算方法
（一）	直接费	(1)+(2)
(1)	基本直接费	①+②+③+④
①	人工费	定额人工费（%）×人工费调整系数×设备原价
②	材料费	定额材料费（%）×设备原价
③	装置性材料费	定额装置性材料费（%）×设备原价
④	机械使用费	定额机械使用费（%）×设备原价
(2)	其他直接费	(1)×其他直接费费率之和（%）
（二）	间接费	人工费×间接费费率（%）
（三）	利润	[（一）+（二）]×利润率（%）
（四）	税金	[（一）+（二）+（三）]×税率（%）
（五）	安装工程单价合计	（一）+（二）+（三）+（四）

注　1. 按现行规定，利用以安装费费率形式给出的概算定额编制安装工程概算时，除人工费费率外，其他费率均不做调整。人工费调整系数等于工程所在地区安装人工工时预算单价除以定额主管部门编制定额当年发布的北京地区安装人工工时预算单价。

　　2. 进口设备安装费费率应按现行概算定额的费率予以调整，计算公式为

　　　　进口设备安装费费率=同类型国产设备安装费费率×国产设备原价/进口设备原价

　　3. 依据水总〔2016〕132 号文，以费率形式（%）表示的现行安装工程定额，其人工费费率不变，材料费费率除以 1.03 的调整系数，机械使用费费率除以 1.10 的调整系数，装置性材料费费率除以 1.17 的调整系数。计算基数不变，仍为含增值税的设备费。

3. 编制方法

安装工程单价的编制一般采用表格法，所用表格形式见表 5.65。

表 5.65 安 装 工 程 单 价 表

定额编号_____ 项目_____ 定额单位：

型号规格：

编号	名称及规格	单位	数量	单价/元	合计/元

5.10.4 安装工程单价计算示例

【例 5.14】 江西省某大型电站工程，起重设备安装中，桥式起重机自重 200t，主钩起吊力 280t，另有平衡梁自重 35t，发电电压装置采用电压 6.3kV，电缆含有全厂控制电缆。分别计算桥式起重机、控制电缆安装工程概算单价。

【解】

第一步：选用定额子目。

查 2002 年部颁《水利水电设备安装工程概算定额》第九章起重设备安装说明（P129）"如果设备起吊使用平衡梁时，按桥式起重机主钩起重能力加平衡梁重量之和选用定额子目，平衡梁不另计安装费"。

本例主钩起吊力 280t，另有平衡梁自重 35t，因此，桥式起重机安装选用定额编号 09013，定额见表 5.66。

表 5.66 桥 式 起 重 机 定额单位：台

项 目	单位	起 重 能 力/t				
		250	300	350	400	459
工 长	工时	434	511	584	654	724
高 级 工	工时	2231	2612	2981	3328	3680
中 级 工	工时	3851	4357	5202	5826	6459
初 级 工	工时	2109	2490	2859	3206	3558
合 计	工时	8625	9970	11626	13014	14421
钢 板	kg	465	547	628	710	795
型 钢	kg	745	875	1006	1136	1267
垫 铁	kg	233	273	314	355	396
电 焊 条	kg	61	72	83	94	104
氧 气	m³	61	72	83	94	104
乙 炔 气	m³	27	31	36	40	44
汽 油 70 号	kg	43	50	58	65	72
柴 油	kg	93	109	125	142	158
油 漆	kg	52	61	70	80	89
棉 纱 头	kg	74	88	101	113	126
木 材	m³	1.8	2.1	2.3	2.6	2.7
其他材料费	%	30	30	30	30	30

续表

项　目	单位	起　重　能　力/t				
		250	300	350	400	459
汽车起重机　20t	台时	43	51			
汽车起重机　30t	台时			59	65	81
门式起重机　10t	台时	89	105	121	135	151
卷　扬　机　5t	台时	293	349	400	447	498
电　焊　机　20~30kVA	台时	89	105	121	135	151
空气压缩机　9m³/min	台时	89	105	121	135	151
载重汽车　5t	台时	59	70	81	90	101
其他机械费	%	18	18	18	18	18
定额编号		09011	09012	09013	09014	09015

第二步：确定人工、材料、机械台时费单价。

（1）本水电站工程为枢纽工程，江西省为一般地区，人工预算单价：工长 11.55 元/工时，高级工 10.67 元/工时，中级工 8.90 元/工时，初级工 6.13 元/工时。

（2）经调查，材料预算价格（不含增值税进项税额）见表 5.67。

表 5.67　　　　　　　　　　　材　料　预　算　价　格

序号	材料名称及规格	单位	预算价/元	序号	材料名称及规格	单位	预算价/元
1	钢板	kg	3.60	14	裸铜线　10mm²	m	6.28
2	型钢	kg	3.26	15	镀锌螺栓　M10~12×75	套	45.00
3	垫铁	kg	2.69	16	封铅	kg	6.00
4	电焊条	kg	4.50	17	焊锡	kg	7.00
5	氧气	m³	5.00	18	塑料软管	kg	3.00
6	乙炔气	m³	13.00	19	塑料胀管　φ6~8	个	15.00
7	汽油　70 号	kg	7.00	20	铜接线端　DT-10	个	25.00
8	柴油	kg	6.30	21	电缆卡子	个	6.98
9	油漆	kg	16.06	22	电缆吊挂	套	26.00
10	棉纱头	kg	1.50	23	铜芯控制电缆	m	20.83
11	木材	m³	1800.00	24	电缆保护套管	kg	8.99
12	电	kW·h	1.00	25	铁构件	kg	7.00
13	水	m³	0.90				

（3）施工机械台时费计算，中级工 8.90 元/工时，见表 5.68。

第三步：根据工程性质（枢纽）、特点确定取费费率。

江西省属华东区，按［例 5.1］计算枢纽安装工程的其他直接费费率取 8.2%（上限），间接费费率取 75%，企业利润率为 7%，税金率 9%。

第四步：计算桥式起重机安装概算单价。

表 5.68　　　　　　　　　　　　施工机械台时费计算表

| 定额编号 | 名称及规格 | 定额数量 | | | | | | | 施工机械台时费 | | |
| | | 一类费用 | | | 二类费用 | | | | | | |
		折旧费/元	修理及替换设备费/元	安装拆卸费/元	人工/工时	柴油/kg	汽油/kg	电/(kW·h)	基价/元	价差/元	预算价/元
4093	汽车起重机　30t	84.82	45.80		2.7	14.7			185.06	106.35	291.41
4025	门式起重机　10t	102.67	33.87		3.9			90.8	247.44	0	
4143	卷扬机　5t	2.97	1.16	0.05	1.3			7.9	23.21	0	
9125	电焊机　30kVA	1.03	0.68	0.19				30.0	31.73		
8014	空气压缩机　9m³/min	5.53	8.83	1.39	2.4	17.1			86.87	123.72	210.59
3004	载重汽车　5t	7.77	10.86		1.3		7.2		50.55		50.55
4085	汽车起重机　5t	12.92	12.42		2.7		5.8		64.69	0	64.69

计算过程见表 5.69，注意：安装工程的间接费以"人工费"作为计算基数，桥式起重机安装工程概算单价为 358043.01 元/台。

表 5.69　　　　　　　　　　　　安装工程单价表

定额编号：09013　　　　　　　　桥式起重机安装　　　　　　　　定额单位：台

型号规格：桥式起重机自重 280t，平衡梁重 35t

编号	名称	单位	数量	单价/元	合价/元
一	直接费				218386.16
（一）	基本直接费				201835.64
1	人工费				102375.94
（1）	工长	工时	584	11.55	6745.20
（2）	高级工	工时	2981	10.67	31807.27
（3）	中级工	工时	5202	8.90	46297.80
（4）	初级工	工时	2859	6.13	17525.67
2	材料费				18525.94
（1）	钢板	kg	628	3.60	2260.80
（2）	型钢	kg	1006	3.26	3279.56
（3）	垫铁	kg	314	2.69	844.66
（4）	电焊条	kg	83	4.50	373.50
（5）	氧气	m³	83	5.00	415.00
（6）	乙炔气	m³	36	13.00	468.00
（7）	汽油　70 号	kg	58	7.00	406.00
（8）	柴油	kg	125	6.30	787.50
（9）	油漆	kg	70	16.06	1124.20

续表

编号	名称	单位	数量	单价/元	合价/元
(10)	棉纱头	kg	101	1.50	151.50
(11)	木材	m³	2.3	1800.00	4140.00
(12)	其他材料费	%	30	14250.72	4275.22
3	机械费				80933.76
(1)	汽车起重机 30t	台时	59	185.06	10918.54
(2)	门式起重机 10t	台时	121	247.44	29940.24
(3)	卷扬机 5t	台时	400	23.21	9284.00
(4)	电焊机 20～30kVA	台时	121	31.73	3839.33
(5)	空气压缩机 9m³/min	台时	121	86.87	10511.27
(6)	载重汽车 5t	台时	81	50.55	4094.55
(7)	其他机械费	%	18	68587.93	12345.83
(二)	其他直接费	%	8.2	201835.64	16550.52
二	间接费	%	75	102375.94	76781.96
三	企业利润	%	7	295168.12	20661.77
四	材料补差				12649.94
(1)	柴油	kg	3061.40	3.31	10133.23
(2)	汽油	kg	641.20	3.925	2516.71
五	税金	%	9	328479.83	29563.18
六	安装费单价合计				358043.01

注 柴油：125+14.7×59+17.1×121=3061.40（kg）；汽油：58+7.2×81=641.20（kg）。

第四步：计算控制电缆安装概算单价。

(1) 查 2002 年部颁《水利水电设备安装工程概算定额》，控制电缆选用定额编号 06011，见表 5.70。

表 5.70　　　　　　　　　　电 缆　　　　　　　　　　定额单位：1km

项 目	单位	控制电缆	电 力 电 缆	
			1kV 以下	10kV 以下
工 长	工时	38	73	82
高 级 工	工时	186	363	410
中 级 工	工时	309	605	683
初 级 工	工时	87	170	192
合 计	工时	620	1211	1367
裸 铜 线 10mm²	m	44	78	64
镀锌螺栓 M10～12×75	套	719	578	554
封 铅	kg	11	24	28
焊 锡	kg	9		
丁腈橡胶管 φ13、φ17	m		78	119

续表

项 目	单位	控制电缆	电 力 电 缆	
			1kV 以下	10kV 以下
塑料软管	kg	14		
塑料胀管 φ6～8	个	384	38	
黄漆布带 20×40m	卷		21	64
环氧树脂 610 号	kg		19	32
聚酰胺树脂 651 号	kg		11	16
铜接线端子 DT-10	个	49	29	
铝接线端子 ≤120mm²	个		214	124
电缆卡子	个	385	300	300
电缆吊挂	套	66	65	65
其他材料费	%	36	30	30
汽车起重机 5t	台时	2	4	4
电焊机 20～30kVA	台时	1	2	3
载重汽车 5t	台时	2	4	4
其他机械费	%	20	20	20
定额编号		06011	06012	06013

（2）根据《水利水电设备安装工程概算定额》第六章电气设备安装说明八、3 "电缆定额未包括电缆、电缆管等装置性材料用量"，查附录三附表 3 电缆装置性材料用量，见表 5.71。

表 5.71　　　　　　　　　　　电缆装置性材料用量　　　　　　　　定额单位：1km

项 目		电缆/m	电缆管/m	铁构件/kg
控制电缆		1015	96	380
电力电缆	≤1kV	1010	282	370
	≤10kV	1010	384	370

注　电缆管按镀锌钢管计算。

（3）计算控制电缆安装工程单价，计算过程见表 5.72。注意：未计价装置性材料（电缆、电缆管、铁构件）列在单价表中计算，控制电缆安装工程概算单价为 110763.49 元/km。

表 5.72　　　　　　　　　　　安 装 工 程 单 价 表
定额编号：06011　　　　　　　　控制电缆安装　　　　　　　　定额单位：1km

编号	名称	单位	数量	单价/元	合价/元
一	直接费				71542.73
（一）	基本直接费				66120.82
1	人工费				5706.93
（1）	工长	工时	38	11.55	438.90
（2）	高级工	工时	186	10.67	1984.62

编号	名称	单位	数量	单价/元	合价/元
(3)	中级工	工时	309	8.90	2750.10
(4)	初级工	工时	87	6.13	533.31
2	材料费				60099.24
(1)	裸铜线 10mm²	m	44	6.28	276.32
(2)	镀锌螺栓 M10~12×75	套	719	45.00	32355.00
(3)	封铅	kg	11	6.00	66.00
(4)	焊锡	kg	9	7.00	63.00
(5)	塑料软管	kg	14	3.00	42.00
(6)	塑料胀管 ϕ6~8	个	384	15.00	5760.00
(7)	铜接线端子 DT-10	个	49	25.00	1225.00
(8)	电缆卡子	个	385	6.98	2687.30
(9)	电缆吊挂	套	66	26.00	1716.00
(10)	其他材料费	%	36	44190.62	15908.62
3	机械费				314.65
(1)	汽车起重机 5t	台时	2	64.69	129.38
(2)	电焊机 20~30kVA	台时	1	31.73	31.73
(3)	载重汽车 5t	台时	2	50.55	101.10
(4)	其他机械费	%	20	262.21	52.44
(二)	其他直接费	%	8.2	66120.82	5421.91
二	间接费	%	75	5706.93	4280.20
三	企业利润	%	7	75822.93	5307.61
四	材料补差				102.05
(1)	汽油	kg	26	3.925	102.05
五	未计价装置性材料费				24665.49
(1)	控制电缆	m	1015	20.83	21142.45
(2)	电缆管	kg	96	8.99	863.04
(3)	铁构件	kg	380	7.00	2660.00
六	税金	%	9	101617.88	9145.61
七	安装费单价合计				110763.49

注 汽油：5.8×2+7.2×2＝26（kg）。

5.11 工 料 分 析

5.11.1 工料分析概述

工料分析就是对工程建设项目所需的人工及主要材料数量进行分析计算，进而统计出单位工程及分部分项工程所需的人工数量和主要材料用量。主要材料一般包括钢筋、钢材、木材、水泥、汽油、柴油、炸药、粉煤灰、沥青等，主要材料的品种应根据工程的具体特点进行取舍。

进行工料分析的主要目的是为施工企业调配劳动力、做好备料及组织材料供应、合理安排施工及进行工程成本核算提供依据。工料分析是工程概算的一项基本内容，也是施工组织设计中安排施工进度不可缺少的重要工作。

5.11.2　工料分析计算

工料分析计算就是按照概算项目内容中所列的工程数量乘以相应单价中所需的定额人工数量及定额材料用量，计算出每一工程项目所需的工时、材料用量，然后按照概算编制步骤逐级向上合并汇总。工时、材料计算表格见表 5.73。

表 5.73　　　　　　　　　　　　工时、材料计算表

序号	单价编号	工程项目名称	单位	工程数量	人工/工时		汽油/kg			柴油/kg			水泥/kg		木材/m³		钢筋/t		…	
					定额用工	合计	定额台时用量	台时用油	合计	定额台时用量	台时用油	合计	定额用量	合计	定额用量	合计	定额用量	合计	…	…

计算步骤及填写说明如下：

1. 填写工程项目及工程数量

按照概算项目分级顺序逐项填写表格中的工程项目名称及工程数量，对应填写所采用的单价编号。工程项目的填写范围为枢纽工程（主体建筑物）和施工导流工程。

2. 填写单位定额用工、材料用量

按照各工程项目对应的单价编号，查找该单价所需的单位定额用工数量及单位定额材料用量、单位定额机械台时用量，逐项填写。对于汽油、柴油用量计算，除填写单位定额机械台时用量外，还要填写不同施工机械的台时用油数量（查施工机械台时费定额）。计算单位定额用工数量时要注意，要考虑施工机械的用工数量，不能漏算。

3. 计算工时及材料数量

表 5.73 中的定额用量是指单位定额用量，工时用量及水泥、钢筋、木材、炸药等材料用量，按照单位定额工时、材料用量分别乘以本项工程数量即得本工程项目工时及材料合计数量；汽油、柴油材料用量，按照单位定额台时用量乘以台时耗油量，再乘以本项工程数量，即得本项汽油、柴油合计用量。

4. 合并汇总

按照上述第三项计算方法逐项计算，然后再逐项向上合并汇总，即得所需计算的工时、材料用量。

5. 填写汇总表

按照概算表格要求填写主体工程工时数量汇总表及主体工程主要材料用量汇总表。

思 考 题

1. 某干堤加固整治工程位于山西省大同市广灵县，土堤填筑设计工程量 17 万 m³，施工组织设计为：土料场覆盖层清除（Ⅱ类土）2 万 m³，用 88kW 推土机推运 30m，清除单价直接费为 2.50 元/m³，土料开采用 2m³ 挖掘机装Ⅲ类土，12t 自卸汽车运 6km 上堤进行土料填筑，土料压实用 74kW 推土机推平，8～12t 羊足碾压实，土料设计干密度 17kN/m³，天然干密度 14.5kN/m³。基本资料如下：

（1）人工预算单价（自行判别、查表）。

（2）机械台时费：根据水利部 2002 年《水利工程施工机械台时费定额》计算 2m³ 液压挖掘机，59kW、74kW、88kW、132kW 推土机，12t 自卸汽车，8～12t 羊足碾，74kW 拖拉机，2.8kW 蛙夯机，刨毛机的施工机械台时费（基价）。

计算该干堤加固整治工程土堤填筑综合概算单价。

2. 某枢纽工程位于四川省巴中市南江县，该工程的一般石方开挖采用风钻钻孔爆破施工，1m³ 液压挖掘机挖装石渣，8t 自卸汽车运 2.6km，岩石级别为Ⅺ级。基本资料如下：

（1）人工预算单价（自行判别、查表）。

（2）材料预算价格：合金钻头 50 元/个，炸药 8.50 元/kg，电雷管 1.20 元/个，导电线 0.5 元/m，柴油 6.30 元/kg，电 1.00 元/(kW·h)。

（3）机械台时费：查水利部 2002 年《水利工程施工机械台时费定额》自行计算。

计算该枢纽工程的石方开挖运输综合单价。

3. 某小型水闸工程位于合肥市太湖县某河道之上，其挡土墙采用 M10 浆砌块石施工，M10 砂浆的配合比为：32.5（R）普通水泥 305kg，砂 1.10m³，水 0.183m³。所有砂石料均需外购。基本资料如下：

（1）人工预算单价（自行判别、查表）。

（2）材料预算价格：32.5（R）普通水泥 350 元/t，块石 75 元/m³，砂 100 元/m³，施工用水 0.5 元/m³。

（3）机械台时费：砂浆搅拌机（0.4m³），胶轮车，查水利部 2002 年《水利工程施工机械台时费定额》自行计算。

计算该小型水闸工程 M10 浆砌石挡土墙单价。

4. 某水电站位于江西省赣州市大余县，其地下厂房混凝土衬砌厚度为 1.0m，厂房宽度为 22m，采用 42.5 普通水泥，水灰比为 0.44 的 C25 二级配泵用掺外加剂混凝土，用 2×1.5m³ 混凝土搅拌楼拌制，10t 自卸汽车露天运 500m、洞内运 1000m，转 30m³/h 混凝土泵入仓浇筑。基本资料如下：

（1）人工预算单价（自行查表）。

（2）材料预算价格：32.5 普通水泥 360 元/t，碎石 50 元/m³，粗砂 70 元/m³，外加剂 40 元/kg，水 0.9 元/m³。

（3）机械台时费：根据水利部 2002 年《水利工程施工机械台时费定额》计算，

30m³/h 混凝土泵，1.1kW 振动器，风水枪，10t 自卸汽车，2×1.5m³ 搅拌楼的台时费，骨料系统、水泥系统组时费。

计算该水电站混凝土浇筑综合工程单价。

5. 某引水工程位于湖北省巴东县，其排架单根立柱横断面面积为 0.2m²，采用 C25 混凝土浇筑。基础资料如下：

（1）人工预算单价（自行查表）。

（2）材料预算单价：C25 混凝土材料基价为 186.32 元/m³，价差为 74.66 元/m³。

（3）机械台时费：1.1kW 振动器台时费 3.88 元/台时，风水枪台时费 0.82 元/台时。

（4）混凝土拌制基本直接费：20.78 元/m³，混凝土的运输基本直接费：10.66 元/m³。

（5）所用定额见表 5.74。

计算该引水工程的排架混凝土浇筑单价。

表 5.74　　　　　　　　　　　　　拱　排　架

适用范围：渡槽、桥梁　　　　　　　　　　　　　　　　　　　　定额单位：100m³

项　　目	单位	拱		排　架		
		肋拱	板拱	单根立柱横断面面积/m²		
				0.2	0.3	0.4
工　　　长	工时	26.9	19.4	25.8	22.6	20.2
高　级　工	工时	80.6	58.2	77.5	67.9	60.7
中　级　工	工时	510.7	368.8	491.1	430.2	384.5
初　级　工	工时	277.7	200.6	267.1	234.0	209.1
合　　　计	工时	895.9	647.0	861.5	754.7	674.5
混　凝　土	m³	103	103	105	105	105
水	m³	122	122	187	167	127
其他材料费	%	3	3	3	3	3
振　动　器　1.1kW	台时	46.2	46.2	47.12	47.12	38.13
风　水　枪	台时	2.10	2.10	2.14	2.14	2.14
其他机械费	%	20	20	20	20	20
混凝土的拌制	m³	103	103	105	105	105
混凝土的运输	m³	103	103	105	105	105
编　　号		40078	40079	40080	40081	40082

第6章　施工临时工程及独立费用

【教学内容】

本章主要介绍施工临时工程和独立费用概算编制方法。编制施工临时工程概算时，施工导流工程必须采用单价法进行编制，其余部分可采用单价法、指标法、公式法或百分率法进行编制。编制独立费用的项目概算时，主要采用指标法和百分率法进行编制。

【教学要求】

熟悉施工临时工程项目的组成，掌握施工临时工程概算的编制方法。熟悉独立费用的费用构成，掌握独立费用概算的编制方法。

6.1　施工临时工程

6.1.1　施工临时工程概述

在水利水电基本建设工程项目的施工准备阶段和建设过程中，为保证永久建筑安装工程施工的顺利进行，按照施工进度的要求，需要修建一系列的临时性工程，不论这些工程结构如何，均视为临时工程。临时工程包括施工导流工程、施工交通工程、施工房屋建筑工程、施工场外供电工程以及其他施工临时工程。其他小型临时工程以其他直接费形式直接计入工程单价。

施工临时工程投资是水利水电建设项目投资的重要组成部分，一般占工程总投资的8%~17%。由于水利水电工程建设本身的特点，决定了临时工程规模大、项目多、投资高、各水利水电工程之间相差大。因此，对于施工临时工程必须按永久工程的概算编制方法，认真划分施工临时工程项目，编制好各工程单价和指标。所以按现行《水利水电工程项目划分》规定，把临时工程划分为一大部分。在编制概算时，应区别不同工程情况，根据施工组织设计确定的工程项目和工程量，分别采用工程量乘单价法、扩大单位指标法、公式法及百分率法认真编制。

6.1.2　施工临时工程项目组成

按现行《水利水电工程项目划分》规定，施工临时工程包括施工导流工程、施工交通工程、施工场外供电工程、施工房屋建筑工程、其他施工临时工程，共五个一级项目，构成水利水电工程项目划分的第四部分。

1. 施工导流工程

施工导流工程包括导流明渠工程、导流洞工程、土石围堰工程、混凝土围堰工程、蓄水期下游供水工程、金属结构设备及安装工程等。

2. 施工交通工程

施工交通工程是指为保证工程建设而临时修建的公路、铁路、桥梁、码头、施工支洞、架空索道、施工通航建筑、施工过木、通航整治及转运站等工程。但不包括列入施工房屋建筑工程室外工程项内的生活区道路和列其他临时工程项内的施工企业场内支线、路面宽 3m 以下的施工便道和铁路移设等工程。

3. 施工场外供电工程

施工场外供电工程是指从现有电网向施工现场供电的高压输电线路（枢纽工程：35kV 及以上等级；引水工程及河道工程：10kV 及以上等级）和施工变（配）电设施（场内除外）工程。

4. 施工房屋建筑工程

施工房屋建筑工程是指工程在建设过程中建造的临时房屋，包括施工仓库、办公生活及文化福利建筑以及所需的配套设施工程。施工仓库是指为施工而兴建的设备、材料、工器具等全部仓库建筑工程；办公生活及文化福利建筑是指施工单位、建设单位（包括监理单位）及设计代表在工程建设期所需的办公室、宿舍、现场托儿所、学校、食堂、浴池、俱乐部、招待所、公安、消防、银行、邮电、粮食、商业网点和其他文化福利设施等房屋建筑工程。

施工房屋建筑工程不包括列入临时设施和其他大型临时工程项目内的风、水、电、通信系统，砂石料系统，混凝土搅拌系统及浇筑系统，木工、钢筋机修等辅助加工厂，混凝土预制构件厂，混凝土制冷、供热系统，施工排水等生产用房。

5. 其他施工临时工程

其他施工临时工程是指除施工导流、施工交通、施工场外供电、施工房屋建筑、缆机平台以外的施工临时工程。主要包括施工供水（大型泵房及干管）、砂石料系统、混凝土拌和浇筑系统、大型机械安装拆卸、防汛、防冰、施工排水、施工通信、施工临时支护设施（含隧洞临时钢支撑）等工程。

6.1.3　施工临时工程概算编制

1. 施工导流工程

施工导流工程的投资计算方法与主体建筑工程概算编制方法相同，按设计工程量乘工程单价进行计算。

按照施工组织设计确定施工方法及施工程序，用相应的工程定额计算工程单价，概算表格与建筑工程相同，按项目划分规定填写具体的工程项目，对项目划分中的三级项目根据需要可进行必要的再划分。

2. 施工交通工程

施工交通工程的投资既可按工程量乘单价的方法进行计算，也可根据工程所在地区的造价指标或有关实际资料，采用扩大单位指标法进行计算。在编制概算时，由于受设计深度限制，常采用单位造价指标进行编制。

3. 施工场外供电工程

施工场外供电工程的投资按照施工组织设计确定的供电线路长度、电压等级及所需配备的变配电设施要求，采用工程所在地的造价指标或有关实际资料计算，或者根据经过主管部门批准的有关施工合同列入概算。

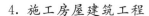

4. 施工房屋建筑工程

施工房屋建筑工程投资包括施工仓库和办公生活及文化福利建筑两部分投资。

（1）施工仓库。施工仓库的建筑面积由施工组织设计确定，单位造价指标根据当地办公生活及文化福利建筑的相应造价水平确定。施工仓库投资计算公式为

$$施工仓库投资 = 建筑面积(m^2) \times 单位造价指标(元/m^2) \qquad (6.1)$$

（2）办公生活及文化福利建筑。

1）水利水电枢纽工程和大型引水工程，按下列公式计算：

$$I = \frac{AUP}{NL} K_1 K_2 K_3 \qquad (6.2)$$

式中 I——办公生活及文化福利建筑工程投资；

　　　　A——建安工作量，按工程项目划分一至四部分建安工作量（不包括办公、生活及文化福利建筑和其他施工临时工程）之和乘以（1+其他施工临时工程百分率）计算；

　　　　U——人均建筑面积综合指标，按 $12 \sim 15 m^2/$ 人计算；

　　　　P——单位造价指标，按工程所在地类似永久房屋造价指标（元/m^2）计算；

　　　　N——施工年限，按施工组织设计确定的合理工期计算；

　　　　L——全员劳动生产率，按不低于 $80000 \sim 100000$ 元/（人·年）计算，施工机械化程度高取大值，反之取小值，采用掘进机为主的工程全员劳动生产率应适当提高；

　　　　K_1——施工高峰人数调整系数，取 1.10；

　　　　K_2——室外工程系数，取 $1.10 \sim 1.15$，地形条件差的可取大值，反之取小值；

　　　　K_3——单位造价指标调整系数，按不同施工年限，采用表 6.1 中的调整系数。

表 6.1　　　　　　　　　　　　　单位造价指标调整系数表

工期	2 年以内	2~3 年	3~5 年	5~8 年	8~11 年
系数	0.25	0.40	0.55	0.70	0.80

2）引水工程按一至四部分建安工作量的百分率计算，见表 6.2。

表 6.2　　　　　　　　　　引水工程施工房屋建筑工程费率表

工　期	百分率	工　期	百分率
≤3 年	1.5%~2.0%	>3 年	1.0%~1.5%

注　　1. 一般引水工程取中上限，大型引水工程取下限。
　　　　2. 掘进机施工隧洞工程按表中费率乘 0.5 调整系数。

3）河道工程按一至四部分建安工作量的百分率计算，见表 6.3。

表 6.3　　　　　　　　　　河道工程施工房屋建筑工程费率表

工　期	百分率	工　期	百分率
≤3 年	1.5%~2.0%	>3 年	1.0%~1.5%

5. 其他施工临时工程

按工程一至四部分建安工作量（不包括其他施工临时工程）之和的百分率计算。

（1）枢纽工程为 3.0%～4.0%。

（2）引水工程为 2.5%～3.0%。一般引水工程取下限，隧洞、渡槽等大型建筑物较多的引水工程、施工条件复杂的引水工程取上限。

（3）河道工程为 0.5%～1.5%。灌溉田间工程取下限，建筑物较多、施工排水量大或施工条件复杂的河道工程取上限。

6.2　独　立　费　用

水利建设工程独立费用是指按照基本建设工程投资统计包括范围的规定，应在投资中支付并列入建设项目概算或单项工程综合概算内，与工程直接有关而又难以直接摊入某个单位工程的其他工程和费用。独立费用由建设管理费、工程建设监理费、联合试运转费、生产准备费、科研勘测设计费和其他六个部分内容组成。

6.2.1　建设管理费

1. 枢纽工程

枢纽工程建设管理费以一至四部分建安工作量为计算基数，按表 6.4 所列费率，以超额累进方法计算。

表 6.4　　　　　　　　枢纽工程建设管理费费率表

一至四部分建安工作量/万元	费率/%	辅助参数/万元
50000 及以内	4.5	0
50000～100000	3.5	500
100000～200000	2.5	1500
200000～500000	1.8	2900
500000 以上	0.6	8900

简化计算公式为：一至四部分建安工作量×该档费率＋辅助参数（下同）。

2. 引水工程

引水工程建设管理费以一至四部分建安工作量为计算基数，按表 6.5 所列费率，以超额累进方法计算。原则上应按整体工程投资统一计算，工程规模较大时可分段计算。

表 6.5　　　　　　　　引水工程建设管理费费率表

一至四部分建安工作量/万元	费率/%	辅助参数/万元
50000 及以内	4.2	0
50000～100000	3.1	550
100000～200000	2.2	1450
200000～500000	1.6	2650
500000 以上	0.5	8150

3. 河道工程

河道工程建设管理费以一至四部分建安工作量为计算基数，按表 6.6 所列费率，以超额累进方法计算。原则上应按整体工程投资统一计算，工程规模较大时可分段计算。

表 6.6 河道工程建设管理费费率表

一至四部分建安工作量/万元	费率/%	辅助参数/万元
10000 及以内	3.5	0
10000～50000	2.4	110
50000～100000	1.7	460
100000～200000	0.9	1260
200000～500000	0.4	2260
500000 以上	0.2	3260

6.2.2 工程建设监理费

按照国家发展改革委颁发的《建设工程监理与相关服务收费管理规定》（发改价格〔2007〕670号）及其他相关规定执行。

6.2.3 联合试运转费

联合试运转费用指标见表 6.7。

表 6.7 联合试运转费用指标表

水电站工程	单机容量/万 kW	≤1	≤2	≤3	≤4	≤5	≤6	≤10	≤20	≤30	≤40	>40
	费用/(万元/台)	6	8	10	12	14	16	18	22	24	32	44
泵站工程	电力泵站/(元/kW)	50～60										

6.2.4 生产准备费

1. 生产及管理单位提前进厂费

（1）枢纽工程按一至四部分建安工程量的 0.15%～0.35%计算，大（1）型工程取小值，大（2）型工程取大值。

（2）引水工程视工程规模参照枢纽工程计算。

（3）河道工程、除险加固工程、田间工程原则上不计此项费用。若工程含有新建大型泵站、泄洪闸、船闸等建筑物时，按建筑物投资参照枢纽工程计算。

2. 生产职工培训费

按一至四部分建安工作量的 0.35%～0.55%计算。枢纽工程、引水工程取中上限，河道工程取下限。

3. 管理用具购置费

（1）枢纽工程按一至四部分建安工作量的 0.04%～0.06%计算，大（1）型工程取小值，大（2）型工程取大值。

（2）引水工程按建安工作量的 0.03%计算。

（3）河道工程按建安工作量的 0.02%计算。

4. 备品备件购置费

按占设备费的 0.4%～0.6%计算，大（1）型工程取下限，其他工程取中、上限。

注：

（1）设备费应包括机电设备、金属结构设备以及运杂费等全部设备费。

（2）电站、泵站同容量、同型号机组超过一台时，只计算一台的设备费。

5．工器具及生产家具购置费

按占设备费的 0.1%～0.2% 计算，枢纽工程取下限，其他工程取中、上限。

6.2.5　科研勘测设计费

1．工程科学研究试验费

按工程建安工作量的百分率计算。其中：枢纽和引水工程取 0.7%；河道工程取 0.3%。

灌溉田间工程一般不计此项费用。

2．工程勘测设计费

项目建议书、可行性研究阶段的勘测设计费及报告编制费：执行国家发展改革委颁布的《水利、水电工程建设项目前期工作工程勘察收费标准》（发改价格〔2006〕1352 号）和原国家计委颁布的《建设项目前期工作咨询收费暂行规定》（计价格〔1999〕1283 号）。

初步设计、招标设计及施工图设计阶段的勘测设计费：执行原国家计委、建设部颁布的《工程勘察设计收费标准》（计价格〔2002〕10 号）。

应根据所完成的相应勘测设计工作阶段确定工程勘测设计费，未发生的工作阶段不计相应阶段勘测设计费。

6.2.6　其他

1．工程保险费

按工程一至四部分投资合计的 4.5‰～5.0‰ 计算，田间工程原则上不计此项费用。

2．其他税费

按国家有关规定计取。

思　考　题

1．按现行《水利水电工程项目划分》规定，施工临时工程主要包括哪几部分？

2．独立费用由哪几部分内容组成？

3．引水工程的管理用具购置费按建安工作量的百分比计取吗？

4．根据《水利工程设计概（估）算编制规定》，工程保险费属于独立费用吗？

第7章 设 计 总 概 算

【教学内容】

水利水电工程设计总概算编制依据及内容，环境保护工程概算，水土保持工程概算，工程总概算编制。

【教学要求】

熟悉设计总概算编制依据及内容，掌握工程总概算的编制过程。

7.1 设计概算编制依据及基本程序

7.1.1 编制依据

（1）国家及省（自治区、直辖市）颁发的有关法令法规、制度、规程。

（2）水利部发布的《水利工程设计概（估）算编制规定》。

（3）设计概算编制的有关文件和标准。

（4）水利行业主管部门颁发的概算定额和有关行业主管部门颁发的定额。

（5）水利水电工程设计工程量计算规定。

（6）初步设计文件及图纸。

（7）关于税务、交通运输、基建、建筑材料等各项资料。

（8）工程施工组织设计。

（9）有关合同协议及资金筹措方案。

（10）其他。

7.1.2 总概算编制的基本程序

水利工程概算由两部分构成，第一部分为工程部分概算，由建筑工程概算、机电设备及安装工程概算、金属结构设备及安装工程概算、施工临时工程概算和独立费用概算 5 项组成。第二部分为移民和环境部分概算，由水库移民征地补偿、水土保持工程概算和环境保护工程概算 3 项组成，其概算编制执行《水利工程建设征地移民补偿投资概（估）算编制规定》《水利工程环境保护概（估）算编制规定》和《水土保持工程环境保护概（估）算编制规定》。以下主要介绍工程部分总概算的编制。

总概算编制的一般程序如下：

（1）编制的准备工作。编制概算前要熟悉上一阶段设计文件和本阶段设计成果。深入实地进行踏勘，了解工程和工地现场情况、砂砾料与天然建筑材料料场开采运输条件、场内外交通运输条件等情况。搜集人工工资、运杂费、供电价格、设备价格等各项基础资料；整理工程设计图纸、初步设计报告、枢纽布置、工程地质、水文地质、水文气象等资料。并且注意新技术、新工艺、新定额资料的搜集与分析。

向上级主管部门、工程所在地有关部门收集税务、交通运输、基建、建筑材料等各项资料；现行水利水电概预算定额和有关水利水电工程设计概预算费用构成及计算标准；各种有关的合同、协议、决定、指令、工具书等。

（2）进行工程项目划分，详细列出各级项目内容。

（3）根据有关规定和施工组织设计，编制基础单价和工程单价。基础单价是编制工程单价时计算人工费、材料费和机械使用费所必需的最基本的价格资料，水利水电工程概预算基础单价有：人工预算单价、材料预算价格和施工机械台时费，水、电、风、砂、石单价等。

（4）按分项工程计算工程量。按照设计图纸和工程量计算的有关规定，计算并列出工程量清单。要对工程量进行检查和复核，以确保工程量计算的准确性。

（5）利用（3）、（4）的结果，计算各分项概算表及总概算表。按照造价的计算种类，根据基础单价和相应的工程量，计算分部分项工程概算价格，汇总分部分项工程概算以及其他费用，计算出工程总概算。

（6）进行复核，编制说明，整理成果。

7.1.3　总概算文件的构成

1. 编制说明

（1）工程概况。流域，河系，兴建地点，工程规模，工程效益，工程布置型式，主体建筑工程量，主要材料用量，施工总工期等。

（2）投资主要指标。工程总投资和静态总投资，年度价格指数，基本预备费率，建设期融资额度、利率和利息等。

（3）编制原则和依据。

1）概算编制原则和依据。

2）人工预算单价，主要材料，施工用电、水、风以及砂石料等基础单价的计算依据。

3）主要设备价格的编制依据。

4）建筑安装工程定额、施工机械台时费定额和有关指标的采用依据。

5）费用计算标准及依据。

6）工程资金筹措方案。

（4）概算编制中其他应说明的问题。

（5）主要技术经济指标表。主要技术经济指标表根据工程特性表编制，反应工程主要技术经济指标。

2. 工程概算总表

工程概算总表应汇总工程部分、建设征地移民补偿、环境保护工程、水土保持工程总概算表。

3. 工程部分概算表和概算附表

（1）概算表。

1）工程部分总概算表。

2）建筑工程概算表。

3）机电设备及安装工程概算表。

4）金属结构设备及安装工程概算表。

5）施工临时工程概算表。

6）独立费用概算表。

7）分年度投资表。

8）资金流量表（枢纽工程）。

（2）概算附表。

1）建筑工程单价汇总表。

2）安装工程单价汇总表。

3）主要材料预算价格汇总表。

4）次要材料预算价格汇总表。

5）施工机械台时费汇总表。

6）主要工程量汇总表。

7）主要材料量汇总表。

8）工时数量汇总表。

4. 概算附件组成内容

（1）人工预算单价计算表。

（2）主要材料运输费用计算表。

（3）主要材料预算价格计算表。

（4）施工用电价格计算书。

（5）施工用水价格计算书。

（6）施工用风价格计算书。

（7）补充定额计算书（附计算说明）。

（8）补充施工机械台时费计算书（附计算说明）。

（9）砂石料单价计算书（附计算说明）。

（10）混凝土材料单价计算表。

（11）建筑工程单价表。

（12）安装工程单价表。

（13）主要设备运杂费率计算书（附计算说明）。

（14）临时房屋建筑工程投资计算书（附计算说明）。

（15）独立费用计算书（勘测设计费可另附计算书）。

（16）分年度投资表。

（17）资金流量计算表。

（18）价差预备费计算表。

（19）建设期融资利息计算书（附计算说明）。

（20）计算人工、材料、设备预算价格和费用依据的有关文件、询价报价资料及其他。

以上概算表格格式见附录2。

5. 投资对比分析报告

应从价格变动、项目及工程量调整、国家政策性变化等方面进行详细分析，说明初步设计阶段与可行性研究阶段（或可行性研究报告阶段与项目建议书阶段）相比较的投资变化原因和结论，编写投资对比分析报告。工程部分报告应包括总投资对比表、主要工程量对比表、主要材料和设备价格对比表、其他相关表格。

投资对比分析报告应汇总工程部分、建设征地移民补偿、环境保护、水土保持各部分对比分析内容。设计概算报告（正件）、投资对比分析报告可单独成册，也可作为初步设计报告（设计概算章节）的相关内容。设计概算附件宜单独成册，并应随初步设计文件报审。

7.2 建设征地移民补偿概算

7.2.1 编制依据、原则及基本资料

1. 编制依据

（1）国家有关法律、法规。主要包括《中华人民共和国水法》《中华人民共和国土地管理法》《中华人民共和国森林法》《中华人民共和国草原法》《中华人民共和国文物保护法》和《大中型水利水电工程建设征地补偿和移民安置条例》等。

（2）各省（自治区、直辖市）颁布的《中华人民共和国土地管理法实施办法》等有关规定。

（3）《水利水电工程建设征地移民安置规划设计规范》（SL 290—2009）。

（4）行业标准及有关部委的其他有关规定。

（5）有关征地移民实物调查和移民安置规划等设计成果。

（6）有关协议和承诺文件。

2. 编制原则

（1）建设征地移民补偿补助标准必须执行国家及省（自治区、直辖市）的有关法律法规。国家有明确规定的执行国家规定，国家无规定的可执行省（自治区、直辖市）有关规定。

（2）建设征地移民补偿投资概（估）算采用的价格水平应与枢纽工程相同。

（3）建设征地移民涉及的不同专业工程项目单价，应采用相关专业的概（估）算编制办法、标准和定额计算或采用类比综合单位指标；征用耕地单价采用相关省（自治区、直辖市）人民政府的规定，没有规定的，应按耕地复垦设计成果确定。

（4）建设征地移民补偿投资概算必须以征地移民实物调查成果和移民安置规划设计成果为基础。

（5）建设征地移民涉及的农村、城（集）镇基础设施建设、工业企业处理和专业项目处理以及防护工程建设，应按照原规模、原标准或者恢复原功能的原则计列补偿投资。凡结合迁建或防护需要提高标准、扩大规模而增加的投资，不列入建设征地移民补偿投资。对不需要或难以恢复或改建的工业企业和专业项目，可给予合理的补偿。

（6）有关部门利用水库水域发展兴利事业所需投资，应按"谁投资、谁受益"的原则，由有关部门自行承担，不列入建设征地移民补偿投资。

（7）单位或者个人使用未确定使用权的国有土地，原则上不予补偿。

（8）各设计阶段征地移民补偿投资概（估）算的编制工作，应由编制征地移民安置规划的设计单位负责。凡委托有关专业设计单位承担的规划设计和编制的补偿投资（包括资产评估成果），均应由编制移民安置规划的设计单位进行审核后，再纳入征地移民补偿总投资。

3. 基本资料

（1）涉及县（市）近三年的统计资料、乡级统计报表、农调队调查成果，各类耕地的耕作制度、农作物种植结构及单位面积的主、副产品产量。

（2）涉及县（市）及其以上政府价格主管部门发布的农、林、牧、副、渔主产品及副产品收购价格，建设主管部门公布的各类人工工资、交通运输、能源、主要建筑材料等基础价格资料。

（3）国家有关行业标准、规定、概预算编制办法、定额和造价管理资料。

（4）地方政府颁布的有关建设征地拆迁补偿的法规和概预算编制办法、定额和造价管理资料。

（5）涉及省（自治区、直辖市）已建、在建水利水电工程征地移民的补偿标准、单价等方面资料。

（6）有关建设征地移民实物调查和移民安置规划等设计成果。

（7）工程施工总进度计划，移民实施进度总计划与年度计划。

（8）有关协议和承诺文件。

7.2.2 项目组成

建设征地移民补偿投资概算应包括农村部分、城（集）镇部分、工业企业、专业项目、防护工程、库底清理、其他费用以及预备费和有关税费。

1. 农村部分

农村部分包括征地补偿补助、房屋及附属建筑物补偿等 10 项内容。

（1）征地补偿补助，包括征收土地补偿和安置补助、征用土地补偿、林地园地林木补偿、征用土地复垦、耕地青苗补偿等。

（2）房屋及附属建筑物补偿，包括房屋补偿、房屋装修补助、附属建筑物补偿。

（3）居民点新址征地及基础设施建设，包括新址征地补偿和基础设施建设。

1）新址征地补偿包括征收土地补偿和安置补助、青苗补偿、地上附着物补偿等。

2）基础设施建设包括场地平整和新址防护，居民点内道路、供水、排水、供电、电信、广播电视等。

（4）农副业设施补偿，包括行政村、村民小组或农民家庭兴办的榨油坊、砖瓦窑、采石场、米面加工厂、农机具维修厂、酒坊、豆腐坊等项目。

（5）小型水利水电设施补偿，包括水库、山塘、引水坝、机井、渠道、水轮泵站和抽水机站，以及配套的输电线路等项目。

（6）农村工商企业补偿，包括房屋及附属建筑物、搬迁补助、生产设施、生产设备停产损失、零星林（果）木等项目。

（7）文化、教育、医疗卫生等单位迁建补偿，包括房屋及附属建筑物、搬迁补助、设备、设施、学校和医疗卫生单位增容补助、零星林（果）木等项目。

（8）搬迁补助，包括移民及其个人或集体的物资，在搬迁时的车船运输、途中食宿、物资运输、搬迁保险、物资损失补助、误工补助和临时住房补贴等。

（9）其他补偿补助，包括移民个人所有的零星林（果）木补偿、鱼塘设施补偿、坟墓补偿、贫困移民建房补助等。

（10）过渡期补助，包括移民生产生活恢复期间的补助。

2. 城（集）镇部分

城（集）镇部分包括房屋及附属建筑物补偿、新址征地及基础设施建设等 6 项内容。

（1）房屋及附属建筑物补偿，包括移民个人的房屋补偿、房屋装修补助、附属建筑物补偿等项目。

（2）新址征地及基础设施建设，包括新址征地补偿和基础设施建设。

1）新址征地补偿包括土地补偿补助、房屋及附属建筑物补偿、农副业设施补偿、小型水利水电设施补偿、搬迁补助、过渡期补助、其他补偿补助等项目。

2）基础设施建设包括新址场地平整及防护工程、道路广场、给水、排水、供电、电信、广播电视、燃气、供热、环卫、园林绿化、其他项目等。

（3）搬迁补助，包括搬迁时的车船运输、途中食宿、物资搬运、搬迁保险、物资损失补助、误工补助和临时住房补贴等。

（4）工商企业补偿，包括房屋及附属建筑物补偿、搬迁补助、设施补偿、设备搬迁补偿、停产（业）损失、零星林（果）木补偿等。

（5）机关事业单位迁建补偿，包括房屋及附属建筑物补偿、搬迁补助、设施补偿、设备搬迁补偿、零星林（果）木补偿等。

（6）其他补偿补助，包括移民个人所有的零星林（果）木补偿、贫困移民建房补助等。

3. 工业企业

工业企业迁建补偿包括用地补偿和场地平整、房屋及附属建筑物补偿等 7 项内容。

（1）用地补偿和场地平整，包括用地补偿补助、场地平整等。

（2）房屋及附属建筑物补偿，包括办公及生活用房、附属建筑物、生产用房等。

（3）基础设施和生产设施，基础设施包括供水、排水、供电、电信、照明、广播电视、各种道路以及绿化设施等项目；生产设施包括各种井巷工程及池、窑、炉座、机座、烟囱等项目。

（4）设备搬迁补偿，包括不可搬迁设备补偿和可搬迁设备搬迁运输。

（5）搬迁补助，包括人员搬迁和流动资产搬迁等。

（6）停产损失，包括职工工资、福利费、管理费、利润等。

（7）零星林（果）木补偿。

4. 专业项目

专业项目恢复改建补偿包括铁路工程、公路工程等 11 项内容。

（1）铁路工程改（复）建，包括站场、线路和其他等。

（2）公路工程改（复）建，包括等级公路、桥梁、汽渡等。

（3）库周交通工程，包括机耕路、人行道、人行渡口、农村码头等。

（4）航运工程，包括港口、码头、航道设施等。

（5）输变电工程改（复）建，包括输电线路和变电设施。

（6）电信工程改（复）建。包括线路、基站及附属设施。

（7）广播电视工程改（复）建，包括有线广播、有线电视线路，接收站（塔）、转播站（塔）等设施设备。

（8）水利水电工程，包括水电站、泵站、水库、渠（管）道等。

（9）国有农（林、牧、渔）场补偿，包括征地补偿补助、房屋及附属建筑物补偿、居民点新址征地及基础设施建设、农副业设施、小型水利水电设施、搬迁补助、其他补偿补助等。

（10）文物古迹，包括地面文物和地下文物。

（11）其他项目，包括水文站、气象站、军事设施、测量设施及标志等。

5. 防护工程

防护工程包括建筑工程、机电设备及安装工程、金属结构设备及安装工程、临时工程、独立费用和基本预备费。

（1）建筑工程，包括主体建筑、交通、房屋建筑、外部供电线路、其他建筑等。

（2）机电设备及安装工程，包括泵站设备及安装、公用设备及安装等。

（3）金属结构设备及安装工程，包括闸门、启闭机、压力钢管、其他金属结构等。

（4）临时工程，包括施工导流、施工交通、施工场外供电、施工房屋建筑和其他施工临时工程。

（5）独立费用，包括建设管理费、生产准备费、科研勘测设计费、建设及施工场地征用费和其他。

（6）基本预备费，包括防护工程建设中不可预见的费用。

6. 库底清理

库底清理包括建（构）筑物清理、林木清理等 5 项内容。

（1）建（构）筑物清理，包括建筑物清理和构筑物清理。

（2）林木清理，包括林地砍伐清理、园地清理、迹地清理和零星树木清理。

（3）易漂浮物清理，包括建（构）筑物清理后废弃的木质门窗、木檩椽、木质杆材、油毡、塑料等清理和林木砍伐后残余的枝丫、枯木及田间、农舍旁堆置的秸秆清理等。

（4）卫生清理，包括一般污染源清理、传染性污染源清理、生物类污染源清理和检测工作等。

（5）固体废物清理，包括生活垃圾清理、工业固体废物清理、危险废物清理和检测工作等。

7. 其他费用

其他费用包括前期工作费、综合勘测设计科研费、实施管理费、实施机构开办费、技术培训费、监督评估费等。

8. 预备费

预备费包括基本预备费和价差预备费。

9. 有关税费

包括与征地有关的国家规定的税费，如耕地占用税、耕地开垦费、森林植被恢复费和草原植被恢复费等。

7.2.3 费用构成

建设征地移民安置补偿费用由补偿补助费、工程建设费、其他费用、预备费、有关税费等构成。

1. 补偿补助费

补偿补助费包括征收土地补偿和安置补助费、征用土地补偿费、房屋及附属建筑物补偿费、房屋装修补助费、青苗补偿费、林地与园地的林木补偿费、零星林（果）木补偿费、鱼塘设施补偿费、农副业设施补偿费、小型水利水电设施补偿费、工商企业设施设备补偿费、文化教育和医疗卫生等单位设施设备补偿费、行政事业等单位设备设施补偿费、工业企业设施设备补偿费、停产损失、搬迁补助费、坟墓补偿费等，此外，还有贫困移民建房补助、文教卫生增容补助和过渡期补助等费用。

2. 工程建设费

工程建设费包括基础设施工程、专业项目、防护工程和库底清理等项目的建筑工程费、机电设备及安装工程费、金属结构设备及安装工程费、临时工程费等，按项目类型和规模，根据相应行业和地区的有关规定计列费用。

3. 其他费用

其他费用包括前期工作费、综合勘测设计科研费等 6 项费用。

（1）前期工作费。在水利工程项目建议书阶段和可行性研究报告阶段开展建设征地移民安置前期工作所发生的各种费用。主要包括前期勘测设计、移民安置规划大纲编制、移民安置规划配合工作所发生的费用。

（2）综合勘测设计科研费。为初步设计和技施设计阶段征地移民设计工作所需要的综合勘测设计科研费用，主要包括两阶段设计单位承担的实物复核，农村、城（集）镇、工业企业及专业项目处理综合勘测规划设计发生的费用和地方政府必要的配合费用。

（3）实施管理费，包括地方政府实施管理费和建设单位实施管理费。

（4）实施机构开办费，指征地移民实施机构为开展工作所必须购置的办公及生活设施、交通工具等，以及其他用于开办工作的费用。

（5）技术培训费，指用于农村移民生产技能、移民干部管理水平的培训所发生的费用。

（6）监督评估费，指实施移民监督评估所需费用。

4．预备费

预备费包括基本预备费和价差预备费两项费用。

（1）基本预备费主要是指在建设征地移民安置设计及补偿费用概（估）算内难以预料的项目费用，费用内容包括：经批准的设计变更增加的费用，一般自然灾害造成的损失，预防自然灾害所采取的措施费用，以及其他难以预料的项目费用。

（2）价差预备费是指建设项目在建设期间，由于人工工资、材料和设备价格上涨以及费用标准调整而增加的投资。

5．有关税费

有关税费包括耕地占用税、耕地开垦费、森林植被恢复费、草原植被恢复费等。

（1）耕地占用税是指根据《中华人民共和国耕地占用税暂行条例》，按各省（自治区、直辖市）的有关规定，对占用种植农作物的土地从事非农业建设需纳的耕地占用税。

（2）耕地开垦费是指根据《中华人民共和国土地管理法》的规定，按照"占多少、垦多少"的原则，由占用耕地的单位负责开垦与所占用耕地的数量和质量相当的耕地，对没条件开垦或开垦不符合要求的，应当按各省（自治区、直辖市）的有关规定缴纳耕地开垦费。

（3）森林植被恢复费是指根据《中华人民共和国森林法》第十八条规定，进行工程勘查、开采矿藏和各项工程建设，应当不占或少占林地，必须占用或者征收征用林地的，用地单位应依照有关规定缴纳森林植被恢复费。

（4）草原植被恢复费是指根据《中华人民共和国草原法》第三十九条规定，因工程建设征收、征用或者使用草原的，应当缴纳草原植被恢复费。

6．概算表

建设征地移民补偿投资总概算表见表7.1。

表 7.1　　　　　　　　　　建设征地移民补偿投资总概算表

序号	项　目	投资/万元	比重/%	备注
1	农村移民安置补偿费			
2	城（集）镇迁建补偿费			
3	工业企业迁建补偿费			
4	专业项目恢复改建补偿费			
5	防护工程费			
6	库底清理费			
	1～6项小计			
7	其他费用			
8	预备费			
	其中：基本预备费			
	价差预备费			
9	有关税费			
10	总投资			

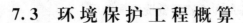

7.3 环境保护工程概算

7.3.1 编制原则、编制依据

1. 编制原则

（1）水利水电工程环境影响报告书和环境保护设计确定的环境保护措施的投资应列入工程的环境保护投资。

（2）对属于《水利工程设计概（估）算编制规定》项目划分中的工程部分、同时具有环境保护功能的项目，其投资应列入工程部分，不应重复计列。

（3）对于超出现有标准的环境保护概算特殊项目，可根据水利水电工程特点按照有关行业主管部门颁发的定额和规定计算。

2. 编制依据

（1）国家及行业主管部门和省（自治区、直辖市）主管部门发布的有关法律、法规及技术标准。

（2）《水利水电工程环境保护概（估）算编制规程》。

（3）《水利工程设计概（估）算编制规定》和《水土保持工程概（估）算编制规定》，有关行业主管部门颁发的定额。

（4）初步设计阶段环境保护设计文件及图纸。

（5）有关合同协议及资金筹措方案。

7.3.2 项目组成

环境保护工程概算由环境保护措施、环境监测措施、环境保护仪器设备及安装、环境保护临时措施、环境保护独立费用、环境保护预备费和建设期贷款利息 7 部分组成。

1. 环境保护措施

环境保护措施包括防止、减免或减缓工程对环境不利影响和满足工程环境功能要求而兴建的环境保护措施，主要有水环境（水质、水温）保护、土壤环境保护等 10 项内容。

（1）水质保护包括为防止、减免或减缓水利水电工程建设造成的河流水域功能降低等所采取的保护措施，以及为满足供水水质要求所采取的保护措施。主要有污水处理工程水源地防护与生态恢复等。

（2）水温恢复包括为防止、减免或减缓水利水电工程建设引起的河流水温变化对工农业用水及生态造成的影响所采取的措施。主要有分层取水工程、引水渠、增温池等。

（3）土壤环境保护包括为防止、减免或减缓水利水电工程建设引起的土壤次生潜育化、次生盐碱化、沼泽化、土地沙化等所采取的保护措施。主要有防渗截渗工程、排水工程、防护林等。

（4）陆生植物保护包括为防止、减免或减缓水利水电工程建设造成的陆生植物种群及生境破坏、珍稀及濒危植物受到淹没或生境破坏所采取的保护措施。主要有就地防护、迁地移栽、引种栽培等。

（5）陆生动物保护包括为防止、减免或减缓水利水电工程建设对陆生动物种群、珍稀濒危野生动物种群及生境的影响所采取的保护措施。主要有建立迁徙通道、保护水源、围栏、养殖等。

（6）水生生物保护包括为防止、减免或减缓兴建水利水电工程造成河流、湖泊等水生生物生境变化，对珍稀、濒危以及有重要经济、学术研究价值的水生生物的索饵场、产卵场、越冬场及洄游通道产生不利影响所采取的保护措施。主要有栖息地保护、过鱼设施、鱼类增殖站及人工放流、产卵池、孵化池、放养池等。

（7）景观保护及绿化包括为防止、减免或减缓兴建水利水电工程对风景名胜造成影响以及为美化环境所采取的保护及绿化措施。主要有植树、种草等。

（8）人群健康保护包括为防止水利水电工程建设引起的自然疫源性疾病、介水传染病、地方病等所采取的保护措施。主要有疫源地控制、防疫、检疫、传染媒介控制等。

（9）生态需水保障措施包括为保证水利水电工程下游河道的生态需水量而采取的工程和管理措施。主要有放水设施、拦水堰等。

（10）其他环境保护措施包括为防止、减免或减缓水利水电工程造成下游河道或水位降低，影响工程下游的水利、交通等设施的运行采取的工程保护措施和补偿措施，移民安置环境保护措施等。

2. 环境监测措施

施工期环境监测措施包括水质监测、大气监测、噪声监测、卫生防疫监测、生态监测等。

运行期环境监测措施包括监测站（点）等环境监测设施，不包括环境监测费用。

3. 环境保护仪器设备及安装

环境保护仪器设备及安装包括为了保护环境和开展监测工作所需的仪器设备及安装。主要有环境保护设备、环境监测仪器设备。

（1）环境保护设备包括污水处理、噪声防治、粉尘防治、垃圾收集处理及卫生防疫等设备。

（2）环境监测仪器设备包括水环境监测、大气监测、噪声监测、卫生防疫监测、生态监测等仪器设备。

4. 环境保护临时措施

环境保护临时措施指工程施工过程中为保护施工区及其周围环境和人群健康所采取的临时措施。环境保护临时措施分为废（污）水处理、噪声防治、固体废物处置、环境空气质量控制、人群健康保护等临时措施。

5. 环境保护独立费用

环境保护独立费用包括建设管理费、环境监理费、科研勘测设计咨询费和工程质量监督费等。其中，建设管理费分为环境管理经常费、环境保护设施竣工验收费、环境保护宣传及技术培训费；科研勘测设计咨询费分为科学研究试验费、环境影响评价费、勘测设计费和技术咨询费等。

7.3.3 费用构成

环境保护概算费用包括工程措施费、非工程措施费、独立费用、预备费、建设期融资利息。

1. 工程措施费

工程措施费包括建筑工程费、植物工程费、仪器设备及安装费。

（1）建筑工程费和植物工程费。建筑工程费和植物工程费由直接工程费、间接费、利润、税金组成。

直接工程费是指工程施工过程中直接消耗在工程项目上的活劳动和物化劳动的费用。间接费包括承包商为工程施工而进行组织与经营管理所发生的企业管理费、财务费用和其他费用。利润包括按规定计入工程费中的利润。税金包括国家对承包商承担建筑工程、植物工程等作业收入所征收的营业税、城市维护建设税和教育费附加。

（2）仪器设备及安装费。环境保护仪器设备费包括仪器设备原价、运杂费、运输保险费和采购及保管费。

环境保护安装费包括对设备进行安装需要的人工、材料和机械使用等费用。

2. 非工程措施费

非工程措施费包括一次性补偿费用、施工期环境监测费和其他非工程措施费。

（1）一次性补偿费用包括因工程对环境造成不利影响，且难以恢复、改建的项目所发生的补偿费用。

（2）施工期环境监测费包括施工期委托监测单位开展环境监测工作所发生的费用。

（3）其他非工程措施费包括施工期委托有关单位开展卫生防疫等工作所发生的费用。

3. 独立费用

独立费用包括建设管理费、环境监理费、科研勘测设计咨询费及工程质量监督费等。

（1）建设管理费包括建设单位在工程建设期间进行环境保护管理工作所需的费用。主要有环境保护设施竣工验收费、环境保护宣传及技术培训费等。

（2）环境监理费包括施工期根据环境管理要求，监理单位或人员进行环境监理所需的费用。

（3）科研勘测设计咨询费包括环境保护设计所需的科研、勘测、设计和咨询等费用，分为环境保护科学研究试验费、环境影响评价费、环境保护勘测设计费和技术咨询费等。

（4）工程质量监督费包括为保证环境保护工程质量而进行的检测、监督、检查等工作的费用。

4. 预备费

预备费包括基本预备费和价差预备费两项费用。

5. 建设期融资利息

建设期融资利息包括根据国家财政金融政策规定，工程在建设期内需偿还并应计入工程总投资的融资利息。

环境保护工程总概算表见表7.2。

表 7.2　　　　　　　　　　　　　　环境保护工程总概算表

工程和费用名称	建筑工程费/元	植物工程费/元	仪器设备及安装费/元	非工程措施费/元	独立费用/元	合计/元	所占比例/%
第一部分　环境保护措施							
×××（一级项目）							
第二部分　环境监测措施							
×××（一级项目）							
第三部分　环境保护仪器设备及安装							
×××（一级项目）							
第四部分　环境保护临时措施							
×××（一级项目）							
第五部分　环境保护独立费用							
×××（一级项目）							
一至五部分合计							
基本预备费							
价差预备费							
建设期融资利息							
静态总投资							
总投资							

7.4　水土保持工程概算

7.4.1　开发建设项目水土保持工程概算

1. 编制依据

（1）国家和上级主管部门以及省（自治区、直辖市）颁发的有关法令、制度、规定。

（2）《水土保持工程概（估）算编制规定》。

（3）水土保持工程概算定额和有关部门颁发的定额。

（4）开发建设项目水土保持工程设计文件及图纸。

（5）有关合同、协议及资金筹措方案。

（6）其他有关资料。

2. 项目组成

开发建设项目水土保持工程涉及面广，类型各异，内容复杂，为适应水土保持工程管理工作的需要，满足水土保持工程设计和建设过程中各项工作要求，必须有一个可供共同遵循的统一的项目划分格式。

开发建设项目水土保持工程项目划分为工程措施、植物措施、施工临时工程和独立费用共 4 部分。

（1）工程措施指为减轻或避免因开发建设造成植被破坏和水土流失而兴建的永久性水土保持工程，包括拦渣工程、护坡工程、土地整治工程、防洪工程、机械固沙工程、泥石流防治工程、设备及安装工程等。

（2）植物措施指为防治水土流失而采取的植物防护工程、植物恢复工程及防治工程、设备及安装工程等。

（3）施工临时工程包括临时防护工程和其他临时工程，临时防护工程是为防止施工期水土流失而采取的各项临时防护措施，其他临时工程是施工期的临时仓库、生活用房、架设输电线路、施工道路等。

（4）独立费用由建设管理费、工程建设监理费、科研勘测设计费、水土流失监测费、工程质量监督费 5 项组成。

3. 费用构成

（1）工程措施及植物措施费由直接工程费、间接费、利润和税金组成。

1）直接工程费指工程施工过程中直接消耗在工程项目上的活劳动和物化劳动，由直接费、其他直接费、现场经费组成。

2）间接费是指施工企业为工程施工而进行组织与经营管理所发生的各项费用。它构成产品成本，但又不便进行直接计量，由企业管理费、财务费用和其他费用组成。

3）利润指按规定应计入工程措施及植物措施费用中的利润。

4）税金指应计入建筑安装工程费用内的增值税销项税额。

（2）独立费用。独立费用由建设管理费、工程建设监理费、科研勘测设计费、水土流失监测费及工程质量监督费 5 项组成。

1）建设管理费指建设单位从工程项目筹建到竣工期间所发生的各种管理性费用。

2）工程建设监理费指工程开工后，建设单位聘请监理工程师对水土保持工程的质量、进度和投资进行监理所需的各项费用。

3）科研勘测设计费指为建设本工程所发生的科研、勘测设计等费用。

4）水土流失监测费指主体工程施工期内为控制水土流失、监测水土流失防治效果所发生的各项费用。

5）工程质量监督费指为保证工程质量进行质量监督和检查所发生的各项费用。

（3）预备费。预备费包括基本预备费和价差预备费。

1）基本预备费主要为解决在工程施工过程中，经上级批准的设计变更和为预防意外事故而采取的措施所增加的工程项目和费用。

2）价差预备费主要为解决在工程施工过程中，因人工工资、材料和设备价格上涨以及费用标准调整而增加的投资。

（4）建设期融资利息。根据国家财政金融政策规定，工程在建设期内需偿还并应计入工程总投资的融资利息。按国家财政金融政策规定计算。

4. 概算表

开发建设项目水土保持工程总概算表见表 7.3。

表 7.3　　　　　　　　　　开发建设项目水土保持工程总概算表

序号	工程和费用名称	建安工程费	植物措施费		设备费	独立费用	合计
			栽（种）植费	苗木、草、种子费			
	第一部分　工程措施						
	第二部分　植物措施						
	第三部分　临时工程						
	第四部分　独立费用						
	一至四部分合计						
	基本预备费						
	静态总投资						
	价差预备费						
	建设期融资利息						
	工程总投资						
	水土保持设施补偿费						

注　水土保持设施补偿费属于行政性收费项目，计算方法按有关规定执行。

7.4.2　水土保持生态建设工程概算

1. 编制依据

（1）《水土保持工程概（估）算编制规定》。

（2）水土保持工程概算定额和有关部门颁发的定额。

（3）水土保持生态建设工程设计文件及图纸。

（4）国家和上级主管部门以及省（自治区、直辖市）颁发的设备、材料价格。

（5）其他有关资料。

2. 项目组成

水土保持生态建设工程概算由工程措施费、林草措施费、封育治理措施费和独立费用4部分组成。

（1）工程措施，由梯田工程，谷坊、水窖、蓄水池工程，小型蓄排、引水工程，治沟骨干工程，机械固沙工程，设备及安装工程，其他工程7项组成。

（2）林草措施，由水土保持造林工程、水土保持种草工程及苗圃三部分组成。

（3）封育治理措施，由拦护设施、补植补种两部分组成。

（4）独立费用，由建设管理费、工程建设监理费、科研勘测设计费、征地及淹没补偿费、水土流失监测费及工程质量监督费6项组成。

3. 费用构成

（1）工程措施、林草措施和封育治理措施费由直接费、间接费、利润和税金组成。

1）直接费指工程施工过程中直接消耗在工程项目上的活劳动和物化劳动，由基本直接费和其他直接费组成。

2）间接费是指工程施工过程中构成成本，但又不直接消耗在工程项目上的有关费用，包括工作人员工资、办公费、差旅费、交通费、固定资产使用费、管理用具使用费、其他费用、城市维护建设税、教育费附加以及地方教育附加等。

3）利润指按规定计入工程措施、林草措施和封育治理措施费用中的利润。

4）税金指应计入建筑安装工程费用内的增值税销项税额。

（2）独立费用。独立费用由建设管理费、工程建设监理费、科研勘测设计费、征地及淹没补偿费、水土流失监测费及工程质量监督费6项组成。

（3）预备费。包括基本预备费和价差预备费。

4．概算表

水土保持生态建设工程总概算表见表7.4。

表 7.4 水土保持生态建设工程总概算表

序号	工程和费用名称	建安工程费	植物措施费		设备费	独立费用	合计
			栽植费	林草及种子费			
	第一部分 工程措施						
1	梯田工程						
2	谷坊、水窖、蓄水池工程						
3	小型蓄排、引水工程						
4	治沟骨干工程						
5	机械固沙工程						
6	设备及安装工程						
7	其他工程						
	第二部分 林草措施						
1	水土保持造林工程						
2	水土保持种草工程						
3	苗圃						
	第三部分 封育治理措施						
1	拦护设施						
2	补植（补种）						
	第四部分 独立费用						
1	建设管理费						
2	工程建设监理费						
3	科研勘测设计费						
4	征地及淹没补偿费						
5	水土流失监测费						
6	工程质量监督费						

续表

序号	工程和费用名称	建安工程费	植物措施费		设备费	独立费用	合计
			栽植费	林草及种子费			
	一至四部分合计						
	基本预备费						
	价差预备费						
	工程总投资						

7.4.3 分年度投资及资金流量

1. 分年度投资表

分年度投资是根据施工组织设计确定的施工进度和合理工期而计算出的各年度工程需要的投资额。

（1）建筑工程。建筑工程分年度投资表应根据施工进度安排，对主要工程按各单项工程分年度完成的工程量和相应的工程单价计算。对于次要工程和其他工程，可根据施工进度，按各年所占完成投资的比例，摊入分年度投资表。

建筑工程分年度投资的编制可视不同情况按项目划分至一级项目或二级项目，分别反映各自的建筑工程量。

（2）设备及安装工程。设备及安装工程分年度投资应根据施工组织设计确定的设备安装进度计算各年预计完成的设备费和安装费。

（3）费用。根据费用的性质和费用发生的时段，按相应年度分别进行计算。

2. 资金流量表

资金流量是为满足工程项目在建设过程中各时段的资金需求，按工程建设所需资金投入时间计算的各年度使用的资金量。资金流量表的编制以分年度投资表为依据，按建筑及安装工程、永久设备购置费和独立费用三种类型分别计算。初步设计概算资金流量计算方法如下所述。

（1）建筑及安装工程资金流量。

1）建筑工程可根据分年度投资表的项目划分，以各年度建筑工作量作为计算资金流量的依据。

2）资金流量是在原分年度投资的基础上，考虑预付款、预付款的扣回、保留金和保留金的偿还等编制出的分年度资金安排。

3）预付款一般可划分为工程预付款和工程材料预付款两部分。

①工程预付款。按划分的单个工程项目的建安工作量的 10%～20%计算，工期在 3 年以内的工程全部安排在第一年，工期在 3 年以上的可安排在前两年。工程预付款的扣回从完成建安工作量的 30%起开始，按完成建安工作量的 20%～30%扣回至预付款全部回收完毕为止。对于需要购置特殊施工机械设备或施工难度较大的项目，工程预付款可取大值，其他项目取中值或小值。

②工程材料预付款。水利工程一般规模较大，所需材料的种类及数量较多，提前备料所需资金较大，因此考虑向施工企业支付一定数量的材料预付款。可按分年度投资中次年

完成建安工作量的 20％在本年提前支付，并于次年扣回，以此类推，直至本项目竣工。

4）保留金。水利工程的保留金，按建安工作量的 2.5％计算。在计算概算资金流量时，按分项工程分年度完成建安工作量的 5％扣留至该项工程全部建安工作量的 2.5％时终止（即完成建安工作量的 50％时），并将所扣的保留金 100％计入该项工程终止后一年（如该年已超出总工期，则此项保留金计入工程的最后一年）的资金流量表内。

（2）永久设备购置费资金流量。永久设备购置费资金流量计算，划分为主要设备和一般设备两种类型分别计算。

1）主要设备的资金流量计算。主要设备为水轮发电机组、大型水泵、大型电机、主阀、主变压器、桥机、门机、高压断路器或高压组合电器、金属结构闸门启闭设备等。按设备到货周期确定各年资金流量比例，具体比例见表 7.5。

表 7.5 　　　　　　　　　　　主要设备各年资金流量比例表

到货周期 \ 年份	第 1 年	第 2 年	第 3 年	第 4 年	第 5 年	第 6 年
1 年	15％	75％	10％			
2 年	15％	25％	50％	10％		
3 年	15％	25％	10％	40％	10％	
4 年	15％	25％	10％	10％	30％	10％

注 数据的年份为设备到货年份。

2）其他设备。其资金流量按到货前一年预付 15％定金，到货年支付 85％的剩余价款。

（3）独立费用资金流量。独立费用资金流量主要是勘测设计费的支付方式应考虑质量保证金的要求，其他项目则均按分年度投资表中的资金安排计算。

1）可行性研究和初步设计阶段的勘测设计费按合理工期分年平均计算。

2）施工图设计阶段勘测设计费的 95％按合理工期分年平均计算，其余 5％的勘测设计费用作为设计保证金，计入最后一年的资金流量表内。

7.5 工程总概算编制

7.5.1 总概算的编制

（1）工程部分概算。工程部分概算按一级项目如挡水、泄水、引水、发电等项目划分，汇总一至五部分概算，并按照建筑安装工程费、设备购置费、独立费用分别填列，其顺序为建筑工程概算。

机电设备及安装工程概算、金属结构设备及安装工程概算、施工临时工程概算、独立费用概算。工程部分概算按项目划分的五部分填表并列至一级项目，五部分之后的内容为投资合计、基本预备费、静态总投资。

（2）建设征地移民补偿概算编制。建设征地移民补偿概算编制见 7.2 节。

（3）环境保护工程概算编制。环境保护工程概算编制见 7.3 节。

（4）水土保持工程概算编制。水土保持工程概算编制见 7.4 节。

（5）总概算编制。

7.5.2 主要技术经济指标

根据工程具体情况进行编制，反映出主要技术经济指标即可。一般包括总投资和静态总投资。主要技术经济指标见表7.6。

表7.6   主 要 技 术 经 济 指 标

河系				型式		
建设地点				厂房尺寸（长×宽×高）		m×m×m
设计单位				水轮机型号		
建设单位				总装机容量		MW
水库淹没	正常蓄水位	m	发电厂	单机容量		MW
	总库容	亿 m³		装机台数		台
	有效库容	亿 m³		保证出力		MW
	淹没耕地	亿 m²		年发电量		万 kW·h
	迁移人口	人		年利用小时		h
	迁移费用	万元		建筑工程投资		万元
	单位指标	元/人		单位千瓦指标		元
拦河坝（闸）	型式			单位电度指标		元/m³
	最大坝高	m		发电设备投资		万元
	坝顶长	m		单位千瓦指标		元
	坝体方量	万 m³		单位电度指标		元/m³
	投资	万元	主体工程量	土石方明挖		元/m³
	单位指标	元/m³		洞挖石方		元/m³
……				土石方填筑		元/m³
				混凝土		元/m³
	静态总投资	万元	主要材料用量	水泥		万 t
	总投资	万元		钢材		万 t
	单位千瓦投资	元		木材		元/m³
	单位电度投资	元	全员人数	高峰人数		人
	工程发挥效益期静态总投资	元		平均人数		人
	工程发挥效益期总投资	元		总工日		万工日
	工程建设期融资利息	万元	施工计划	开工日期		
	送出工程投资	万元		工程发挥效益日期		
	生产管理单位定员	人		竣工日期		
	备注			总工日		

1. 建设管理费

（1）项目建设管理费。对于新建工程，其开办费应根据建设单位开办费标准和建设单

173

位的定员人数来确定。对于改建、扩建和加固工程，原则上不计建设单位开办费，但是，要根据改扩建和加固工程的具体情况决定。按照水利部现行规定，水利工程建设单位开办费费用标准见表 7.7，建设单位定员见表 7.8。

表 7.7 建设单位开办费标准

建设单位人数/人	20 以下	21～40	41～70	71～140	140 以上
开办费/万元	120	120～220	220～350	350～700	700～850

注 1. 引水及河道工程按总工程计算，不得分段分别计算。
　　2. 定员人数在两个数之间的，开办费由内插法求得。

表 7.8 建设单位定员表

工程类别及规模			定员人数/人
枢纽工程	特大型工程	如南水北调	140 以上
	综合利用的水利枢纽工程	大（1）型　总库容大于 10 亿 m³	70～140
		大（2）型　总库容 1 亿～10 亿 m³	40～70
	以发电为主的枢纽工程	200 万 kW 以上	90～120
		150 万～200 万 kW	70～90
		100 万～150 万 kW	55～70
		50 万～100 万 kW	40～55
		30 万～50 万 kW	30～40
		30 万 kW	20～30
	枢纽扩建及加固工程	大型　总库容大于 1 亿 m³	21～35
		中型　总库容 0.1 亿～1 亿 m³	14～21
引水及河道工程	大型引水工程	线路总长　＞300km	84～140
		线路总长　100～300km	56～84
		线路总长　≤100km	28～56
	大型灌溉或排涝工程	灌溉或排涝面积　＞150 万亩	56～84
		灌溉或排涝面积　50 万～150 万亩	28～56
	大江大河整治及堤防加固	河道长度　＞300km	42～56
		河道长度　100～300km	28～42
		河道长度　≤100km	14～28

注 1. 当大型引水、灌溉或排涝、大江大河整治及堤防加固工程包含有较多的泵站、水闸和船闸时，定员可适当增加。
　　2. 本定员只作为计算建设单位开办费和建设单位人员经常费的依据。
　　3. 工程施工条件复杂者，取大值；反之，取小值。

(2) 建设单位经常费。

1) 建设单位人员经常费。根据建设单位定员、费用指标和经常费用计算。编制概算时，应根据该工程所在地区和编制年的基本工资、辅助工资、工资附加费、劳动保护费以及费用标准调整 "6 类地区建设单位人员经常费用指标表（以北京为例）" (表 7.9、表7.10) 中的费用。计算公式为

建设单位人员经常费＝费用指标[元/(人·年)]×定员人数×经常费用计算期(年)

$$\text{(7.1)}$$

a. 枢纽、引水工程费用指标。

表 7.9　　　　　　　　　6 类地区建设单位人员经常费用指标表（枢纽、引水工程）

序号	项　目	计算公式	金额/[元/(人·年)]
1	基本工资		6420
	工人	400 元/月×12 月×10%	480
	干部	550 元/月×12 月×90%	5940
2	辅助工资		2446
	地区津贴	北京地区无	
	施工津贴	5.3 元/天×365 天×0.95	1838
	夜餐津贴	4.5 元/工日×251 工日×30%	339
	节日加班津贴	6420÷251×10×3×35%	269
3	工资附加费		4432
	职工福利基金	1～2 项之和 8866 元的 14%	1241
	工会经费	1～2 项之和 8866 元的 2%	177
	职工教育经费	1～2 项之和 8866 元的 1.5%	133
	养老保险费	1～2 项之和 8866 元的 20%	1773
	医疗保险费	1～2 项之和 8866 元的 4%	355
	工伤保险费	1～2 项之和 8866 元的 1.5%	133
	职工失业保险基金	1～2 项之和 8866 元的 2%	177
	住房公积金	1～2 项之和 8866 元的 5%	443
4	劳动保护费	基本工资 6420 元的 12%	770
5	小计		14068
6	其他费用	1～4 项之和 14068 元×180%	25322
7	合计		39390

注　工期短或施工条件简单的引水工程费用指标应按河道工程费用指标。

表 7.10　　　　　　　　　6 类地区建设单位人员经常费用指标表（河道工程）

序号	项　目	计算公式	金额/[元/(人·年)]
1	基本工资		4494
	工人	280 元/月×12 月×10%	336
	干部	385 元/月×12 月×90%	4158
2	辅助工资		1628
	地区津贴	北京地区无	
	施工津贴	3.5 元/天×365 天×0.95	1214
	夜餐津贴	4.5 元/工日×251 工日×30%	339
	节日加班津贴	4494÷251×10×3×35%	188
3	工资附加费		3060
	职工福利基金	1～2 项之和 6122 元的 14%	857
	工会经费	1～2 项之和 6122 元的 2%	122
	职工教育经费	1～2 项之和 6122 元的 1.5%	92
	养老保险费	1～2 项之和 6122 元的 20%	1224
	医疗保险费	1～2 项之和 6122 元的 4%	245
	工伤保险费	1～2 项之和 6122 元的 1.5%	92
	职工失业保险基金	1～2 项之和 6122 元的 2%	122
	住房公积金	1～2 项之和 6122 元的 5%	306

序号	项 目	计 算 公 式	金额/[元/(人·年)]
4	劳动保护费	基本工资 4494 元的 12%	539
5	小计		9721
6	其他费用	1～4 项之和 9721 元×180%	17498
7	合计		27219

b. 河道工程费用指标。

c. 经常费用计算期。根据施工组织设计确定的施工总进度和总工期，建设单位人员从工程筹建之日起，至工程竣工之日加 6 个月止，为经常费用计算期。其中：大型水利枢纽工程、大型引水工程、灌溉或排涝面积大于 150 万亩工程等的筹建期 1～2 年，其他工程为 0.5～1 年。

2）工程管理经常费。枢纽工程及引水工程一般按建设单位开办费和建设单位人员经常费之和的 35%～40%计取，改扩建与加固工程、堤防及疏浚工程按 20%计取。

（3）工程建设监理费。为规范建设工程监理及相关服务收费行为，维护委托双方合法权益，促进工程监理行业健康发展，国家发展改革会、建设部制定了《建设工程监理与相关服务收费管理规定》。

（4）联合试运转费。费用指标见表 7.11。

表 7.11　　　　　　　　　　　　联合试运转费用指标表

水电站工程	单机容量/万 kW	≤1	≤2	≤3	≤4	≤5	≤6	≤10	≤20	≤30	≤40	>40
	费用/(万元/台)	3	4	5	6	7	8	9	11	12	16	22
泵站工程	电力泵站	25 万～30 万/kW										

2. 生产准备费

（1）生产及管理单位提前进厂费，枢纽工程按一至四部分建安工程量的 0.2%～0.4%计算，大（1）型工程取小值，大（2）型工程取大值。

引水和灌溉工程视工程规模参照枢纽工程计算。

改扩建与加固工程、堤防及疏浚工程原则上不计此项费用，若工程中含有新建大型泵站、船闸等建筑物，按建筑物的建安工作量参照枢纽工程费率适当计列。

（2）生产职工培训费。枢纽工程按一至四部分建安工作量的 0.3%～0.5%计算，大（1）型工程取小值，大（2）型工程取大值。

引水工程和灌溉工程视工程规模参照枢纽工程计算。

改扩建与加固工程、堤防及疏浚工程原则上不计此项费用，若工程中含有新建大型泵站、船闸等建筑物，按建筑物的建安工作量参照枢纽工程费率适当计列。

（3）管理用具购置费。枢纽工程按一至四部分建安工作量的 0.02%～0.08%计算，大（1）型工程取小值，大（2）型工程取大值。

引水工程及河道工程按建安工作量的 0.02%～0.03%计算。

（4）备品备件购置费。按占设备费的 0.4%～0.6%计算，大（1）型工程取下限，其

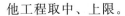

他工程取中、上限。

注：a. 设备费应包括机电设备、金属结构设备以及运杂费等全部设备费。

b. 电站、泵站同容量、同型号机组超过1台时，只计算1台的设备费。

（5）工器具及生产家具购置费。按占设备费的0.08%～0.2%计算，枢纽工程取下限，其他工程取中、上限。

3. 科研勘测设计费

（1）工程科学研究试验费。按工程建安工作量的百分率计算，其中，枢纽和引水工程取0.5%，河道工程取0.2%。

（2）工程勘测设计费。按照国家发展改革委、建设部有关规定执行。

4. 建设及施工场地征用费

具体编制方法和计算标准参照移民和环境部分概算编制规定执行。

5. 其他

（1）定额编制管理费。按照国家及省（自治区、直辖市）计划（物价）部门有关规定计收。

（2）工程质量监督费。按照国家及省（自治区、直辖市）计划（物价）部门有关规定计收。

（3）工程保险费。按工程一至四部分投资合计的4.5%～5.0%计算。

（4）其他税费。按国家有关规定计取。

思　考　题

1. 设计总概算的编制依据及基本程序是什么？

2. 施工临时工程与建筑工程中都有房屋建筑工程、交通工程等分项，是否属于重复计算？为什么？

3. 简述工程总概算的内容。

第8章 投资估算、施工图预算和施工预算

【教学内容】

投资估算、施工图预算、施工预算的基本概念及编制依据，施工图预算与施工预算之间的区别与联系，预备费、建设期融资利息。

【教学要求】

掌握预备费和建设期融资利息的计算方法，投资估算的阶段划分与精度要求；熟悉施工图预算与施工预算的区别与联系。

8.1 投 资 估 算

8.1.1 基本概述

投资估算是项目建议书和可行性研究报告的重要组成部分。

投资估算与初步设计概算在组成内容、项目划分和费用构成上基本相同，但两者设计深度不同，投资估算可根据《水利水电工程项目建议书编制流程》或《水利水电工程可行性研究报告编制流程》的有关规定，对初步设计概算编制规定中部分内容进行适当简化、合并或调整。

设计阶段和设计深度决定了两者编制方法及计算标准有所差异。

8.1.2 投资估算的阶段划分与精度要求

项目投资估算是指在做初步设计之前各工作阶段中的一项工作。在做工程初步设计之前，根据需要可邀请设计单位参加编制项目规划和项目建议书，并可委托设计单位承担项目的预可行性研究、可行性研究及设计任务书的编制工作，同时应根据项目已明确的技术经济条件，编制和估算出精度不同的投资估算额。我国建设项目的投资估算分为以下几个阶段。

1. 项目规划阶段的投资估算

建设项目规划阶段是指有关部门根据国民经济发展规划、地区发展规划和行业发展规划的要求，编制一个建设项目的建设规划。此阶段是按照项目规划的要求和内容，粗略估算建设项目所需的投资额。其对投资估算精度的要求为允许误差大于±30%。

2. 项目建议书阶段的投资估算

在项目建议书阶段，是按项目建议书中的项目建设规模、主要生产工艺、初选建设地点等，估算建设项目所需的投资额。其对投资估算精度的要求为误差应控制在±30%以内。此阶段项目投资估算的意义是可据此判断一个项目是否需要进行下一阶段的工作。

3. 预可行性研究阶段的投资估算

预可行性研究阶段，是在掌握了更详细、更深入的资料条件下，估算建设项目所需的

投资额。其对投资估算精度的要求为误差应控制在±20％以内。此阶段项目投资估算的意义是据此确定是否进行详细可行性研究。

4. 可行性研究阶段的投资估算

可行性研究阶段的投资估算至关重要，因为这个阶段的投资估算经审查批准之后，便是工程设计任务书中规定的项目投资限额，并可据此列入项目年度基本建设计划。其对投资估算精度的要求为误差应控制在±10％以内。

8.1.3 编制方法及计算标准

1. 基础单价

基础单价编制与设计概算相同。

2. 建筑、安装工程单价

主要建筑、安装工程单价编制与设计概算相同，一般采用概算定额，但考虑投资估算工作深度和精度，应乘以扩大系数，见表8.1。

表 8.1 建筑、安装工程单价扩大系数表

序号	工 程 类 别	单价扩大系数/％
一	建筑工程	
1	土方工程	10
2	石方工程	10
3	砂石备料工程（自采）	0
4	模板工程	5
5	混凝土浇筑工程	10
6	钢筋制安工程	5
7	钻孔灌浆及锚固工程	10
8	疏浚工程	10
9	掘进机施工隧洞工程	10
10	其他工程	10
二	机电、金属结构设备安装工程	
1	水力机械设备、通信设备	10
2	电气设备、变电站设备安装工程	10

3. 分部工程估算编制

（1）建筑工程。主体建筑工程、交通工程、房屋建筑工程编制方法与设计概算基本相同。其他建筑工程可视工程具体情况和规模按主体建筑工程投资的3％～5％计算。

（2）机电设备及安装工程。主要机电设备及安装工程编制方法基本与设计概算相同。其他机电设备及安装工程原则上根据工程项目计算投资，若设计深度不满足要求，可根据装机规模按占主要机电设备费的百分率或单位千瓦指标计算。

（3）金属结构设备及安装工程。编制方法基本与设计概算相同。

（4）施工临时工程。编制方法及计算标准与设计概算相同。

（5）独立费用。编制方法及计算标准与设计概算相同。

4. 分年度投资及资金流量

投资估算由于工作深度仅计算分年度投资而不计算资金流量。

5. 预备费、建设期融资利息、静态总投资、总投资

(1) 预备费。可行性研究投资估算基本预备费率取 10%～12%；项目建议书阶段基本预备费费率取 15%～18%。价差预备费费率同初步设计概算。

按我国现行规定，预备费包括基本预备费和价差预备费。基本预备费是指针对在项目实施工程中可能发生难以预料的支出，需要事先预留的费用，又称为工程建设不可预见费，主要指设计变更及施工过程中可能增加工程量的费用。基本预备费一般由以下三个部分组成：①在批准的初步设计范围内，技术设计、施工图设计及施工过程中所增加的工程费用，设计变更、工程变更、材料代用、局部基础处理等增加的费用；②一般自然灾害造成的损失和预防自然灾害所采取的措施费用，实行工程保险的工程项目，该费用应适当降低；③竣工验收时为鉴定工程质量对隐蔽工程进行必要的挖掘和修复的费用。

基本预备费是按工程费用和独立费用之和为计取基础，乘以基本预备费费率进行计算。其计算公式为

$$基本预备费 = (工程费用 + 独立费用) \times 基本预备费费率 \tag{8.1}$$

其中，基本预备费费率的计取应该执行国家及相关部门的有关规定。

价差预备费是指针对建设项目在建设期内由于材料、人工、设备等价格可能发生变化引起工程造价变化，而事先预留的费用，也称为价格变动不可预见费。价差预备费的内容包括：人工、设备、材料、施工机械的价差费，建筑安装工程费和独立费用调整，利率、汇率调整等增加的费用。

价差预备费一般根据国家规定的投资综合价格指数，以估算年份价格水平的投资额为基数，采用复利方法计算。其计算公式为

$$PF = \sum_{t=1}^{n} I_t \left[(1+f)^m (1+f)^{0.5} (1+f)^{t-1} - 1 \right] \tag{8.2}$$

式中　PF——价差预备费估算额；

　　　n——建设期年份数；

　　　I_t——建设期中第 t 年的投资计划额（包括工程费用、独立费用和基本预备费）；

　　　f——年平均价格预计上涨率；

　　　m——建设前期年限（从编制估算到开工建设的年限），年。

【例 8.1】　西部某水利水电工程项目的建筑及安装工程费为 1000 万元，设备购置费 500 万元，独立费用 300 万元，已知基本预备费费率为 5%，项目建设前期年限为 1 年，项目建设期为 3 年，各年投资计划额为：第 1 年完成投资的 30%，第 2 年完成 50%，第 3 年完成 20%。年平均价格上涨率预测为 7%，试估算该项目建设期间的价差预备费。

【解】

基本预备费 = (1000 + 500 + 300) × 5% = 90（万元）

静态投资额 = 1000 + 500 + 300 + 90 = 1890（万元）

第 1 年完成投资额 I_1 = 1890 × 30% = 567（万元）

第 1 年价差预备费 $PF_1 = I_1 \left[(1+f)^1 (1+f)^{0.5} (1+f)^{1-1} - 1 \right] = 60.57$（万元）

第 2 年完成投资额 $I_2 = 1890 \times 50\% = 945$ （万元）

第 2 年价差预备费 $PF_2 = I_2[(1+f)^1(1+f)^{0.5}(1+f)^{2-1}-1] = 174.16$ （万元）

第 3 年完成投资额 $I_3 = 1890 \times 20\% = 378$ （万元）

第 3 年价差预备费 $PF_3 = I_3[(1+f)^1(1+f)^{0.5}(1+f)^{3-1}-1] = 101.00$ （万元）

所以，建设期的价差预备费为

$$PF = 60.57 + 174.16 + 101.00 = 335.73 \text{ （万元）}$$

（2）建设期融资利息。建设期融资利息包括向国内银行和其他非银行金融机构贷款、出口信贷、外国政府贷款、国际商业银行贷款及在境内外发行的债券等在建设期间内应计的贷款利息。建设期贷款利息按复利计算。对于贷款总额一次性贷出且利率固定的贷款，计算公式为

$$L = P[(1+i)^n - 1] \tag{8.3}$$

式中　L——贷款利息；

　　　P——一次性贷款金额；

　　　i——年利率；

　　　n——贷款期限。

当总贷款是分年均衡发放时，建设期融资利息的计算可按当年贷款在年中支用考虑，即当年贷款按半年计息，上年贷款按全年计息，计算公式为

$$L_j = (P_{j-1} + A_j/2)i \tag{8.4}$$

式中　L_j——建设期第 j 年应计利息；

　　　P_{j-1}——建设期第 $j-1$ 年末累计贷款本金与利息之和；

　　　A_j——建设期第 j 年贷款金额；

　　　i——年利率。

国外贷款利息的计算中，还应包括国外贷款银行根据贷款协议方以年利率的方式收取的手续费、管理费、承诺费，以及国内代理机构经国家主管部门批准的以年利率的方式向贷款单位收取的转贷费、担保费和管理费等费用。

【例 8.2】　某新建水利水电项目，建设期 3 年，分年均衡进行贷款，第 1 年贷款为 500 万元，第 2 年贷款为 800 万元，第 3 年贷款为 500 万元，年贷款利率为 10%，建设期利息只计息不支付，估算该项目贷款利息。

【解】

各年利息计算如下：

第 1 年利息 $=(500/2) \times 10\% = 25$ （万元）

第 2 年利息 $=(500+25+800/2) \times 10\% = 92.50$ （万元）

第 3 年利息 $=(500+25+800+92.5+500/2) \times 10\% = 166.75$ （万元）

因此，该项目贷款利息 $=25+92.5+166.75 = 284.25$ （万元）

（3）静态总投资。工程建设项目费用的建筑工程、机电设备及安装工程、金属结构设备及安装工程、施工临时工程、独立费用和基本预备费之和构成静态总投资。

（4）总投资。静态总投资、价差预备费和建设期融资利息之和构成总投资。

8.1.4　估算表格及其他

参照设计概算格式。

8.2　施 工 图 预 算

施工图预算（又称设计预算）是依据施工图设计文件、施工组织设计、现行的水利水电工程预算定额及费用标准等文件编制的。

8.2.1　施工图预算的作用

施工图预算是在施工图设计阶段，在批准的概算范围内，根据国家现行规定，按施工图纸和施工组织设计综合计算的造价。其主要作用如下：

（1）施工图预算是确定单位工程项目造价的依据。施工图预算比主要起控制造价作用的概算更为具体和详细，因而可以起确定造价的作用，对工业与民用建筑而言尤为突出。如果施工图预算超过了设计概算，应由建设单位会同设计部门报请上级主管部门核准，并对原设计概算进行修改。

（2）施工图预算是签订工程承包合同，实行投资包干和办理工程价款结算的依据。因施工图预算确定的投资较概算准确，故对于不精细招投标的特殊或紧急工程项目等，常采用预算包干。按照规定程序，经过工程量增减、价差调整后的预算作为结算依据。

（3）施工图预算是施工企业内部进行经济核算和考核工程成本的依据。施工图预算确定的工程造价是工程项目的预算成本，其与实际成品的差额即为施工利润，是企业利润总额的主要组成部分。这就促使施工企业必须加强经济核算，提高经营管理水平，以降低成本，提高经济效益。同时也是编制各种人工、材料、半成品、成品、机具供应计划的依据。

（4）施工图预算是进一步考核设计方案经济合理性的依据。施工图预算更详尽和切合实际，可以进一步考核设计方案的技术先进性和经济合理程度。施工图预算也是编制固定资产的依据。

8.2.2　施工图预算的编制方法

施工图预算与设计概算的项目划分、编制程序、费用构成、计算方法等基本相同。施工图是工程实施的蓝图，建筑物的细部结构构造、尺寸，设备及装置性材料的型号、规格都已明确，所以据此编制的施工图预算，较概算编制要精细。编制施工图预算的方法与设计概算的不同之处具体表现在以下几个方面。

1. 主体工程

施工图预算与设计概算都采用工程量乘以单价的方法计算投资，但深度不同。

设计概算根据概算定额和初步设计工程量编制，其三级项目经综合扩大，概括性强，而施工图预算则依据预算定额和施工图设计工程量编制，其三级项目较为详细。如概算的闸、坝工程，一般只需套用定额中的综合项目计算其综合单价；而施工图预算需根据预算定额将各部位划分为更详细的三级项目，分别计算单价。

2. 非主体工程

设计概算中的非主体工程以及主体工程中的细部结构采用综合指标（如铁路单价以

元/km 计、遥测水位站单价以元/座计等）或百分率乘二级项目工程量的方法估算投资；而施工图预算则均要求按三级项目乘以工程单价的方法计算投资。

3. 造价文件形成和组成

概算是初步设计报告的组成部分，在初步设计阶段一次完成，概算完整地反映整个建设项目所需的投资。由于施工图的设计工作量大、历时长，故施工图设计大多以满足施工为前提，陆续出图。因此，施工图预算通常以单项工程为单位，陆续编制，各单项工程单独成册，最后汇总形成总预算投资。

8.3 施 工 预 算

施工预算是施工企业根据施工图纸、施工措施及企业施工定额编制的建筑安装工程在单位工程或分部分项工程上的人工、材料、施工机械台班（时）消耗数和直接费标准，是建筑安装产品及企业基层成本考核的计划文件。施工预算、施工图预算、竣工结算是施工企业进行施工管理的"三算"。

8.3.1 施工预算的作用

施工预算的作用主要有以下几个方面：

（1）施工预算是施工企业进行经济活动分析的依据。进行经济活动分析是企业加强经济管理，提高经济效益的有效手段。经济活动分析，主要是应用施工预算的人工、材料和机械台时数量等与实际消耗量对比，同时与施工图预算的人工、材料和机械台时数量进行对比，分析超支、节约的原因，改进超支技术和管理手段，以有效地控制施工中的消耗，节约开支。

（2）施工预算是编制施工作业计划的依据。施工作业计划是施工企业计划管理的中心环节，也是计划管理的基础和具体化。编制施工作业计划，必须依据施工预算计算单位工程或分部分项工程的工程量、材料构配件数量、劳动力数量等。

（3）施工预算是计算超额奖和计算计件工资、实行按劳分配的依据。社会主义应当体现按劳分配的原则，施工预算所确定的人工、材料、机械使用量与工程量的关系是衡量工人劳动成果、计算应得报酬的依据，它把工人的劳动成果与劳动报酬联系起来，很好地体现了多劳多得、少劳少得的按劳分配原则。

（4）施工预算是施工单位向施工班组签发施工任务单和限额领料的依据。施工任务单是把施工作业计划落实到班组的计划问件，也是记录班组完成任务情况和结算班组工人工资的凭证。施工任务单的内容可以分为两部分：第一部分是下达给班组的工程任务，包括工程名称、工作内容、质量要求、开工日期和竣工日期、计量单位、工程量、定额指标、计件单价和平均技术等级；第二部分是实际任务完成的情况记载和工资结算，包括实际开工日期和竣工日期、完成工程量、实际工日数、实际平均技术等级、完成工程的工资额、工人工时记录表和每人工资分配额等。其主要工程量、工日消耗量、材料品种和数量均来自施工预算。

8.3.2 施工预算的编制依据

编制施工预算的主要依据包括施工图纸、施工定额及补充定额、施工组织设计和实施方案、有关的手册资料等。

　　1. 施工图纸

　　施工图纸和说明书必须是经过建设单位、设计单位和施工单位会审通过的，不能采用未经会审通过的图纸，以免返工。

　　2. 施工定额

　　施工定额包括全国建筑安装工程统一劳动定额和各部、各地区颁发的专业施工定额。凡是已有施工定额可以参照使用的，应参照施工定额编制施工预算中的人工、材料及机械使用费。在缺乏施工定额作为依据的情况下，可按有关规定自行编制补充定额。施工定额是编制施工预算的基础，这是施工预算与施工图预算的主要差别之一。

　　3. 施工组织设计

　　由施工单位编制详细的施工组织设计，所确定的施工方法，施工进度以及所需的人工、材料和施工机械的数量作为编制施工预算的基础。例如，混凝土浇筑工程，应根据设计施工图，结合工程具体的施工条件，确定拌和、运输和浇筑机械的数量，具体的施工方法和运输距离等。

　　4. 其他资料

　　诸如建筑材料手册，人工、材料、机械台时费用标准，施工机械手册等。

8.3.3　施工预算的编制步骤和方法

　　1. 编制步骤

　　编制施工预算和编制施工图预算的步骤相似。首先应熟悉设计图纸及施工定额，对施工单位的人员、劳力、施工技术等有大致了解；对工程的现场情况、施工方式方法要比较清楚；对施工定额的内容、所包括的范围应了解。为了便于与施工图预算相比较，编制施工预算时，应尽可能与施工图预算的分部分项工程项对应。在计算工程量时所采用的计算单位要与定额的计量单位相适应。具备施工预算所需的资料，在已熟悉基础资料和施工定额的内容后，就可以按以下步骤编制施工预算。

　　(1) 计算工程量。工程实物量的计算是编制施工预算的基本工作，要认真、细致、准确，不得错算、漏算和重算。凡是能够利用施工图预算的工程量，就不必再算，但工程项目、名称和单位一定要符合施工定额。工程量计算应仔细核对无误后，再根据施工定额的内容和要求，按工程项目的划分逐项汇总。

　　(2) 按施工图纸内容进行分项工程计算。套用的施工定额必须与施工图纸的内容相一致。分项工程的名称、规格、记录单位必须与施工定额所列的内容相一致，逐项计算分部分项工程所需的人工、材料、机械台时使用量。

　　(3) 工料分析和汇总。有了工程量后，按照工程的分项名称顺序，套用施工定额的单位人工、材料和机械台时消耗量，逐一计算出各个工程项目的人工、材料和机械台时的用工用料量，最后同类项目工料相加予以汇总，便成为一个完整的分部分项工料汇总表。

　　(4) 编写编制说明。编制说明包括的内容有：编制依据，包括采用的图纸名称及编号，采用的施工定额，施工组织设计或施工方案，遗留项目或暂估项目的原因和存在的问题以及处理的办法等。

2. 编制方法

编制施工预算的方法有两种：实物法和实物金额法。

（1）实物法。实物法的应用比较普遍。它是根据施工图和说明书，按照劳动定额或施工定额规定计算工程量，汇总、分析人工和材料数量，向施工班组签发施工任务单和限额领料单。实行班组核算，与施工图预算的人工和主要材料进行对比，分析超支、节约原因，以加强企业管理。

（2）实物金额法。实物金额法即根据实物法编制施工预算的人工和材料数量分别乘以人工和材料单价，求得直接费，或根据施工定额规定计算工程量，套用施工定额单价计算直接费。其实物量用于向施工班组签发施工任务单和限额领料单，实行班组核算。直接费与施工图预算的直接费进行对比，以改进企业管理。

8.3.4 施工预算和施工图预算对比

施工预算和施工图预算对比是建筑企业加强经营管理的手段，通过对比分析，找出节约、超支的原因，研究解决措施，防止人工、材料和机械使用费的超支，避免发生计划成本亏损。

施工预算和施工图预算对比是将施工预算计算的工程量，套用施工定额中的人工定额、材料定额，分析出人工和主要材料数量，然后按施工图预算计算的工程量套用预算定额中的人工、材料定额，得出人工和主要材料数量，对两者人工和主要材料数量进行对比，对机械台时数量也应进行对比，这种对比称为实物对比法。

将施工预算的人工和主要材料、机械台时数量分别乘以单价，汇总成人工、材料和机械使用费，与施工图预算相应的人工、材料和机械使用费进行对比。这种对比法称为实物金额对比法。

由于施工图预算与施工预算的定额水平不一样，施工预算的人工、材料、机械使用量及其相应的费用一般应低于施工图预算。当出现相反情况时，要调查分析原因，必要时要改变施工方案。

思 考 题

1. 投资估算与设计概算有什么区别？

2. 某项目投资建设期 5 年，第 1 年贷款为 2000 万元，以后各年贷款均为 700 万元，年贷款利率为 10%，建设期利息只计息不支付，请估算该项目贷款利息。

3. 施工图预算与施工预算的区别是什么？

4. 投资估算、设计概算、施工图预算、施工预算造价文件编制的方法和步骤主要有哪些？

第9章 工程招标与投标报价

【教学内容】

水利水电工程招标与投标概述，施工合同形式，标底编制与审查。

【教学要求】

熟悉工程招标概述、步骤，掌握投标报价编制步骤、方法，熟悉标底编制原则。

9.1 工程招标与投标概述

9.1.1 工程招标的概述

招标投标是市场经济条件下的一种商品交易竞争方式。它是在交易双方自愿同意的基础上，由唯一的买主（或卖主）设定标的（标的就是交易对象，如货物、劳务、建筑工程项目等），招请若干卖主（或买主）通过秘密报价进行竞争，从中选择优胜者与之达成交易协议，然后按协议实现标的。

工程招标投标是国际上广泛采用的分派建设任务的主要交易方式，在世界各国尤其是发达国家和地区得到广泛应用，已经有200多年的历史。在进行工程项目施工以及设备、材料采购和服务时，国外的业主大多通过招标方式从投标人中选定其需要的承包商、供应商或设备制造商。虽然招标投标源于商品生产，是市场自由竞争的产物，尤其在价值规律占统治地位的资本主义国家得到发展并不断完善，但从其特征看，它并不是资本主义国家特有的东西，同样也适用于社会主义国家。

水利水电工程是具有一般商品属性和特点的特殊商品，对水利水电工程建设项目施工实行招标投标，可以达到控制建设工期、确保工程质量、降低工程造价和提高投资效益的目的，因此，早在1995年水利部就发布了《水利工程建设项目施工招标投标管理规定（试行）》，用以规范我国水利水电工程建设项目招标投标工作。1999年8月30日全国人大常委会第十一次会议通过了《中华人民共和国招标投标法》，并于2000年10月1日开始执行。水利部根据《中华人民共和国招标投标法》，于2001年10月29日发布了《水利工程建设项目施工招标投标管理规定》，2002年1月1日起开始执行。

《水利工程建设项目施工招标投标管理规定》中规定，符合下列具体范围并达到规模标准之一的水利工程建设项目必须进行招标。

具体范围：①关系社会公共利益、公共安全的防洪、排水、灌溉、水力发电、引（供）水、水土保持、水资源保护等水利工程建设项目；②使用国有资金投资或者国家融资的水利工程建设项目；③使用国际组织或者外国政府贷款、援助资金的水利工程建设项目。

规模标准：①施工单项合同估算价在200万元以上的；②重要设备、材料等货物的采

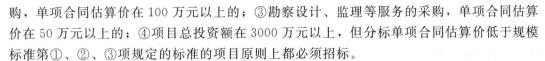

购，单项合同估算价在 100 万元以上的；③勘察设计、监理等服务的采购，单项合同估算价在 50 万元以上的；④项目总投资额在 3000 万元以上，但分标单项合同估算价低于规模标准第①、②、③项规定的标准的项目原则上都必须招标。

工作原则：①招标投标工作应当遵循公开、公平、公正、诚实信用的原则；②招标投标工作应当保护国家利益、社会公共利益和招标投标活动当事人的合法权益；③招标投标工作应依法进行，任何单位和个人不得以任何方式非法干涉招标投标工作；④招标投标工作应自觉接受省、市建设工程交易管理机构和监察部门的监督与检查。

参加招标工作的人员须遵守下述纪律：①采用何种招标方式须经审批；②在工程招标中，不得隐瞒工程真实情况，弄虚作假；③不得泄露标底或串通招标单位，排挤竞争对手公平竞争；④不得接受相关企业宴请或礼物、礼金；⑤不得私自在家中接待投标企业。

与招标工作无关的人员不得有以下干扰招标工作的行为：①在招标过程中以各种方式向工作人员授意、施加压力；②引荐投标企业到工作人员家中；③向招标工作人员骗取有关情况并泄露给投标企业。

投标单位应遵守下列纪律：①不得在投标中弄虚作假；②不得非法获取标底；③不得在投标中串通投标，抬高或压低标价；④不得采取行贿或其他手段串通投标单位排挤竞争对手；⑤承包单位不得将承包工程转包或违规分包。

9.1.2 工程招标步骤

（1）采购预算与采购申请：采购人编制采购预算，并填写采购申请表。货物类招标一般需提供招标货物名称、数量、交货期、货物用途、技术指标及参数要求、供货方案、验收标准及方法、培训要求、质量保证和售后服务要求等。经上级主管部门审核后提交财政行政主管部门审批。

（2）采购审批：主管部门依据采购项目及相关规定确定公开招标，并确定是委托采购还是自行采购。

（3）选定代理机构：依据当地规定，选择代理机构，并签署代理协议。对于符合自行招标条件，具有编制招标文件和组织评标能力的，可以自行办理招标事宜，但应事先提出申请并经批准，才可自行招标。

（4）编制招标文件：由代理机构和/或采购人编制招标文件。招标文件应写明采购需求和评审规则。

（5）审定招标文件：由采购人和/或评标专家审定招标文件，工程类招标还需报送工程造价审核所审定控制价。设有标底的，应做好保密工作。审定招标文件的专家不得再参加评标。

（6）发布招标公告：在指定的媒体发布招标公告。招标公告应载明招标人的名称和联系方式、招标项目概况（性质、数量、地点和时间）。

（7）资格预审：有的采购项目（如大型复杂的土建工程或成套的专门设备）要求资格预审，只有通过了资格预审的供应商才可购得招标文件、参加投标。

（8）发售招标文件：代理机构或采购人应按照招标公告的要求公开发售招标文件，通常在开标之前应保证投标人都能购买到招标文件。从发售招标文件的第一天到开标之日不得少于 20 天。

（9）询标答疑与现场勘察：投标人若对招标文件有疑问，应以书面方式及时向采购人提出。招标单位应以答疑纪要进行澄清。若招标文件有误，招标人应向投标人发出修改纪要。组织现场勘察（若有需要）。

（10）确定评标专家：随机抽取评委，但对于技术特别复杂、专业性特别强的采购项目，若采购人通过随机方式难以确定合适的评标专家，经设区的市、自治州以上人民政府主管部门同意，可直接选定评委。

（11）开标：开标应在招标文件确定的提交投标文件截止时间的同一时间公开进行。开标前应根据实际情况确定是否需要监管部门或公证部门监督。凡超过投标截止时间的投标材料均不得接受，也不得将原有的投标材料进行替换。属于大中型建设工程采购的，通常要求在当地的建设工程交易中心进行开标。

（12）资格后审：凡未进行资格预审的，通常都要进行资格后审。对于工程采购，有的要求除法定代表人或其委托人外，项目经理、技术负责人、预算员须亲自到场接受验证。

（13）组建评标委员会和评标：评委到齐后即可组建评标委员会，推选评标委员会主任并进行分工。评标委员会主任的人选最好在熟悉评标业务的具有高级职称的评标专家中产生。若随机抽选评标委员会主任，那么难以保证所产生的人选一定非常熟悉评标业务，这有碍于评标的顺利进行。提交评标报告后，评标委员会的职责告终，但若有质疑或投诉，评标委员会应做必要解答。在评标结束前，评委的名单须保密。

（14）评标结果公示：属委托招标的，代理机构应把评标结果及时报送采购人。采购人无异议的，则应立即公示，公示的内容包括中标候选人的名单及其排序，废标的名单、理由、依据，评委的名单。对于固定低价招标项目、组合低价招标项目等项目，应同时公示随机抽取的时间、地点及其他要求，若公示无异议则进入随机抽取程序确定中标人。随机抽取方式产生的中标人也应公示。

（15）办理中标落标手续：采购人向中标人发出中标通知书，双方签订合同，中标人办理履约担保手续（若招标文件有要求，此时招标人应提供支付担保）。采购人向未中标者发出招标结果通知书并退保证金。

9.2　投标报价的编制步骤与方法

9.2.1　投标报价编制步骤

1. 预测标底

预测标底是一项确定报价的准备工作，因为若报价超出标底的某一范围，则无法中标；若报价低于标底很多，虽中标可能性大，但风险也很大。可根据当地或业主可能使用的定额和有关规定去试编概预算，由此进行预测。

2. 核对或计算工程量

工程量是计算投标报价的重要依据。在招标文件中均有实物工程量清单，投标单位在投标报价前应进行核对。遇有工程量清单与设计图纸不符的情况，则投标单位就应详细计算工程量后再据以逐项分析单价，从而确定投标报价。

3. 编制分部工程单价表

分部工程单价表是计算投标报价的又一重要依据，它的编制分为两个基本步骤，即先确定基础单价，再按不同分部分项工程的工料等消耗定额确定其预算单价，此预算单价为计算投标报价的基础。

4. 施工间接费费率的测算

在报价中，施工间接费占有一定的比重，要做到合理报价并科学地确定本企业的间接费开支水平，应根据本单位的实际情况，进行必要的测算。

5. 资金占有和利息分析

根据我国现行规定，建筑企业的流动资金实行有偿占用，即由银行提供贷款，由建筑企业按规定利率支付利息，所以在投标报价时要对资金占用和利息进行分析。

建筑企业在一个建设项目施工中的利息支出，决定于占用资金的数量、时间和利率三个因素。降低利息支出的关键在于占用资金数量少，占用时间短，即周转速度快。

6. 不可预见因素的考虑

因材料价格变化，基础施工遇到意外情况以及因其他意外事故造成停工、窝工等，都会影响工程造价。因此，在投标报价时应对这些因素予以适当考虑，特别是采用固定总价合同时，更应充分注意加一定的系数（例如 3‰～5‰，或更低些），以不可预见费的名目，列为投标报价的组成部分。

7. 预期利润率的确定

我国建筑业实行低利润率政策，现行计划利润率仅为 7％，但在实行招标承包制的条件下，为了鼓励竞争，建筑企业在投标报价时，应允许采取有适当弹性的利润率，即为了争取中标，预期利润率可低于 7％，甚至在某一工程上有策略性的亏损，以提高报价的竞争力。在降低成本、保证工程质量的前提下，预期利润率也可以高于 7％。对此，投标单位应自主做出决策。

8. 确定基础报价

将分别确定的直接费、间接费、不可预见费以及预期利润和税金汇总，即得出造价。汇总后须进行检查，必要时加以适当调整，最后形成基础投标报价。

9. 报价方案

在投标实践中，基础报价不一定就作为正式报价，还应做多方案比较。即进行可能的低报价和高报价方案的比较分析，为决策提供参考。低报价应该是能够保本的最低报价，高报价是充分考虑可能发生的风险损失以后的最高报价。至于对某一具体工程，究竟以什么样的报价作为投标的正式报价，则应由决策人根据竞争情况和自身条件做出决策。

9.2.2 投标报价编制方法

编制报价的主要依据有：招标文件及有关图纸；企业定额，如无企业定额，则可参照国家颁布的行业定额和有关参考定额及资料；工程所在地的主要材料价格和次要材料价格；施工组织设计和施工方案；以往类似工程报价或实际完成价格的参考资料。编制投标报价的主要程序和方法与编制标底基本相同，但是由于立场不同、作用不同，因而方法有所不同，主要不同点如下。

1. 人工费单价

人工费单价的计算不但要参照现行概算编制规定的人工费组成，还要合理结合本企业的具体情况。如果按以上方法算出的人工费单价偏高，为提高投标的竞争力，可适当降低。可考虑的降低途径有：更加详细地划分工种；各项工资性津贴按照调查资料计算；工人年有效工作日和工作小时数按工地实际工作情况进行调整。

2. 施工机械台时费

施工机械台时费与机械设备来源密切相关，机械设备可以是施工企业已有的和新增的，新增的包括购置的或是租赁的。

（1）购置的施工机械。其台时费包括购置费和运行费用，即包括折旧费、修理及替换设备费、安装拆卸费、机上人工费和动力燃料费等，可视招标文件的要求计入施工机械台时费或计入间接费内。施工机械台时费的计算可参照行业有关定额和规定进行，缺项时可补充编制施工机械台时费。

（2）租赁的施工机械。根据工程项目的施工特点，为了保证工程的顺利实施，业主有时提供某些大型专用施工机械供承包商租用，或承包商根据自己的设备状况而租借其他部门的施工机械。此时，施工机械台时费应按照业主在招标文件中给出的条件或租赁协议的规定进行计算。对于租借的施工机械，其基本费用是支付给设备租赁公司的租金。编制投标报价时，往往要加上操作人员的工资、燃料费、润滑油费、其他消耗性材料费等。

3. 直接费单价

按照工程量报价单中各个项目的具体情况，可采用定额法、工序法、直接填入法等，采用定额法计算工程单价应根据所选用的施工方法，确定适用的定额或补充定额进行单价计算，关于定额，最好是采用企业自己的定额，因为企业定额充分反映了本企业的实际水平。

编制报价的其他方法还有包含法、条目总价包干法、暂定金额法等。

（1）包含法。概预算专业人员可在某一工程条目上注明已包括在其他条目内，即其他工程项目中包含了这条项目的工作内容，所以不再单独计算此条的单价。

（2）条目总价包干法。工程量报价表中可能有一些项目没有给出工程量，要求估价人员填入一个包干价。这种方法常用于一些与合同要求和特定要求有关的一般条目中，如场地清理费、施工污染防治费等。

（3）暂定金额法。为了一些尚未确定的工程施工、物资材料供应，提供劳务或不可预见项目临时确定的金额，有的招标文件中列有"暂定金额"条目，在招标文件发布时这些项目还不能充分预见、定义或做出具体说明，在工程实施中可能全部或部分地发生，或根本不发生，这些未定项目发生与否将根据监理工程师的判断确定，投标单位不能改动暂定金额，因为它不包含承包商的利润，所以，工程量报价单中如有这种项目时，承包商须将完成这些项目应获得的利润包括在报价中，一般而言，暂定金额条目下都有一条子目，供投标人填写调整百分数，这个调整百分数按人工、施工设备、计日工费用为计取基数，其目的是包含有关费用和利润。

4.间接费

计算间接费时要按施工规划、施工进度和施工要求确定下列数据或资料。

（1）管理机构设置及人员配备数量。

（2）管理人员工作时间和工资标准。

（3）合理确定人均每年办公、差旅、通信等费用指标。

（4）工地交通管理车辆数量、工作时间及费用指标。

（5）其他，如固定资产折旧、职工教育经费、财务费用等归入间接费项目的费用估算。

按照以上资料可粗略算出间接费费率。间接费的计算既要结合本企业的具体情况，更要注意投标竞争情况，过高的间接费费率，不仅会削弱竞争能力，也表示本企业管理水平低下，间接费费率的取值一般不能大于主管部门规定的间接费费率标准。

5.利润、税金

投标人应根据企业状况、施工水平、竞争情况、工作饱满程度等确定利润率，并按国家规定的税率计算税金。

6.确定报价

在投标报价工作基本完成后，概预算专业人员应向投标决策人员汇报工作成果，供讨论、修改和决策。

7.填写投标报价书

投标总报价确定后，有关费用（主要指待摊费用）在工程量报价单中的分配，并不一定按平均比例进行。也就是说，在保持总价不变的前提下，有些单价可以高一些，而另一些单价则低一些。

单价调整完成后，填入工程单价表，并进行汇总计算和详细校核。最后将填好的工程量报价表以及全部附表与正式的投标文件一起报送业主。

9.3 标底编制与审查

标底是指招标人根据招标项目的具体情况，自行编制或委托具有相应资质的工程造价咨询机构代为编制完成招标项目所需的全部费用，是依据国家规定的计划依据和计价办法计算出来的工程造价，并按规定程序审定的招标工程的预期价格。标底是建筑安装工程造价的表现形式之一，一般应控制在批准的总概算及投资包干限额内。标底是评价投标人所投单价和总价合理性的重要参考依据，是对生产建筑产品所消耗的社会必要劳动的估值，是核算成本价的依据，是合同管理中确定合同变更、价格调整、索赔和额外工程的费率和价格的依据。因此，正确计算标底对控制工程造价有重要的意义。

在确定标底时，要进行大量市场行情调查，掌握较多的工程所在地区或条件相近地区同类工程项目的造价资料，经过认真的研究、分析和比较计算，尽量将工程标底控制在低于或等于同类工程社会平均水平上。

9.3.1 标底编制的原则

在标底的编制过程中，应遵循以下原则：

（1）根据国家统一工程项目划分、计量单位、工程量计算规则及设计图纸、招标文件，并参照国家、行业或地方批准发布的定额和国家、行业、地方规定的技术标准规范及市场价格确定工程量和编制标底。

（2）标底作为招标人的期望价格，应力求与市场的实际变化相吻合，要有利于竞争和保证工程质量。

（3）标底应由直接费、间接费、利润、税金等组成，一般应控制在批准的建设工程投资估算或总概算（修正概算）价格以内。

（4）标底应考虑人工、材料、设备、机械台班等价格变化因素，还应包括措施费及不可预见费、预算包干费、保险等，采用固定价格的还应考虑工程的风险金等。

（5）一个工程只能编制一个标底。

（6）工程项目标底完成后应及时封存，在开标前应严格保密，所有接触过工程标底的人员都负有保密责任，不得泄露。

9.3.2　标底编制的步骤

1. 准备工作

首先，要熟悉施工图设计及说明，如发现图纸中的问题或不明确之处，可要求设计单位进行交底、补充，并做好记录，在招标文件中加以说明；其次，要勘察现场，实地了解现场情况及周围环境，以作为确定施工方案、包干系数和技术措施费等有关费用计算的依据；再次，要了解招标文件中规定的招标范围，材料、半成品和设备的加工订货情况，工程质量和工期要求，物资供应方式，要进行市场调查，掌握材料、设备的市场价格。

2. 收集编制资料

编制标底需收集的资料和依据包括：建设行政主管部门制定的有关工程造价的文件、规定；设计文件、图纸、技术说明及招标时的设计交底，按设计图纸确定的或招标人提供的工程量清单等相关基础资料；施工组织设计、施工方案、施工技术措施等；工程定额、现场环境和条件，市场价格信息等。总之，凡在工程建设实施过程中可能影响工程费用的各种因素，在编制标底价格前都必须予以考虑，收集所有必需的资料和依据，达到标底编制具备的条件。

3. 计算标底价格

计算标底价格的程序：①以工程量清单确定划分的计价项目及其工程量，计算整个工程的人工、材料、机械台班需用量；②确定人工、材料、设备、机械台班的市场价格，结合前面的需用量确定整个工程的人工、材料、设备、机械台班等直接费用；③确定工程施工中的措施费用和特殊费用，编制工程现场因素、施工技术措施、赶工措施费用表及其他特殊费用表；④采用固定合同价格的，预测和测算工程施工周期内的人工、材料、设备、机械台班价格波动的风险系数；⑤根据招标文件的要求，按工料单价计算直接工程费，然后计算措施费、间接费、利润和税金，编制工程标底价格计算书和标底价格汇总表；或者根据招标文件的要求，通过综合计算完成分部分项工程所发生的直接工程费、措施费、间接费、利润、税金，形成综合单价，按综合单价法编制工程标底价格计算书和标底价格汇总表。

（1）基础价格。

1）人工费单价。如果招标文件没有特别规定，人工费单价可以参照前面有关章节介绍的方法进行计算。

2）材料预算价格。一般材料的供应方式有两种：一种是由承包商自行采购运输；另一种是由业主采购运输材料到指定的地点，发包方按规定的价格供应给承包商，再提货运输到用料地点。因此，在编制标底时，应严格按照招标文件规定的条件计算材料价格，对于前一种供应方式，材料价格可采用第4章中所介绍的方法计算；对于后一种情况，应以招标文件规定的发包方供货价为原价，加上供货地至用料点的运输费，再酌情考虑适当的采购保管费。

（2）施工用电、水、风及砂石料预算价格。

1）施工用电价格。一般招标文件都明确规定了承包商的接线起点和计量电表的位置，并提供了基本电价。因此，编制标底时应按照招标文件的规定确定损耗的范围，根据已确定损耗率和供电设施维护摊销费，计算出电网供电电价。

自备柴油机发电的比例，应根据电网供电的可靠程度以及本工程的特性来确定，电网电价及自备柴油机发电电价可参照第4章介绍的方法计算。最后按比例计算出综合电价。

2）施工用水价格。招标文件中常见的供水方式有两种：一是业主指定水源点，由承包商自行提取使用；二是由业主提水，按指定价格在指定接口（一般为水池出水口）向承包商供水。对于前一种情况，可参照第4章介绍的方法计算；对于后一种情况，应以业主供应价格作为原价，再加上指定接口以后的水量损耗和管网维护摊销费。

3）施工用风价格。一般承包商自行生产、使用施工用风，故风的价格参照第4章介绍的方法计算。

4）施工机械台时费。如果业主提供某些大型施工设备，则台时费的组成及价格标准应按招标文件规定，业主免费提供的设备就不应计算基本折旧费；又如业主提供的是新设备，招标项目使用这些设备的时间不长，则不计入或少计入大修理费。

（3）工程单价计算。工程单价由直接费、间接费、利润和税金组成。直接费计算方法主要有工序法、定额法和直接填入法。

1）工序法。工序法是根据该项目总工程量和实施该项目各个工序所需人工、施工机械的工作时间以及相应的基础价格计算直接费单价的一种方法。工作时间可以通过进度计划中的逻辑顺序确定，也可以通过若干假定的生产效率确定，还可以靠概预算专业人员的经验判断确定。国外估价师广泛采用工序法。因为在水利工程造价中，施工机械使用费所占的比重相当大，而施工机械闲置时间这一重要因素在定额法中是无法恰当地加以考虑的。国外有些估价师不仅用工序法来估算以施工机械使用费为主的工程单价，而且在其余的工程单价中也尽可能使用这种方法。这种方法的主要程序是：制订施工计划，确定各道工序所需的人员及设备的数量、规格、时间，计算各种人员、施工设备的费用，再加上材料费用，然后除以工程总量即可得出直接费单价。

2）定额法。定额法是根据预先确定的完成单位产品的工效、材料消耗定额和相应的基础价格计算直接费单价的一种方法。依据的定额可参照执行行业现行定额，对于少数不适用的定额做必要的调整，对采用新技术、新材料、新工艺而造成定额缺项时，可编制补充定额。编制标底时，应仔细研究施工方案，确定合适的施工方法，选用恰当的定额进行单价计算。

3）直接填入法。一项水利水电工程招标文件的工程量报价单包含许多工程项目，但是少数一些项目的总价却构成了合同总价的绝大部分。专业人员应把主要的精力和时间用于计算这些主要项目的单价。对总价影响不大的项目可用一种比较简单的、不进行详细费用计算的方法来估算项目单价，这种方法称为直接填入法。这种方法的基础是专业人员具有丰富的实践经验。

在计算某些工程单价时，专业人员也可以将工序法和定额法同时运用。如混凝土单价，可用定额法计算混凝土材料单价，而用工序法计算混凝土浇筑单价。间接费可参照概算编制的方法计算，但费率不能生搬硬套，应根据招标文件中材料供应、付款、进退场费用等有关条款做调整。利润和税金按照水利部对施工招标投标的有关规定进行计算，不应压低施工企业的利润、降低标底从而引导承包商降低投标报价。

（4）施工临时工程费用。有些业主在招标文件中，把大型临时工程单独在工程量报价表中列项，标底应计算这些项目的工程量和单价，招标文件中没有单独开列的大型临时设施应按施工组织设计确定的项目和数量计算其费用，并摊入各有关项目内。

4. 审核标底价格

计算得到标底价格以后，应再依据工程设计图纸、特殊施工方法、工程定额等对填有单价与合价的工程量清单、标底价格计算书、标底价格汇总表、采用固定价格的风险系数测算明细，以及现场因素、各种施工措施测算明细、材料设备清单等标底价格编制表格进行复查与审核。

5. 编制标底文件

在工程单价计算完毕后，应按招标文件所要求的表格格式填写有关表格，计算汇总有关数据，编写编制说明，提出分析报表，形成全套工程标底文件。

除了以上编制标底的方法外，还可以用对照统计指标的办法来确定标底。对于中小型工程，如果本地区已修建过类似的项目，可对其造价进行统计分析，得出综合单价的统计指标，以这种统计指标为编制标底的依据，再考虑材料价格涨落、劳动工资及各种津贴等费用的变动，加以调整后得出标底。

目前，一般水利工程的国内招标常以工程预算书的格式，依据综合预算定额编制标底，即不计算综合单价，而是计算直接费、间接费、利润、税金直至预算造价，再考虑一个包干系数作为标底，从形式上它的编制方法与施工图预算的编制方法一样。

目前的国内标底编制尚无定制。对于国际工程或国际招标项目招标标底的编制应遵守国际上通用的标底编制方法，一般应符合 FIDIC 合同条件，如我国的鲁布革水电工程、二滩水电工程以及黄河小浪底水利枢纽工程。

思　考　题

1. 如何编制投资估算？
2. 招标的基本原则是什么？
3. 简述投标报价的编制步骤。
4. 简述标底编制的原则、步骤和方法。

第 10 章 工程量清单计价

【教学内容】

工程量清单概述，工程量清单编制，工程量清单计价原则及其格式，工程量计量与工程款支付。

【教学要求】

掌握工程量清单基本概念、名词含义、内容，熟悉工程量清单编制原则、依据和步骤以及编制格式，熟悉工程量清单计价概述、规范、计价表以及编制，掌握工程量计量、工程款付款的相关内容。

10.1 工程量清单概述

10.1.1 基本概念

1. 工程量清单的概念

工程量清单是由建设工程招标人发出的，对招标工程的全部项目，按统一的项目编码、工程量计算规则、项目划分和计量单位计算出的工程数量列出的表格。工程量清单可以由招标人自行编制，也可以由其委托有资质的招标代理机构或咨询单位编制。采用工程量清单方式招标，工程量清单必须是招标文件的组成部分，其准确性和完整性由招标人负责。

2. 工程量清单的作用

工程量清单除了为潜在的投标人提供必要的信息外，还具有以下作用：

（1）为投标人提供一个公开、公平、公正的竞争环境。工程量清单由招标人统一提供，统一的工程量避免了由于计算不准确、项目不一致等人为因素造成的不公正影响，创造了一个公平的竞争环境。

（2）工程量清单是计价和询标、评标的基础。无论是标底的编制还是企业投标报价，都必须以工程量清单为基础进行。同样也为今后的招标、评标奠定了基础。

（3）为施工过程中支付工程进度款提供依据。根据相关合同条款，工程量清单为施工过程中的进度款支付提供了依据。

（4）为办理工程结算及工程索赔提供了重要依据。

（5）设有标底价格的招标工程，招标人利用工程量清单编制标底价格，供评标时参考。

10.1.2 相关名词解释

1. 工程量清单

工程量清单是指表现招标工程的分类分项工程项目、措施项目、其他项目的名称和相应数量的明细清单。

2. 项目编码

项目编码采用 12 位阿拉伯数字表示（由左至右计位）。1～9 位为统一编码，其中，1、2 位为水利工程顺序码，3、4 位为专业工程顺序码，5、6 位为分类工程顺序码，7～9 位为分项工程顺序码，10～12 位为清单项目名称顺序码。

3. 工程单价

工程单价是指完成工程量清单中一个质量合格的规定计量单位项目所需的直接费（包括人工费、材料费、机械使用费和季节、夜间、高原、风沙等原因增加的直接费）、施工管理费、企业利润和税金，并考虑风险因素。

4. 措施项目

措施项目是指为完成工程项目施工，发生于该工程施工前和施工过程中招标人不要求列示工程量的施工措施项目。

5. 其他项目

其他项目是指为完成工程项目施工，发生于该工程施工过程中招标人要求计列的费用项目。

6. 零星工作项目（或称"计日工"，下同）

零星工作项目是指完成招标人提出的零星工作项目所需的人工、材料、机械单价。

7. 预留金（或称"暂定金额"，下同）

预留金是指招标人为暂定项目和可能发生的合同变更而预留的金额。

8. 企业定额

企业定额是指施工企业根据本企业的施工技术、生产效率和管理水平制定的，供本企业使用的，生产一个质量合格的规定计量单位项目所需的人工、材料和机械台时（班）消耗量。

10.1.3　工程量清单的内容

工程量清单主要有分类分项工程量清单、措施项目清单、其他项目清单、零星工作项目清单四部分，其中分类分项工程量清单是核心。工程量清单的编写应由招标人完成，除以上规定的内容以外，招标人可根据具体情况进行补充。

1. 分类分项工程量清单

分类分项工程量清单包括项目编码、项目名称、计量单位、工程数量和主要技术条款编码五项内容。编制分类分项工程量清单，主要就是将设计图纸规定要实施完成的工程全部对象、内容和任务等列成清单，列出分类分项工程的项目名称，计算出相应项目的有效自然（或实体）工程数量，制作完成工程量清单表。

（1）项目编码。项目编码用 12 位阿拉伯数字表示（从左至右计位）。前 9 位为全国统一编码，不得变动，后 3 位是清单项目名称编码，由清单编制人根据设计图纸的要求、拟建工程的实际情况和项目特征设置。各位编码的含义如下：

第 1、2 位编码为水利工程分类的顺序码 "50"。

第 3、4 位编码为水利建筑工程和水利安装工程分类的顺序码（"01" 为水利建筑工程，"02" 为水利安装工程）。

第5、6位编码为分类工程的顺序码（"01"为土方开挖工程，"02"为石方开挖工程，"03"为土方填筑工程）。

第7、8、9位编码为分类工程项目名称的顺序码（"500101001"中的后3位"001"为场地平整）。

第10、11、12位编码为具体清单项目名称的顺序码，由工程量清单编制人确定。

（2）项目名称。分部分项工程量清单的项目名称是以工程实体设置的，在编制工程量清单时，以《水利工程工程量清单计价规范》（GB 50501—2007）附录中的项目名称为主，考虑到拟建工程项目的规格、型号、材质等特征要求的实际情况，可使其工程量清单的项目名称具体化，以便能够反映影响工程造价的主要因素。

随着科学技术的发展，新材料、新技术、新的施工工艺将不断出现和应用，因此，凡附录中的缺项，在工程量清单编制时，编写人可做补充。补充项目应填写在工程量清单相应分类工程项目之后，并在"项目编码"栏中以"补"字表示。

（3）计量单位。工程数量的计量单位应按规定采用基本单位。

（4）工程数量。工程数量是工程量清单的核心内容。工程量计算是工程量清单编制中工作量最大的工作，需要细致、熟练，计算结果应当准确，能实事求是地反映工程实物的状态、内容和数量，以作为编制标底价格、投标报价等的基础依据。分类分项工程量计算的依据是设计图纸和统一的工程量计算规则。工程量计算规则是指对清单项目工程量的计算规定。除另有说明外，所有清单项目的工程量应以有效实体工程量为准，并以完成后的净值计算，投标人在投标报价时，应在单价中考虑施工中的各种损耗和需要增加的工程量。

（5）主要技术条款编码。主要技术条款编码应按招标文件中相应技术条款的编码填写。

2. 措施项目清单

措施项目是指为了完成工程项目施工，发生于工程施工前和施工过程中的技术、生活、安全等方面的非工程实体的项目。在措施项目清单中将这些非工程实体的项目逐一列出。

在编制措施项目清单时，应考虑在工程施工前和施工过程中所将要发生的多种因素，除工程本身的因素外，还要涉及水文、气象、环境、安全等因素和施工企业的实际情况。措施项目清单根据拟建工程的具体情况和设计要求列项编制，对《水利工程工程量清单计价规范》中所列项目，可以根据工程的规模、涵盖的内容等具体实际情况，编制人可做增减。

3. 其他项目清单

其他项目为完成工程项目施工，发生于该工程施工过程中招标人要求计列的费用项目。该费用项目由招标人掌握，为暂定项目和可能发生的合同变更而预留的费用。编制人在符合法规的前提下，可根据招标工程具体情况调整补充。

其他项目清单一般包括预留金和暂估价。

4. 零星工作项目清单

零星工作项目为完成招标人提出的零星工作项目所需的人工材料机械单价。

零星工作项目清单的编制人应根据招标工程具体情况，对工程实施过程中可能发生的变更或新增加的零星项目，列出人工（按工种）、材料（按名称和型号规格）、机械（按名称和型号规格）的计量单位，不列出具体数量，并随工程量清单发至投标人。

10.2　工程量清单编制

工程量清单是表现招标工程的分类分项工程项目、措施项目、其他项目的名称和相应数量的明细清单。

工程量清单应由具有编制招标文件能力的招标人，或受其委托具有相应资质的中介机构进行编制。工程量清单是招标文件的重要组成部分。

10.2.1　工程量清单编制的原则、依据和步骤

1. 工程量清单编制的原则

（1）必须遵循市场经济活动的基本原则，即客观、公正、公平的原则。所谓客观、公正、公平的原则，就是要求工程量清单的编制要实事求是，不弄虚作假，招标要机会均等，一律公平地对待所有投标人。

（2）符合国家《水利工程工程量清单计价规范》的原则。项目分项类别、分项名称、清单分项编码、计量单位、分类项目特征、工作内容等，都必须符合《水利工程工程量清单计价规范》的规定和要求。

（3）符合工程量实物分项与描述准确的原则。招标人向投标人所提供的清单，必须与设计的施工图纸相符合，能充分体现设计意图，充分反映施工现场的现实施工条件，为投标人能够合理报价创造有利条件，贯彻互利互惠的原则。

（4）工作认真审慎的原则。应当认真学习《水利工程工程量清单计价规范》、相关政策法规、工程量计算规则、施工图纸、工程地质与水文资料和相关的技术资料等。熟悉施工现场情况，注重现场施工条件分析。对初定的工程量清单的各个分项，按有关的规定进行认真核对、审核，避免错漏项、少算或多算工程数量等现象发生，对措施项目与其他措施工程量项目清单也应当认真反复核实，最大限度地减少人为因素的错误发生。重要的问题在于不留缺口，防止日后追加工程投资，增加工程造价。

2. 工程量清单编制的依据

（1）招标设计文件及技术条款。

（2）有关的工程施工规范与工程验收规范。

（3）拟采用的施工组织设计和施工技术方案。

（4）相关的法律、法规及本地区相关的计价条例等。

（5）《水利工程工程量清单计价规范》。

（6）其他相关资料。

3. 工程量清单编制的步骤

（1）收集并熟悉有关资料文件、分析图纸，确定清单分项。收集设计文件（含设计报告、设计图纸、设计概算书）、招标文件及技术条款、本地区相关的计价条例及造价信息，

了解工程项目现场施工条件及业主的指导性意见等，分析设计图纸，确定清单分项。

（2）按分项及计算规则计算清单工程量，编制分类分项工程量清单、措施项目清单和其他项目清单。

根据设计文件及工程项目实际情况，依据计价规范、预算定额对原设计的五部分工程量进行重新计算并认真核对、审核，避免错漏项、少算或多算工程数量等现象的发生。

10.2.2 工程量清单编制格式

1. 工程量清单封面

招标人需在工程量清单封面上填写：拟建的工程项目名称、招标人、招标单位法定代表人、中介机构法定代表人、造价工程师及注册证号、编制时间，详见表10.1。

表 10.1   封 面

_____工程

工程量清单

合同编号：（招标项目合同编号）

招标人：   _____（单位盖章）

招标单位法定代表人

（或委托代理人）：   _____（签字盖章）

中介机构法定代表人

（或委托代理人）：   _____（签字盖章）

造价工程师及注册证号：_____（签字盖执业专用章）

编制时间：   _____

注 封面一般由招标人填写、签字并盖章。

2. 工程量清单填表须知

招标人在编写工程量清单表格时，必须按照规定的要求完成，具体规定见表10.2。

表 10.2   填 表 须 知

序号	项目编号	项目名称	计量单位	工程数量	主要技术条款编码	备注
2.1.2						

3. 工程量清单总说明

工程量清单总说明详见表10.3。

表 10.3   总 说 明

合同编号：（招标项目合同号）

工程名称：（招标项目名称）   第×页，共×页

4. 分类分项工程量清单

分类分项工程量清单详见表10.4。

表 10.4　　　　　　　　　　　　**分类分项工程量清单**

合同编号：（招标项目合同编号）

工程名称：（招标项目名称）　　　　　　　　　　　　　　第×页，共×页

序号	项目编号	项目名称	计量单位	工程数量	主要技术条款编码	备注
1		一级××项目				
1.1		二级××项目				
1.1.1		三级××项目				
	50××××					
1.1.2						
2		一级××项目				
2.1		二级××项目				
2.1.1		三级××项目				
	50××××	最末一级项目				
2.1.2						

5. 措施项目清单

措施项目清单详见表10.5。

表 10.5　　　　　　　　　　　　**措 施 项 目 清 单**

合同编号：（招标项目合同编号）

工程名称：（招标项目名称）　　　　　　　　　　　　　　第×页，共×页

序号	项 目 清 单	备注
1	环境保护措施	
2	文明施工措施	
3	安全防护措施	
4	小型临时工程	
5	施工企业进退场费	
6	大型施工设备安拆费	

6. 其他项目清单

其他项目清单详见表10.6。

表 10.6　　　　　　　其他项目工程量清单

合同编号：（招标项目合同编号）

工程名称：（招标项目名称）　　　　　　　　　　　　　　　第×页，共×页

序号	项 目 名 称	金额/元	备注

7. 零星工作项目量清单

零星工作项目清单填写内容包括：

（1）名称及型号规格，人工按工种，材料按名称和型号规格，机械按名称和型号规格，分别填写。

（2）计量单位，仍以工日或工时，材料以 t、m³ 等，机械以台时或台班，分别填写。

零星工作项目清单详见表10.7。

表 10.7　　　　　　　零 星 工 作 项 目 清 单

合同编号：（招标项目合同编号）

工程名称：（招标项目名称）　　　　　　　　　　　　　　　第×页，共×页

序号	名称	型号规格	计量单位	备注
1	人工			
2	材料			
3	机械			

8. 其他辅助表格

（1）招标人供应材料价格表。按表中材料名称、型号规格、计量单位和供应价填写，并在供应条件和备注栏内说明材料供应的边界条件。招标人供应材料价格表详见表10.8。

表 10.8　　　　　　　　　　　　　**招标人供应材料价格表**

合同编号：（招标项目合同编号）

工程名称：（招标项目名称）　　　　　　　　　　　　　　　　　第×页，共×页

序号	材料名称	型号规格	计量单位	供应价/元	供应条件	备注

（2）招标人提供施工设备参考表。填写内容包括设备名称型号规格、设备状况、设备所在地点、计量单位、数量和折旧费，并在备注栏内说明对投标人使用施工设备的要求。招标人提供施工设备表（参考格式）详见表 10.9。

表 10.9　　　　　　　　　　　　　**招标人提供施工设备表**

合同编号：（招标项目合同编号）

工程名称：（招标项目名称）　　　　　　　　　　　　　　　　　第×页，共×页

序号	设备名称	型号规格	设备所在地点	计量单位	数量	拆迁费 元/台时（台班）	备注

10.3　工程量清单计价原则及其格式

10.3.1　工程量清单计价概述

1. 工程量清单计价的概念

工程量清单计价是指在建设工程招标时由招标人计算出工程量，并作为招标文件内容提供给投标人，再由投标人根据招标人提供的工程量自主报价的一种计价行为。就投标单位而言，工程量清单计价可称为工程量清单报价。

2. 工程量清单计价的特点

工程量清单计价真实反映了工程实际，为把定价自主权交给市场参与方提供了可能。工程量清单计价特点具体体现在以下几个方面：

（1）满足竞争的需要。招标过程本身就是一个竞争的过程，招标人给出工程量清单，由投标人报价，报高了中不了标，报低了要赔本，这就体现出企业技术、管理水平的重要，形成企业整体实力的竞争。

（2）提供了一个平等的竞争条件。工程量清单计价模式由招标人提供工程量，为投标

人提供了一个平等竞争的条件，投标人根据自身的实力来报不同的单价，符合商品交换的一般性原则。

（3）有利于工程款的拨付和工程造价的最终确定。投标人中标后，投标清单上的单价成了拨付工程款的依据。业主根据投标人完成的工程量，可以很容易地确定进度款的拨付额。工程竣工后，根据实际工程量乘以相应单价，业主很容易确定工程的最终造价。

（4）有利于实现风险的合理分担。采用工程量清单报价方式后，投标人只对自己所报的成本、单价等负责，而由业主承担工程量计算不准确的风险，这种格局符合风险合理分担与责权利关系对等的一般性原则。

（5）有利于业主对投资的控制。工程量清单计价模式下，设计变更、工程量的增减对工程造价的影响容易确定，业主能根据投资情况来决定是否变更或进行方案比较，以决定最恰当的处理方法。

10.3.2 工程量清单计价的应用

1. 工程项目类型

《水利工程工程量清单计价规范》是根据《中华人民共和国招标投标法》和现行国家标准《建设工程工程量清单计价规范》（GB 50500—2013）制定的，适用于水利枢纽工程、水力发电、引（调）水、供水、灌溉、河湖整治、堤防等新建、扩建、改建、加固工程的招标投标工程。我国水利工程是全部使用国有资金投资或国有资金投资为主的大中型建设工程，在工程发承包和计价过程中往往存在政府部门行政干预的可能。通过推行工程量清单计价，有利于公平竞争、合理使用资金。

工程量清单计价方式适用于实行招标投标的项目。无论水利工程项目的招标主体和资金来源如何，都可以采用清单计价。随着我国水利工程建筑市场的成熟与完善，工程量清单计价将成为主要的计价模式。

2. 适用的工程项目阶段

使用工程量清单计价的阶段主要是：招标文件编制、投标报价的编制、合同价款的确定、工程竣工结算等。当前主要用于工程的招标投标活动中。

（1）工程招标阶段。招标人在工程方案、初步设计或部分施工图设计完成后，可以自行编制，也可以委托招标代理人编制工程量清单，作为招标文件的组成部分发放给投标人。在设置标底的情况下，可以根据工程量清单和有关要求、施工现场的实际情况、合理的施工方法以及按照建设行政主管部门制定的有关工程造价计价方法编制标底。

（2）工程投标报价阶段。投标单位接到招标文件后，根据工程量清单和有关要求、施工现场实际情况以及拟定的施工方案或施工组织设计，根据企业定额和市场价格信息，并参照建设行政主管部门发布的社会平均消耗量定额编制报价。

3. 实施工程量清单报价应遵循的原则

（1）实行工程量清单计价招标投标的水利工程，其招标标底、投标报价的编制，合同价款的确定与调整，以及工程价款的结算，均应按《水利工程工程量清单计价规范》执行。

（2）工程量清单计价应包括按招标文件规定完成工程量清单所列项目的全部费用，包括分类分项工程费、措施项目费和其他项目费。

（3）分类分项工程量清单计价应采用工程单价计价。

（4）分类分项工程量清单的工程单价，应根据《水利工程工程量清单计价规范》规定的工程单价组成内容，按招标设计文件、图纸、附录 A 和附录 B 中的"主要工作内容"确定。除另有规定外，对有效工程量以外的超挖、超填工程量，施工附加量，加工、运输损耗量等，所消耗的人工、材料和机械费用，均应摊入相应有效工程量的工程单价之内。

（5）招标工程如设标底，标底应根据招标文件中的工程量清单和有关要求，施工现场情况，合理的施工方案，工程单价组成内容，社会平均生产力水平，按市场价格进行编制。

（6）投标报价应根据招标文件中的工程量清单和有关要求，施工现场情况，以及拟定的施工方案，依据企业定额，按市场价格进行编制。

（7）工程量清单的合同结算工程量，除另有约定外，应按《水利工程工程量清单计价规范》及合同文件约定的有效工程量进行计算。合同履行过程中需要变更工程单价时，按《水利工程工程量清单计价规范》和合同约定的变更处理程序办理。

（8）措施项目清单的金额，应根据招标文件的要求以及工程的施工方案，以每一项措施项目为单位，按项计价。

（9）其他项目清单由招标人按估算金额确定。

（10）零星工作项目清单的单价由投标人确定。

10.3.4　《水利工程工程量清单计价规范》简介

1. 《水利工程工程量清单计价规范》的制定

《水利工程工程量清单计价规范》编制过程中，在遵循《建设工程工程量清单计价规范》的编制原则、方法和表现形式的基础上，充分考虑了水利工程建设的特殊性，总结了长期以来我国水利工程在招标投标中编制工程量计价清单和施工合同管理中计量支付工作的经验，注意与《水利水电工程施工合同和招标文件示范文本》之间的协调与整合。《水利工程工程量清单计价规范》在编制过程中，广泛征求了有关建设单位、施工单位、设计单位、咨询单位和相关部门的意见，并经过多次研讨和修改。

2. 《水利工程工程量清单计价规范》的内容

《水利工程工程量清单计价规范》共分为五章和两个附录，包括总则、术语、工程量清单编制、工程量清单计价、工程量清单及其计价格式、附录 A 水利建筑工程工程量清单项目及计算规则和附录 B 水利安装工程工程量清单项目及计算规则等内容。

3. 《水利工程工程量清单计价规范》的特点

（1）强制性。《水利工程工程量清单计价规范》由建设行政主管部门按照强制性标准的要求批准颁发，并明确了工程量清单是招标文件的一部分，并规定了招标人在编制工程量清单时必须遵守的规则，做到了四统一，即统一项目编码、统一项目名称、统计计量单位、统一工程量计算规则。

（2）实用性。《水利工程工程量清单计价规范》附录中工程量清单项目及计算规则的项目名称表现的是工程实体项目，项目明确清晰，工程量计算规则简洁明了；特别还有项

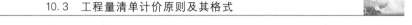

目特征和工程内容，易于编制工程量清单。

（3）竞争性。一是《水利工程工程量清单计价规范》中的措施项目，在工程量清单中只列"措施项目"一栏，具体采用什么措施，如模板脚手架、临时设施施工排水等详细内容由招标人根据企业的施工组织设计，视具体情况报价，因为这些项目在各个企业间各有不同，是企业竞争项目，是留给企业竞争的空间。二是《水利工程工程量清单计价规范》中人工、材料和施工机械没有具体的消耗量，投标企业可以依据企业的定额和市场价格信息，也可以参照建设行政主管部门发布的社会平均消耗量定额报价，《水利工程工程量清单计价规范》将报价权交给企业。

（4）通用性。采用工程量清单计价与国际惯例接轨，符合工程量清单计算方法标准化、工程量计算规则统一化、工程造价确定市场化的规定。

4.《水利工程工程量清单计价规范》的适用范围

《水利工程工程量清单计价规范》适用于水利枢纽、水力发电、引（调）水、供水、灌溉、河湖整治、堤防等新建、扩建、改建、加固工程的招标投标工程量清单编制和计价活动。规范中以黑体字标示的条文为强制性条文，必须严格执行。

《水利工程工程量清单计价规范》由建设部负责管理和对强制性条文的解释，由水利部负责日常管理和具体技术内容的解释。

10.3.4 工程量清单计价表

1. 工程量清单计价格式

工程量清单计价应采用统一格式，填写工程量清单报价表。工程量清单报价表应由下列内容组成：

（1）封面。

（2）投标总价。

（3）工程项目总价表。

（4）分类分项工程量清单计价表。

（5）措施项目清单计价表。

（6）其他项目清单计价表。

（7）零星工作项目计价表。

（8）工程单价汇总表。

（9）工程单价费（税）率汇总表。

（10）投标人生产电、风、水、砂石基础单价汇总表。

（11）投标人生产混凝土配合比材料费表。

（12）招标人供应材料价格汇总表。

（13）投标人自行采购主要材料预算价格汇总表。

（14）招标人提供施工机械台时（班）费汇总表。

（15）投标人自备施工机械台时（班）费汇总表。

（16）总价项目分类分项工程分解表。

（17）工程单价计算表。

2. 工程量清单报价表的填写要求

工程量清单报价表的填写应符合下列规定：

（1）工程量清单报价表的内容应由投标人填写。

（2）投标人不得随意增加、删除或涂改招标人提供的工程量清单中的任何内容。

（3）工程量清单报价表中所有要求盖章、签字的地方，必须由规定的单位和人员盖章、签字（其中法定代表人也可由其授权委托的代理人签字、盖章）。

（4）投标总价应按工程项目总价表合计金额填写。

（5）工程项目总价表填写。表中一级项目名称按招标人提供的招标项目工程量清单中的相应名称填写，并按分类分项工程量清单计价表中相应项目合计金额填写。

（6）分类分项工程量清单计价表填写。

1）表中的序号、项目编码、项目名称、计量单位、工程数量、主要技术条款编码，按招标人提供的分类分项工程量清单中的相应内容填写。

2）表中列明的所有需要填写的单价和合价，投标人均应填写；未填写的单价和合价，视为此项费用已包含在工程量清单的其他单价和合价中。

（7）措施项目清单计价表填写。表中的序号、项目名称，按招标人提供的措施项目清单中的相应内容填写，并填写相应措施项目的金额和合计金额。

（8）其他项目清单计价表填写。表中的序号、项目名称、金额，按招标人提供的其他项目清单中的相应内容填写。

（9）零星工作项目计价表填写。表中的序号、人工、材料、机械的名称、型号规格以及计量单位，按招标人提供的零星工作项目清单中的相应内容填写，并填写相应项目价。

（10）辅助表格填写。

1）工程单价汇总表，按工程单价计算表中的相应内容、价格（费率）填写。

2）工程单价费（税）率汇总表，按工程单价计算表中的相应费（税）率填写。

3）投标人生产电、风、水、砂石基础单价汇总表，按基础单价分析计算成果的相应内容、价格填写，并附相应基础单价的分析计算书。

4）投标人生产混凝土配合比材料费表，按表中工程部位、混凝土和水泥强度等级、级配、水灰比、相应材料用量和单价填写，填写的单价必须与工程单价计算表中采用的相应混凝土材料单价一致。

5）招标人供应材料价格汇总表，按招标人供应的材料名称、型号规格、计量单位和供应价填写，并填写经分析计算后的相应材料预算价格，填写的预算价格必须与工程单价计算表中采用的相应材料预算价格一致。

6）投标人自行采购主要材料预算价格汇总表，按表中的序号、材料名称、型号规格、计量单位和预算价填写，填写的预算价必须与工程单价计算表中采用的相应材料预算价格一致。

7）招标人提供施工机械台时（班）费汇总表，按招标人提供的机械名称、型号规格和招标人收取的台时（班）折旧费填写；投标人填写的台时（班）费用合计金额必须与工程单价计算表中相应的施工机械台时（班）费单价一致。

8）投标人自备施工机械台时（班）费汇总表，按表中的序号、机械名称、型号规格、一类费用和二类费用填写，填写的台时（班）费合计金额必须与工程单价计算表中相应的施工机械台时（班）费单价一致。

9）工程单价计算表，按表中的施工方法、序号、名称、型号规格、计量单位、数量、单价、合价填写，填写的人工、材料和机械等基础价格，必须与基础材料单价汇总表、主要材料预算价格汇总表及施工机械台时（班）费汇总表中单价相一致；填写的施工管理费、企业利润和税金等费（税）率必须与工程单价费（税）率汇总表中费（税）率相一致。凡投标金额小于投标总报价万分之五及以下的工程项目，投标人可不编报工程单价计算表。

10）总价项目一般不再分设分类分项工程项目，若招标人要求投标人填写总价项目分类分项工程分解表，其表达式同分类分项工程量清单计价表。

10.3.5　工程量清单计价的编制

10.3.5.1　工程量清单计价的费用构成

水利工程工程量清单计价的费用构成如下。

1. 分类分项工程费

分类分项工程费是指完成"分类分项工程量清单"项目所需的费用，包括人工费、材料费（消耗的材料费总和）、机械使用费、企业管理费、利润、税金以及风险费。

2. 措施项目费

措施项目费是指分类分项工程费以外，为完成该工程项目施工必须采取的措施所需的费用，是"措施项目一览表"确定的工程措施项目金额的总和。具体措施项目包括环境保护费、文明施工费、安全施工费、临时设施费、大型机械设备进出场及安拆费等。以上措施项目费包括人工费、材料费、机械使用费、企业管理费、利润、税金以及风险费。

3. 其他项目费

其他项目费是指除分类分项工程费和措施项目费用以外，该工程项目施工中可能发生的其他费用。其他项目费包括招标人部分的预留金、材料购置费（仅指由招标人购置的材料费），投标人部分的总承包服务费、零星工作项目费的估算金额等。

10.3.5.2　工程量清单计价的程序

工程量清单计价过程可以分为两个阶段：工程量清单编制和工程量清单报价。

1. 工程量清单编制

在统一的工程量计算规则的基础上，制定工程量清单项目的设置规则，根据具体工程的施工图纸及合同条款计算出各个清单项目的工程量，并按统一格式完成工程量清单编制。

2. 工程量清单报价

依据工程量清单、国家地区或行业的定额资料、市场信息、合同技术条款，招标人或者招标委托人制定项目的标底价格，投标单位依据招标人提供的工程期限根据企业定额和从各种渠道获得的工程造价信息和经验数据计算得到投标报价。

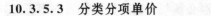

10.3.5.3　分类分项单价

1. 计算施工方案工程量

工程量清单计价模式下，招标人提供的分类分项工程量是按招标设计图示尺寸范围内的有效自然方体积计量。在计算直接工程费时，必须考虑施工方案等各种影响因素，重新计算施工作业量，以施工过程中增加的超挖量与施工附加作业量之和为基数完成计价。施工方案不同，施工作业量的计算方法与计算结果也不相同。例如，某构筑物条形基础土方工程，业主根据基础施工图，按清单工程量计算规则，有效的自然方体积是以基础垫层底面积乘以挖土深度计算工程量，计算得到土方挖方总量为300m³，投标人根据分类分项工程量清单及地质资料，可采用两种施工方案进行，方案1的工作面宽度各边0.20m、放坡系数为0.35；方案2则是考虑到土质松散，采用挡土板支护开挖，工作面0.3m。按预算定额计算工程量分别为：方案1的土方挖方总量为735m³；方案2的土方挖方总量为480m³。因此，同一工程，由于施工方案不同，工程造价各异。投标单位可根据工程条件选择能发挥自身技术优势的施工方案，力求降低工程造价，确立在投标中的竞争优势。同时，必须注意工程量清单计算规则是针对清单项目的主项的计算方法及计量单位进行确定，对主项以外的工程内容的计算方法及计量单位不做规定，由投标人根据招标图及投标人的经验自行确定。最后综合处理形成分类分项工程量清单的工程单价。

2. 人、材、机数量测算

企业可以按反映企业水平的企业定额或参照政府消耗量定额确定人工、材料、机械台班的耗用量。

3. 市场调查和询价

根据工程项目的具体情况，考虑市场资源的供求状况，采用市场价格作为参考，考虑一定的调价系数，确定人工工资单价、材料预算价格和施工机械台班单价。

4. 计算清单项目分项工程的直接工程费单价

按确定的分项工程人工、材料和机械的消耗量及询价获得的人工工资单价、材料预算单价、施工机械台班单价，计算出对应分类工程单位数量的人工费、材料费和机械费。计算公式为

$$人工费＝\sum 人工工日数×对应的人工工资单价 \tag{10.1}$$

$$材料费＝\sum 材料消耗量×对应的材料预算单价 \tag{10.2}$$

$$机械费＝\sum 机械台时消耗量×对应的机械台时单价 \tag{10.3}$$

$$分类工程的直接工程费单价＝\sum (人工费＋材料费＋机械费) \tag{10.4}$$

5. 计算工程单价

计算工程单价中的企业管理费、利润和税金时，可以根据每个分项工程的具体情况逐项估算。一般情况下，采用分摊法计算分项工程中的管理费、利润和税金，即先计算出工程的全部管理费、利润和税金，然后再分摊到工程量清单中的每个分项工程上。分摊计算时，投标人可以根据以往的经验确定一个适当的分摊系数来计算每个分项工程应分摊的企业管理费、利润和税金。

10.3.5.4 措施项目清单计价

1. 措施项目概述

措施项目是指为了完成工程项目施工，发生于工程施工前和施工过程中招标人不要求列示工程量的施工措施项目，是发生于工程施工前和施工过程中的技术、生活、安全等方面的非工程实体的项目。在措施项目清单中将这些非工程实体的项目逐一列出。

在措施项目中，凡能列出工程数量并按单价结算的项目，均应列入分类分项工程量清单，在清单中计价。如混凝土、钢筋混凝土模板及支架，脚手架，施工排水、降水等项目。

措施项目清单按招标文件确定的措施项目名称填写。

其他项目清单是指分类分项工程清单和措施项目清单以外，该工程项目施工可能发生的其他费用。其他项目清单填写，按照招标文件确定的其他项目名称、金额填写。

2. 措施项目费计算

措施项目清单的金额，应根据拟建工程的施工方案或施工组织设计，参照规范规定的综合单价组成来确定。措施项目清单中所列的措施项目均以"一项"提出，在计价时，首先应详细分析其所包括的全部工程内容，然后确定其综合单价。

计算措施项目综合单价的方法有费率法、参数法、实物量法和分包法。

（1）费率法计价。费率法计价是指按国家或工程项目所在地的地方管理规定进行计算，国家及各省市在进行建设项目管理时，制定了建筑安装工程环境保护措施、文明施工措施、安全防护措施的取费标准和计算基数。如江苏省2006年规定，现场管理费中含文明工地及安全生产管理费0.2%～0.5%，工程规模大取小值，工程规模小取大值。

（2）参数法计价。参数法计价是指按规定的基数乘系数的方法或自定义公式进行计算。这种方法简单明了，但最大的难点是公式的科学性、准确性难以把握。系数高低直接反映投标人的施工水平。这种方法主要适用于施工过程中必须发生，但在投标时很难具体分项预测，又无法单独列出项目内容的措施项目，如小型临时工程费、施工企业进退场费等，按此方法计价。

（3）实物量法计价。实物量法计价就是根据需要消耗的实物工程量与实物单价计算措施费。比如，脚手架搭拆费可根据脚手架摊销量和脚手架价格及搭、拆、运输费计算，租赁费可按脚手架每日租金和搭设周期及搭、拆、运输费计算。

（4）分包法计价。在分包价格的基础上增加投标人的管理费及风险费进行计价的方法，这种方法适合可以分包的独立项目。如大型机械设备进出场及安拆费的计算。在对措施项目计价时，每一项费用都要求是综合单价，但是并非每个措施项目内人工费、管理费和利润都必须有。

10.3.5.5 零星项目单价计价

零星工作项目清单，是招标人根据招标工程具体情况，对工程实施过程中可能发生的变更或新增加的零星项目，列出人工（按工种）、材料（按名称和型号规格）、机械（按名称和型号规格）的计量单位，由投标人计算人工、材料、机械单价，作为工程变更或新增加的零星项目工程费的计算依据，并随工程投标文件报送招标人。

人工单价按工程所在地的劳动力市场价格按工种分别报价，如木工、混凝土工、钢筋工等；材料单价应按零星工作项目所需的材料名称和型号规格按材料预算价格，并考虑一定的价格上涨因素；机械单价按所需机械设备名称和型号规格以企业定额计算台班单价，同时应考虑一定燃料价格的上涨因素。

10.3.5.6　其他项目费计价

由于工程建设标准高低、工程复杂程度、工期长短、工程组成内容各不相同，且这些因素直接影响其他项目清单中的具体内容，在施工前很难预料在施工过程中会发生什么变更。所以招标人将这部分费用以其他项目费的形式列出，由投标人按规定组价，包括在总价内。

《水利工程工程量清单计价规范》中其他项目清单只列预留金一项，由招标人按估算金额确定。预留金部分是非竞争性项目，要求投标人按招标人提供的数量和金额列入报价，不允许投标人对价格进行调整。

预留金主要是考虑到可能发生的工程量变化和费用增加而预留的金额。预留金的计算应根据招标设计文件的深度、设计质量的高低、拟建工程的成熟程度及工程风险的性质来确定其额度。设计深度深、设计质量高、已经成熟的工程设计，一般预留工程总造价3％～5％。在初步设计阶段，工程设计不成熟的，最少要预留工程总造价的10％～15％作为预留金。预留金的支付与否、支付额度以及用途，都必须通过监理工程师的批准。

10.4　工程量计量与工程款支付

10.4.1　工程量计量

10.4.1.1　工程量概述

《合同范本》中《工程量清单》开列的工程量是合同的估算工程量，不是承包人为履行合同应当完成的和用于结算的工程量。结算的工程量应是承包人实际完成的并按合同有关计量规定计量的工程量。

《合同范本》中《工程量清单》的工程量是招标时按设计图纸和有关计量规定估算的工程量，不需要很精确，编制清单时可按计算数量取整。用于工程价款支付的工程量应为承包人实际完成后进行量测计算并按合同规定进行计量的工程量。

10.4.1.2　完成工程量的计量

（1）承包人应按合同规定的计量办法，按月对已完成的质量合格的工程进行准确计量，并在每月末随同月付款申请单，按照《合同范本》中《工程量清单》的项目分项向监理人提交完成工程量月报表和有关计量资料。

每月月末承包人向监理人提交月付款申请单时，应同时提交完成工程量月报表，其计量周期可视具体工程和财务报表制度由监理人与承包人商定，一般可定在上月26日至本月25日。若工程项目较多，监理人与承包人协商后也可以先由承包人向监理人提交完成工程量月报表，经监理人核实同意后，返回承包人，再由承包人据此提交月付款申请单。

（2）监理人对承包人提交的完成工程量月报表进行复核，以确定当月完成的工程量，如有疑问，可以要求承包人派员与监理人共同复核，并可要求承包人按规定进行抽样复测，此时承包人应指派代表协助监理人进行复核并按监理人的要求提供补充的计量资料。

（3）若承包人未按监理人的要求派代表参加复核，则监理人复核修正的工程量应视为承包人实际完成的准确工程量。

（4）监理人认为有必要时，可要求与承包人联合进行测量计量，承包人应遵照执行。

（5）承包人完成了《合同范本》中《工程量清单》每个项目的全部工程量后，监理人应要求承包人派员共同对每个项目的历次计量报表进行汇总和通过测量核实该项目的最终结算工程量，并可要求承包人提供补充计量资料，以确定该项目最后一次进度付款的准确工程量。如承包人未按监理人的要求派员参加，则监理人最终核实的工程量应被视为该项目完成的准确工程量。

10.4.1.3 工程量计量方法

1. 说明

（1）所有工程项目的计量方法均应符合本技术条款各章的规定，承包人应自供一切计量设备和用具，并保证计量设备和用具符合国家度量衡标准的精度要求。

（2）凡超出施工图纸和本技术条款规定的计量范围以外的长度、面积或体积，均不予计量或计算。

（3）实物工程量的计量，应由承包人应用标准的计量设备进行称量或计算，并经监理人签认后，列入承包人的每月工程量报表。

2. 质量计量的计算

（1）凡以质量计量的材料，应由承包人用合格的称量器，在规定的地点进行称量。

（2）钢材的计量应按施工图纸所示的净值计量。钢筋应按监理批准的钢筋下料表，以直径和长度计算，不计入钢筋损耗和架设定位的附加钢筋量；预应力钢绞线、预应力钢筋和预应力钢丝的工程量，按锚固长度与工作长度之和计算重量；钢板和型钢钢材按制成的成件的成型净尺寸和使用钢材规格的标准单位重量计算其工程量，不计其下料损耗量和施工安装等所需的附加钢材用量。施工附加量均不单独计量，而应包括在有关钢筋、钢材和预应力钢材等各自的单价中。

3. 面积计量的计算

结构面积的计算，应按施工图纸所示结构物尺寸线或监理人指示在现场实际量测的结构物净尺寸线进行计算。

4. 体积计量的计算

（1）结构物体积计量的计算，应按施工图纸所示轮廓线内的实际工程量或按监理人指示在现场量测的净尺寸线进行计算。经监理人批准，大体积混凝土中所设体积小于 $0.1 m^3$ 的孔洞、排水管、预埋管和凹槽等工程量不予扣除，按施工图纸和指示要求对临时孔洞进行回填的工程量不重复计量。

（2）混凝土工程量的计量，应按监理人签认的已完工程的净尺寸计算；土石方填筑工程量的计量，应按完工验收时实测的工程量进行最终计量。

5. 长度计量的计算

所有以延米计量的结构物，除施工图纸另有规定，应按平行于结构物位置的纵向轴线或基础方向的长度计算。

10.4.1.4 工程量计量与支付

1. 土石方工程

（1）坝体填筑最终工程量的计量，应按施工图所示的坝体填筑尺寸和施工图纸所示各种填筑体的尺寸和基础开挖清理完成后的实测地形，计算各种填筑体的工程量，以《水利工程工程量清单计价规范》所列项目的各种坝料填筑的每立方米单价支付。

进度支付的计量，应按施工图纸外轮廓尺寸边线和实测施工期各填筑体的高程计算其工程量，以《水利工程工程量清单计价规范》所列项目的各种坝料填筑的每立方米单价支付。

（2）各种坝料填筑的每立方米单价中，已包括填筑所需的料场清理、料物开采、加工、运输、堆存、试验、填筑、土料填筑过程中的含水量调整以及质量检查和验收等工作所需的全部人工、材料及使用设备和辅助设施等一切费用。

（3）由承包人进行的料场复查所需的费用包括在《水利工程工程量清单计价规范》各有关坝料的单价中，发包人不再另行支付。

（4）经监理人批准改变料场引起坝料单价的调整，应按规定办理。

（5）现场生产性试验所需的费用按《水利工程工程量清单计价规范》所列项目的总价进行支付。

（6）土工合成材料工程量应以完工时实际测量的铺设面积计算，以平方米（m²）为单位计量，并按《水利工程工程量清单计价规范》所列项目的每平方米单价进行支付，其中接缝搭接的面积和褶皱面积不另行计量。该单价中包括土工合成材料的提供及土工合成材料的拼接、铺设、保护等施工作业以及质量检查和验收所需的全部人工、材料、使用设备和辅助设施等一切费用。

土工合成材料拼接所用的黏结剂、焊接剂和缝合细线等材料的提供及其抽样检验等所需的全部费用应包括在土工合成材料的每平方米单价中，发包人不再另行支付。

2. 砌筑工程

（1）砌石体和砌砖体以施工图纸所示的建筑物轮廓线或经监理人批准实施的砌体建筑物尺寸量测计算的工程量以立方米（m³）为单位计量，并按《水利工程工程量清单计价规范》所列项目的每立方米单价进行支付。

（2）砖石工程砌体所用材料（包括水泥、砂石骨料、外加剂等胶凝材料）的采购、运输、保管、加工、砌筑、试验、养护、质量检查和验收等所需的人工、材料以及使用设备和辅助设施等一切费用均包括在砌筑体每立方米单价中。

（3）钢筋预埋件以施工图纸和监理人指示的钢筋下料总长度折算为重量，以吨（t）为单位计量，并按《水利工程工程量清单计价规范》所列项目的每吨单价进行支付。

（4）因施工需要所进行砌体基础面的清理和施工排水，均应包括在砌筑体工程项目每立方米单价中，不单独计量支付。

3. 混凝土及预制混凝土工程

（1）普通混凝土。

1）混凝土以立方米（m³）为单位，按施工图纸或监理人签认的建筑物轮廓线或构件边线内实际浇筑的混凝土进行工程量计量，按《水利工程工程量清单计价规范》所列项目的每立方米单价支付。图纸所示或监理人指示边线以外超挖部分的回填混凝土及其他混凝土，以及按规定进行质量检查和验收的费用，均包括在每立方米混凝土单价中，发包人不再另行支付。

2）凡圆角或斜角、金属件占用的空间，或体积小于 $0.1m^3$，或截面积小于 $0.1m^2$ 和预埋件占去的空间，在混凝土计量中不予扣除。

3）混凝土浇筑所用的材料（包括水泥、掺合料、骨料、外加剂等）的采购运输、保管、储存，以及混凝土的生产、浇筑、养护、表面保护试验和辅助工作等所需的人工材料及使用设备和辅助设施等一切费用均包括在混凝土每立方米单价中。

4）根据要求完成的混凝土配合比试验，经监理人最终批准的试验报告，按混凝土配合比试验项目的总价支付。总价中包括试验中所有材料、试验样品、劳动力及设备和辅助设施的提供，以及与试验有关的养护和测试等所需的一切费用。

5）止水、止浆、伸缩缝所用的各种材料的供应和制作安装，应按《水利工程工程量清单计价规范》所列各种材料的计量单位计量，并按该规范所列项目的相应单价计价进行支付。

6）混凝土冷却费用按《水利工程工程量清单计价规范》所列"混凝土冷却"项目的体积，以每立方米单价进行支付，"混凝土冷却"体积应按施工图纸或监理人指示使用预埋冷却水管进行冷却的混凝土体积，其费用包括：制冷设备和设施的运行和维护以及制冷过程中进行检查、检验和维修所需的一切费用；混凝土浇筑体外的冷却水输水管和临时管道的材料供应以及管道的制作安装，运行和拆除等费用。

7）埋入混凝土体内的冷却水管及其附件的费用，根据施工图纸的规定和监理人指示以埋入混凝土的蛇形管的每延米数计量，并按预埋冷却水管每延米单价支付，未埋入混凝土中的冷却水管的主、干管及接头不单独计量，其费用计入预埋冷却水管的单价中。

8）混凝土表面的修整费用不予单列，应包括在混凝土每立方米单价中。

9）多孔混凝土排水管的计量和支付，应根据施工图纸和监理人指示实际安装的每延米计量，并按《水利工程工程量清单计价规范》所列项目的每延米单价进行支付。

10）混凝土中收缩缝和冷却水管的灌浆、开孔的压力灌浆，以及所用材料，应按监理人认可实际消耗的水泥用量的吨数计量，按《水利工程工程量清单计价规范》所列项目的每吨单价支付，单价中包括灌浆所需的人工、材料及使用设备和辅助设施等一切费用。为灌浆系统所循环水将不单独支付，其费用列入相应灌浆项目单价中。

（2）水下混凝土。

1）按施工图纸和监理人指示的范围，以浇筑前后的水下地形测量剖面进行计量，按《水利工程工程量清单计价规范》所列项目的每立方米单价支付。

2）图纸无法表明的工程量，可按实际灌注到指定位置所发生的工程量计量，按《水利工程工程量清单计价规范》所列项目的每立方米单价支付。

3）水下混凝土的单价应包括水泥、骨料、外加剂和粉煤灰等材料的供应和水下混凝土的拌和、运输、灌注、质量检查和验收所需的人工、材料及使用设备和辅助设施，以及为确定正常损耗量所进行试验的一切费用。

（3）预制混凝土。

1) 预制混凝土的计量和支付以施工图纸所示的构件尺寸，以立方米（m³）为单位进行计量，并按《水利工程工程量清单计价规范》所列项目的每立方米单价进行支付。

预制混凝土每立方米单价中应包括原材料的采购、运输、储存，模板的制作搬运和架设，混凝土的浇筑，预制混凝土构件的运输、安装、焊接和二期混凝土填筑等所需的全部人工、材料及使用设备和辅助设施以及试验检验和验收等一切费用。

2) 预制混凝土的钢筋应按施工图纸所示的钢筋型号和尺寸进行计算，并经监理人签认的实际钢筋用量，以每吨为单位进行计量，并按《水利工程工程量清单计价规范》所列项目的每吨单价进行支付。

每吨钢筋的单价包括钢筋材料的采购、运输、储存，钢筋的制作、绑焊等所需的人工、材料以及使用设备和辅助设施等一切费用。

4. 钻孔灌浆工程

（1）凡属灌浆孔、检查孔、勘探孔、观测孔和排水孔均应按施工图纸和监理人确认的实际钻孔进尺，以每延米为单位计量，按《水利工程工程量清单计价规范》中所列项目的各部位（从钻孔钻机或套管进入覆盖层、混凝土或岩石面的位置开始）钻孔的每延米单价支付，该单价应包含钻孔所需的人工、材料、使用设备和其他辅助设施以及质量检查和验收所需的一切费用。因承包人施工失误而报废的钻孔，不予计量和支付。

（2）帷幕灌浆和固结灌浆孔及其检查孔等取芯钻孔，应经监理人确认，按取芯样钻孔，以每延米为单位计量，按《水利工程工程量清单计价规范》中取芯样钻孔的每延米单价支付。由于承包人失误未取得有效芯样的钻孔不予支付。

（3）芯样试验根据规定的钻孔取芯及其试验项目按总价列项支付。总价中应包括试验所用的人工、材料和使用设备和辅助设施，以及试验检验所需的一切费用。

（4）任何钻孔内冲洗和裂隙清洗均不单独计量和支付，其费用包括在《水利工程工程量清单计价规范》中各相应钻孔项目的灌浆作业单价中。

5. 锚喷支护工程

（1）注浆和非注浆锚杆按不同锚固长度、直径，以监理人验收合格的锚杆安装数量（根数）计量。

（2）每根锚杆按《水利工程工程量清单计价规范》中相应每根单价支付，单价中包括锚杆的供货和加工、钻孔和安装、灌浆，以及试验和质量检查验收所需的人工、材料及使用设备和辅助设施等一切费用。

（3）预应力锚束的计量，应按施工图纸所示和监理人指定使用的各类规格的预应力锚束分类按根数和预加应力吨位计量。

（4）预应力锚束的支付，按《水利工程工程量清单计价规范》中所列项目，以每根锚束的每千牛·米（kN·m）单价支付，其单价应包括锚束孔钻孔、锚束（钢丝或钢绞线）的供货、安装张拉、锚固、注浆、检验试验和质量检查验收，以及混凝土支承墩的施工和各种附件的供货加工、安装等所需的全部人工、材料及使用设备和其他辅助设施等一切费用。

6. 模板工程

（1）坝体混凝土模板包括坝中孔洞模板、坝上道路桥梁、栏杆、踏步、预制件和预应力构件的模板，应分摊在每立方米混凝土单价中，不单独计量和支付。单价中包括模板及其支撑材料的提供以及模板的制作、安装、维护、拆除、质量检查和检验等所需的全部人工、材料及其使用设备和辅助设施等一切费用。

（2）混凝土浇筑的曲面模板或结构物表面有平整度和特殊要求的模板，应按混凝土接触面的每立方米计量，分别按《水利工程工程量清单计价规范》所列每立方米单价支付。单价中包括模板材料的提供，模板的制作、安装、维护及拆除和质量检查和验收所需的全部人工、材料以及使用设备和辅助设施等一切费用。

10.4.2　工程款付款

1. 工程预付款

（1）工程预付款是发包人为了帮助承包人解决资金周转困难的一种无息贷款，主要供承包人为添置本合同工程施工设备以及承包人需要预先垫支的部分费用。按合同规定，工程预付款需在以后的进度付款中扣还。

（2）工程预付款的总金额应不低于合同价格的10%，分两次支付给承包人。第一次预付款的金额应不低于工程预付款总金额的40%，工程预付款总金额的额度和分次付款比例在专用合同条款中规定，工程预付款专用于《合同范本》工程。

（3）第一次预付款在协议书签订后21天内，由承包人向发包人提交经发包人认可的工程预付款保函，并经监理人出具付款证书报送发包人批准后予以支付。工程预付款保函在预付款被发包人扣回前一直有效，担保金额为本次预付款金额，但可根据以后预付款扣回的金额相应递减。

（4）第二次预付款需待承包人主要设备进入工地后，其估算价值已达到本次预付款金额时，由承包人提出书面申请，经监理人核实后出具证书报送发包人，发包人收到监理人出具的付款证书后14天内支付给承包人。

（5）工程预付款由发包人从月进度付款中扣回。在合同累计完成金额达到专用合同条款规定的数额时开始扣款，直至合同累计完成金额达到专用合同条款规定的数额时全都扣清。在每次进度付款时，累计扣回的金额按下式计算：

$$R = \frac{A}{(F_2 - F_1)S}(C - F_1 S) \tag{10.5}$$

式中　R——每次进度付款中累计扣回的金额；

　　　A——工程预付款总金额；

　　　S——合同价格；

　　　C——合同累计完成金额；

　　　F_1——按专用合同条款规定开始扣款时合同累计完成金额达到合同价格的比例；

　　　F_2——按专用合同条款规定全部扣清时合同累计完成金额达到合同价格的比例。

2. 工程材料预付款

（1）专用合同条款中规定的工程主要材料到达工地并满足以下条件后，承包人可向监理人提交材料预付款支付申请单，要求给予材料预付款。

1）材料的质量和储存条件符合《合同范本》中《技术条款》的要求。

2）材料已到达工地，并经承包人和监理人共同验收入库。

3）承包人应按监理人的要求提交材料的订货单、收据或价格证明文件。

（2）预付款金额为经监理人审核后的实际材料价的90％，在月进度付款中支付。

（3）预付款从付款月后的6个月内在月进度付款中每月按该预付款金额的1/6平均扣还。

3．月进度付款申请单

承包人应在每月末按监理人规定的格式提交月进度付款申请单（一式四份），并附有规定的完成工程量月报表。该申请单应包括以下内容：

（1）已完成的工程量清单中的工程项目及其项目的应付金额。

（2）经监理人签认的当月计日工支付凭证标明的应付金额。

（3）按规定的工程材料预付款金额。

（4）根据规定的价格调整金额。

（5）根据合同规定承包人应有权得到的其他金额。

（6）扣除按规定应由发包人扣还的工程预付款和工程材料预付款金额。

（7）扣除按规定应由发包人扣留的保留金金额。

（8）扣除按合同规定应由承包人付给发包人的其他金额。

大中型水利水电工程的主体工程施工工期较长，为了使承包人能及时得到工程价款，解决其资金周转的困难，一般均采用按月结算支付工程价款的办法。结合月进度付款对工程进度和质量进行定期检查和控制是监理人监理工程实施的一项有效措施。

上述第（5）和（8）项所指的其他金额指的是包括变更及以往付款中的差错和质量复查不合格等原因引起的工程价款调整。

4．月进度付款证书

监理人收到承包人提交的月进度付款申请单和完成工程量月报表后，对承包人完成的工程形象、项目、质量、数量以及各项价款的计算进行核查，若有疑问，可要求承包人派员与监理人共同复核，最后应按监理人的核查结果出具付款证书，提出应到期支付给承包人的金额。

5．工程进度付款的修正和更改

监理人有权对以往历次已签证的月进度付款证书的汇总和复核中发现的错漏或重复进行修正或更改；承包人也有权提出此类修正或更改。经双方复核同意的此类修正或更改，应列入月进度付款证书予以支付或扣除。

6．支付时间

发包人收到监理人签证的月进度证书并审批后支付给承包人，支付时间不应超过监理人收到月进度付款申请单后28天。若不按期支付，则应从逾期第一天起按专用合同条款中规定的逾期付款违约金付给承包人。

7．总价承包项目的支付

承包人应在签订协议书后的28天内将总价承包项目的分解表提交监理人审批，批准后的分解表作为合同支付依据。该分解表列出了总价承包项目的所属子项和分阶段需支付的金额。发包人将根据实际完成情况与其他项目一起在月进度付款中分次支付，使承包人能及时得到工程价款。

10.4.3 保留金

保留金主要用于承包人履行属于其自身责任的工程缺陷修补，为监理人有效监督承包人圆满完成缺陷修补工作提供资金保证。保留金总额一般可为合同价格的 2.5%～5%，从第一个月开始在给承包人的月进度付款中（不包括预付款和价格调整金额）扣留 5%～10%，直至扣款总额达到规定的保留金额为止。

（1）监理人应从第一个月开始，在给承包人的月进度付款中扣留专用合同规定百分比的金额作为保留金（其计算额度不包括预付款和价格调整金额），直至扣留的保留金总额达到专用合同条款规定的数额为止。

（2）在签发本合同工程移交证书后 14 天内，由监理人出具保留金付款证书，发包人将保留金总额的一半支付给承包人。

（3）在单位工程验收并签发移交证书后，将其相应的保留金总额的一半在月进度付款中支付给承包人。

（4）监理人在本合同全部工程的保修期满时，出具支付剩余保留金的付款证书。发包人应在收到上述付款证书后 14 天内将剩余的保留金支付给承包人。若保修期满时尚需承包人完成剩余工作，则监理人有权在付款证书中扣留与剩余工作所需金额相应的保留金余额。

10.4.4 完工结算

工程完工后应清理支付账目，包括已完工程尚未支付的价款、保留金的清退以及其他按合同规定需结算的账目。

1. 完工付款申请单

在本合同工程移交证书颁发后的 28 天内，承包人应按监理人批准的格式提交一份完工付款申请单（一式四份），并附有以下内容的详细证明文件。

（1）至移交证书注明的完工日期为止，根据合同所累计完成的全部工程价款金额。

（2）承包人认为根据合同应支付给他的追加金额和其他金额。

2. 完工付款证书及支付时间

监理人应在收到承包人提交的完工付款申请单后的 28 天内完成复核，并与承包人协商修改后，在完工付款申请单上签字和出具完工付款证书报送发包人审批。发包人应在收到上述完工付款证书后的 42 天内审批后支付给承包人。若发包人不按期支付，则应按规定的相同办法将逾期付款违约金加付给承包人。

10.4.5 最终结清

1. 最终付款申请单

（1）承包人在收到按规定颁发的保修责任终止证书后的 28 天内，按监理人批准的格式向监理人提交一份最终付款申请单（一式四份）。该申请单应包括以下内容，并附有关的证明文件。

1）按合同规定已经完成的全部工程价款金额。

2）按合同规定应付给承包人的追加金额。

3）承包人认为应付的其他金额。

（2）若监理人对最终付款清单中的某些内容有异议，有权要求承包人进行修改和提供充分资料，直至监理人同意后，由承包人再次提交经修改后的最终付款申清单。

2. 结清单

承包人向监理人提交最终付款申请单的同时，应向发包人提交结清单，并将结清单的副本提交监理人。该结清单应证实最终付款申请单的总金额是根据合同规定应付给承包人的全部款项的最终结算金额。但结清单只在承包人收到退还履约担保证件和发包人已向承包人付清监理人出具的最终付款证书中应付的金额后才生效。

3. 最终付款证书和支付时间

监理人收到经其同意的最终付款申请单和结清单副本后的 14 天内，出具一份最终付款证书报送发包人审批。最终付款证书应说明：

（1）按合同规定和其他情况应最终支付给承包人的合同总金额。

（2）发包人已支付的所有金额以及发包人有权得到的全部金额。

发包人审查最终付款证书后，若确认还应向承包人付款，则应在收到该证书后的 42 天内支付给承包人。若确认承包人应向发包人付款，则发包人应通知承包人，承包人应在收到通知后的 42 天内付还给发包人。不论是发包人还是承包人，若不按期支付，均应按规定的办法将逾期付款违约金加付给对方。

若发包人和承包人未能就最终付款取得一致意见，且在短期内难以解决，监理人应将双方已同意的部分出具临时付款证书报送发包人审批后支付。对于未取得一致的付款内容，合同双方仍可继续进行协商，也可提交争议调解组调解解决。发包人不能因双方尚有不一致的付款内容而搁置已取得同意部分的支付。若应由承包人向发包人付款，承包人也应将已取得同意的部分付还发包人。

【例 10.1】　按下列给出的工程条件，计算 2019 年 11 月的工程预付款扣回金额，承包人实得金额（单位：万元留 2 位小数）。某承包人根据《水利水电工程标准施工招标文件》与发包人签订某引调水工程引水渠标段施工合同，合同约定：

（1）合同工期 465 天，2018 年 10 月 1 日开工。

（2）签约合同价为 5800 万元。

（3）履约保证金兼具工程质量保证金功能，施工进度付款中不再预留质量保证金。

（4）工程预付款为签约合同价的 10%，开工前分两次支付，工程预付款的扣回与还清按公式计算：$R = A \div [(F_2 - F_1)S] \times (C - F_1 S)$，$F_1 = 20\%$，$F_2 = 90\%$。截至 2019 年 10 月，承包人累计完成合同金额 4820 万元，2019 年 11 月监理人审核批准的合同金额 442 万元。

【解】

该工程预付款总额为

$$5800 \times 10\% = 580 \text{（万元）}$$

2019 年 10 月、11 月预付款累计扣回为

$$R_{10} = 580 \times (4820 - 5800 \times 20\%) / [5800 \times (90\% - 20\%)] = 522.86 \text{（万元）}$$

$$R_{11} = 580 \times (4820 + 442 - 5800 \times 20\%) / [5800 \times (90\% - 20\%)] = 586 \text{（万元）}$$

由于 11 月累计扣回预付款大于预付款总额,则 11 月应扣回预付款为

$$580-522.86=57.14(万元)$$

2019 年 11 月承包人实得金额为 $442-57.14=384.86$(万元)。

思 考 题

1. 什么工程量清单,与工程定额有何差异?
2. 简述工程量清单编制的基本原则,依据和步骤。
3. 简述分类分项工程量清单计价编制过程。
4. 论述措施项目清单计价的编制过程。

第11章 工程经济评价

11.1 财 务 评 价

11.1.1 财务评价概述

1. 财务评价的概念及特点

财务评价又称财务分析，是从项目财务核算单位的角度，根据国家现行的财税制度和价格体系，分析计算项目直接发生的财务效益和费用，编制财务报表，计算评价指标，考察项目的清偿能力、盈利能力以及外汇平衡等财务状况，其目的是考察项目在财务上的可行性。财务评价应在初步确定的建设方案、投资估算和融资方案的基础上进行，财务评价结果又可以反馈到方案设计中，用于方案比选，优化方案设计。

水利水电工程具有防洪、治涝、发电、航运、城镇供水、灌溉、水产养殖和旅游等多种功能。因此，水利水电工程的财务评价，应根据不同功能的财务收益特点区别对待。

（1）对水力发电、供水等盈利性的水利水电项目，应根据国家现行的财税制度和价格体系在计算项目财务费用和财务效益的基础上，全面分析项目的清偿能力和盈利能力。

（2）对灌溉等保本型的水利水电项目，应该重点核算水利项目的灌溉供水成本和水费标准，对使用贷款或部分贷款建设的项目还需做项目清偿能力的分析，主要是计算和分析项目的借款偿还期。

（3）对防洪、治涝等社会公益性水利水电项目，主要是研究提出维持项目正常运行需由国家补贴的资金数额和需采取的经济优惠措施及有关政策。

（4）对具有综合利用功能的水利水电工程项目，应该把项目作为一个整体进行财务评价。

2. 财务评价的作用

项目的财务评价，无论是对项目投资主体，还是对为项目建设和生产提供资金的其他机构或个人，均具有十分重要的作用。主要表现在：

（1）考察项目的财务盈利能力。项目的财务盈利水平如何，能否达到国家规定的基准收益率，项目投资的主体能否取得预期的投资效益，项目的清偿能力如何，是否低于国家

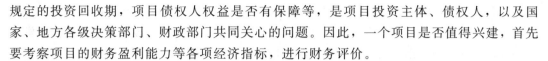

规定的投资回收期，项目债权人权益是否有保障等，是项目投资主体、债权人，以及国家、地方各级决策部门、财政部门共同关心的问题。因此，一个项目是否值得兴建，首先要考察项目的财务盈利能力等各项经济指标，进行财务评价。

（2）为项目制定适宜的资金规划。确定项目实施所需资金的数额，根据资金的可能来源及资金的使用效益，安排恰当的用款计划及选择适宜的筹资方案，都是财务评价要解决的问题。项目资金的提供者们据此安排各自的出资计划，以保证项目所需资金能及时到位。

（3）为协调企业利益和国家利益提供依据。有些投资项目是国计民生所急需的，其国民经济评价结论好，但财务评价不可行。为了使这些项目具有财务生存能力，国家需要用经济手段予以调节。财务分析可以通过考察有关经济参数（如价格、税收和利率等）变动对分析结果的影响，寻找经济调节的方式和幅度，使企业利益和国家利益趋于一致。

（4）在项目方案比选中起着重要作用。项目经济评价的重要内容之一就是方案比选，无论是在规模、技术和工程等方面都必须通过方案比选予以优化，使项目整体趋于合理，此时项目财务数据和财务指标往往是重要的比选依据。在投资机会不止一个的情况下，如何从多个备选方案中择优，往往是项目发起人、投资者，甚至是政府有关部门关心的事情，财务评价的结果在项目方案比选中所起的重要作用是不言而喻的。

11.1.2 财务评价的内容

财务评价的内容主要包括以下三个部分。

1. 财务预测

财务预测是在对投资项目的总体了解和对市场、环境及技术方案的充分调查与掌握的基础上，收集和测算进行财务分析的各项基础数据。这些基础数据主要包括：①投资估算，包括固定资产投资和流动资金投资的估算；②预计的产品产量和销量；③预计的产品价格，包括近期价格和未来价格的变动幅度；④预计的经营收入；⑤预计的成本支出，包括经营成本与税金。

2. 资金规划

资金规划的主要内容是资金筹措与资金的使用安排。资金筹措包括资金来源的开拓和对来源、数量的选择；资金的使用包括资金的投入、贷款偿还和项目运营的计划。一个优秀的资金规划方案，会使项目获得最佳的经济效益；否则，资金规划方案选择不当，就会葬送一个原本很有前途的投资项目。

在进行资金规划时，主要应对以下内容展开分析论证：

（1）分析资金的来源。即分析各种可能的资金来源渠道是否可行、可靠；是否正当、稳妥、合法，符合国家有关规定；是否满足项目的基本要求；除传统的渠道外，有无可能开辟新的资金渠道等。

（2）分析筹资结构。即对各种可能获得的资金来源，深入分析其各自的利弊和对项目的影响，并组成若干个由各种不同资金来源比例的组合方案，论证各组合方案的优劣及其可行性，筛选出最佳的筹资方案。其中应该重点考虑的因素是自有资金（即权益资金和保留盈余资金）与债务资金的比例关系。

（3）分析筹资的数量和资金投放的时间。筹集资金固然要广开渠道，但绝非"多多益善"，而是要根据项目的实际情况，寻求一个合理的规模数量。筹资不足，会影响项目的建设；筹资过多，会导致资金闲置，从而影响投资效益。由于在建设期的不同阶段对资金的需求量不尽相同，因此需要测定各个时间段的资金投放量，以达到"既保证建设的供给又不至于造成资金闲置"的目的。

3. 财务效果分析

财务效果分析是根据财务预测和资金规划，编制各项财务报表，计算财务评价指标，将财务指标与评价标准进行比较，对项目的盈利能力、清偿能力及外汇平衡等财务状况做出评价，判别项目的财务可行性。通常财务效果分析应该与资金规划交叉进行，即利用财务效果分析进一步调整和优化资金规划。

进行财务效果分析时应包括两部分内容：一部分是排除财务条件的影响，将全部投资作为计算基础，在整个项目的范围内来考察项目的财务效益；另一部分是分析包括财务条件在内的全部因素影响的结果，以投资者的出资额为计算基础，考察自有投资的获利性，寻求最佳财务条件和资金规划方案。

11.1.3　财务评价的步骤和原则

1. 财务评价的步骤

（1）基础数据的准备。根据项目市场研究和技术研究的结果、现行价格体系及财税制度进行财务预测，获得项目投资、销售收入、生产成本、利润、税金及项目计算期等一系列财务基础数据，并将所得数据编制成辅助财务报表。

（2）编制财务报表。为分析项目的盈利能力需要编制的主要报表有：现金流量表、损益表及相应的辅助报表；为分析项目的清偿能力需要编制的主要报表有：资产负债表、资金来源与运用表及相应的辅助报表；为考察项目的外汇平衡情况，应对涉及外贸、外资及影响外汇流量的项目进行分析，并编制项目的财务外汇平衡表。

（3）财务评价指标的计算与分析。根据前面所编制的财务报表，可以计算出各项财务评价指标，将计算的财务指标与对应的评价标准（基准值）进行对比，对项目的盈利能力、清偿能力及外汇平衡等财务状况做出评价，判别项目的财务可行性。盈利能力分析需要计算财务内部收益率、净现值和投资回收期等主要评价指标，根据实际需要也可以计算投资利润率、投资利税率和资本金利润率等指标。清偿能力分析需要计算资产负债率、借款偿还期、流动比率和速动比率等指标。

（4）进行不确定性分析。不确定性分析用于估计项目可能承担的风险及项目的抗风险能力，进行项目在不确定情况下的财务可靠性分析。财务评价的不确定性分析通常包括盈亏平衡分析和敏感性分析，根据项目特点和需要，有条件时还应该进行概率分析。

（5）做出财务评价结论。综合考虑财务指标的评价结果和不确定性分析的结果，做出项目财务评价的结论，综合评价投资项目在财务上的可行性。

2. 财务评价的原则

（1）效益与费用计算口径一致原则。只计算项目的内部效果，即项目本身的内部效益和内部费用，不考虑因项目而产生的外部效益和外部费用，避免因人为地扩大效益和费用范围，使得效益和费用缺乏可比性，从而造成财务效益评估失误。

（2）动态分析为主、静态分析为辅原则。静态分析是一种不考虑资金时间价值和项目寿命期，只根据一年或几年的财务数据判断项目的盈利能力和清偿能力的方法。它具有计算简便、指标直观及容易理解等优点，但是计算不够准确，不能全面反映项目财务可行性。

动态分析则强调考虑资金的时间价值对投资效果的影响，根据项目整个寿命期各年的现金流入和流出状况判断项目的财务状况。其优点是计算出来的指标能较为准确地反映项目的财务状况。

（3）预测价格原则。项目计算期一般较长，受市场供求变化等因素影响较大，投入物与产出物的价格在计算期内波动比较大，以现行价格为衡量尺度，显然不合理，因此应该以现行市场价格为基础预测计算期内投入物和产出物的价格，以此来计算项目的效益与费用，从而对项目的可行性做出客观的评价。

（4）定量分析为主、定性分析为辅原则。经济评价的本质要求是通过效益和费用的计算，对项目建设和生产过程中的诸多经济因素给出明确、综合的数量概念，从而进行经济分析和比较。

但是一个复杂的项目，总会有一些经济因素不能量化，不能直接进行定量分析，对此应进行实事求是的、准确的定性描述，与定量分析结合起来进行评价。

11.1.4　财务基础数据测算

1. 财务效益与财务费用的概念

财务效益与财务费用是指项目运营期内企业获得的收入和支出，主要包括营业收入、成本费用和有关税金等。

财务效益和财务费用估算应遵循"有无对比"的原则，正确识别和估算"有项目""无项目"状态的财务效益与财务费用。财务效益与财务费用估算应反映行业特点，符合依据明确、价格合理、方法适宜和表格清晰的要求。

项目的财务效益系指项目实施后所获得的营业收入。对于适用增值税的经营性项，除营业收入外，其可得到的增值税返还也应作为补贴收入计入财务效益；对于非经营性项目，财务效益应包括可能获得的各种补贴收入。项目所支出的费用主要包括投资、成本费用和税金。

2. 营业收入及税金的估算

项目财务评价中的营业收入包括销售产品或提供服务所获得的收入，其估算的基础数据，包括产品或服务的数量和价格。营业收入估算应分析、确认产品或服务的市场预测分析数据，特别要注重目标市场有效的需求分析；说明项目建设规模、产品或服务方案；分析产品或服务的价格，采用的价格基点、价格体系、价格预测方法；论述采用价格的合理性。在估算营业收入的同时，还要完成相关税金的估算，主要有营业税、增值税、消费税及营业税金附加等。

3. 营业收入的估算

（1）确定各年运营负荷。运营负荷是指项目运营过程中负荷达到设计能力的百分数。在市场经济条件下，如果其他方面没有大的问题，运营负荷的高低主要取决于市场。运营负荷的确定一般有两种方式：①经验设定法，即根据以往项目的经验，结合该项目的实际情况，粗估各年的运营负荷，以设计能力的百分数表示；②营销计划法，通过制订详细的分年营销计划，确定各种产出物各年的生产量和商品量。

（2）确定产品或服务的数量。明确产品销售或服务市场，根据项目的市场调查和预测分析结果，分别测算出内销和外销的产品数量或服务数量。

（3）确定产品或服务的价格。产品或服务的价格确定应分析产品或服务的去向和市场需求，并考虑国内外相应价格变化趋势。为提高营业收入估算的准确性，应遵循稳妥原则，采用适当的方法，合理确定产品或服务的价格。

（4）确定营业收入。销售收入是销售产品或提供服务取得的收入，为数量和相应价格的乘积，即

$$营业收入＝产品或服务质量×单位价格 \tag{11.1}$$

（5）编制营业收入估算表。营业收入估算表随行业和项目的不同而不同，项目的营业收入估算表应同时列出各种应交营业税金及附加、增值税。

4．相关税金的估算

（1）增值税。应注意当采用含增值税价格计算销售收入和原材料、燃料动力成本时，利润表和利润分配表以及现金流量表中应单列增值税科目；采用不含增值税价格计算时，利润表和利润分配表以及现金流量表中不包括增值税科目。

（2）营业税金及附加。营业税金及附加是指包含在营业收入之内的营业税、消费税、资源税、城市维护建设税和教育费附加等内容。

5．补贴收入

对于先征后返的增值税、按销量或工作量等依据国家规定的补助定额计算并按期给予的定额补贴，以及属于财政扶持而给予的其他形式的补贴等，应按相关规定合理估算，记作补贴收入。按照《企业会计准则》，企业从政府无偿取得货币性资产或非货币性资产称为政府补助，并按照是否形成长期资产区分为与资产相关的政府补助和与收益相关的政府补助。在项目财务分析中，作为运营期财务效益核算的应是与收益相关的政府补助，主要用于补偿项目建成（企业）以后期间的相关费用或损失。按照《企业会计准则》，这些补助在取得时应确认为递延收益，在确认相关费用的期间计入当期损益（营业外收入）。

11.1.5　成本与费用的估算

在项目财务评价中，为了对运营期间的总费用一目了然，将管理费用、财务费用和营业费用这三项费用与生产成本合并为总成本费用。这是财务分析相对会计规定所做的不同处理，但并不会因此影响利润的计算。

1．总成本费用估算

总成本费用是指在一定时期（如 1 年）内因生产和销售产品发生的全部费用。总成本费用的构成和估算通常采用以下两种方法：

（1）生产成本加期间费用估算法。

$$总成本费用＝生产成本＋期间费用 \tag{11.2}$$

其中   生产成本＝直接材料费＋直接燃料和动力费＋直接工资
＋其他直接支出＋制造费用

期间费用＝管理费用＋财务费用＋营业费用

总成本费用构成如图 11.1 所示。

图 11.1   总成本费用构成Ⅰ

1) 制造费用指企业为生产产品和提供劳务而发生的各项间接费用，包括生产单位管理人员的工资和福利费、折旧费、修理费（生产单位和管理用房屋、建筑物、设备）、办公费、水电费、机物料消耗、劳动保护费、季节性和修理期间的停工损失等，但不包括企业行政管理部门为组织和管理生产经营活动而发生的管理费用。

2) 管理费用是指企业为管理和组织生产经营活动所发生的各项费用，包括公司经费、工会经费、职工教育经费、劳动保险费、待业保险费、董事会费、咨询费、聘请中介机构费、诉讼费、业务招待费、排污费、房产税、车船使用税、土地使用税、印花税、矿产资源补偿费、技术转让费、研究与开发费、无形资产与其他资产摊销、职工教育经费等。

3) 营业费用是指企业在销售商品过程中发生的各项费用以及专设销售机构的各项经费。包括应由企业负担的运输费、装卸费、包装费、保险费、广告费、展览费以及专设销售机构人员的工资及福利费等。

（2）生产要素估算法。

总成本费用＝外购原材料、燃料及动力费＋人工工资及福利费＋折旧费
＋摊销费＋修理费＋利息支出＋其他费用   (11.3)

式中：其他费用包括其他制造费用、其他管理费用和其他营业费用三部分。

生产要素估算法从各种生产要素的费用入手，汇总得到总成本费用，如图 11.2 所示。

2. 经营成本

经营成本是财务分析的现金流量分析中所使用的特定概念，作为项目现金流量表中运营期现金流出的主体部分，应得到充分的重视。经营成本与融资方案无关。因此，在完成建设投资和营业收入估算以后，就可以估算经营成本，为项目融资前分析提供数据。

经营成本的构成可表示为

经营成本＝外购原材料费＋外购燃料及动力费
＋计时工资及福利费＋修理费
＋其他费用   (11.4)

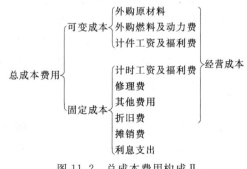

图 11.2   总成本费用构成Ⅱ

经营成本与总成本费用的关系如下

$$经营成本＝总成本费用－折旧费－摊销费－利息支出 \qquad (11.5)$$

经营成本估算的行业性很强，不同行业在成本构成科目和名称上都可能有较大的不同，所以估算时应按照行业规定进行，没有规定的也应注意反映行业特点。

3. 固定成本与可变成本估算

为了进行盈亏平衡分析和不确定性分析，需将总成本费用分解为固定成本和可变成本。固定成本指成本总额不随产品产量变化的各项成本费用，主要包括工资或薪酬（计件工资除外）、折旧费、摊销费、修理费和其他费用等。可变成本指成本总额随产品产量变化而发生同方向变化的各项费用，主要包括原材料、燃料、动力消耗、包装费和计件工资等。

4. 投资借款还本付息估算

投资借款还本付息估算主要是测算还款期的利息和偿还贷款的时间，从而观察项目的偿还能力和收益，为财务效益评价和项目决策提供依据。根据国家现行财税制度的规定，贷款还本的资金来源主要包括可用于归还借款的利润、固定资产折旧、无形资产和其他资产摊销费以及其他还款资金来源。

（1）利润。用于归还贷款的利润，一般应是经过利润分配程序后的未分配利润。

（2）固定资产折旧。鉴于项目投产初期尚未面临固定资产更新的问题，作为固定资产重置准备金性质的折旧，在被提取以后暂时处于闲置状态。因此，为了有效地利用一切可能的资金来源以缩短还贷期限，加强项目的偿债能力，可以使用部分新增折旧基金作为偿还贷款的来源之一。一般地，投产初期可以利用的折旧占全部折旧的比例较大，随着生产时期的延伸，可利用的折旧比例逐步减小。最终，所有被用于归还贷款的折旧，应由未分配利润归还贷款后的余额垫回，以保证折旧从总体上不被挪作他用，在还清贷款后恢复其原有的经济属性。

（3）摊销费。摊销费是按现行的财务制度计入项目的总成本费用，但是项目在提取摊销费后，这笔资金没有具体的用途规定，具有"沉淀"性质，因此可以用来归还贷款。

（4）其他还款资金。其他还款资金是指按有关规定可以用减免的营业税金来作为偿还贷款的资金来源。进行预测时，如果没有明确的依据，可以暂不考虑。

11.1.6 财务基础数据测算表及其相互联系

1. 财务基础数据测算表的种类

根据财务基础数据估算的几方面内容，可以编制出财务基础数据测算表。

为满足项目财务评价的要求，必须具备下列测算报表：①建设投资估算表；②建设期融资利息估算表；③流动资金估算表；④项目总投资使用计划与资金筹措表；⑤营业收入、营业税金及附加和增值税估算表；⑥总成本费用估算表（生产要素法或生产成本加期间费用法）。

对于采用生产要素法编制总成费用估算表，应编制下列基础报表：①外购原材料费估算表；②外购燃料和动力费估算表；③固定资产折旧费估算表；④无形资产和其他资产摊销估算表；⑤工资及福利费估算表；⑥建设投资借款还本付息计划表；⑦利润与利润分配表。

上述估算表可归纳为三大类：

第一类，预测项目建设期间的资金流动状况的报表，如投资使用计划与资金筹措表和建设投资估算表。

第二类，预测项目投产后的资金流动状况的报表，如流动资金估算表、总成本费用估算表、营业收入和营业税金及附加和增值税估算表等。

第三类，预测项目投产后用规定的资金来源归还建设投资借款本息情况的报表，即借款还本付息计划表。

2. 财务基础数据测算表的相互联系

财务基础数据估算几方面的内容是连贯的，其中心是将投资成本（包括建设投资和流动资金）、总成本费用与营业收入的预测数据进行对比，求得项目的营业利润，又在此基础上测算贷款的还本付息情况。因此，编制上述三类估算表应按一定程序使其相互衔接起来。各类财务基础数据估算表之间的关系如图 11.3 所示。

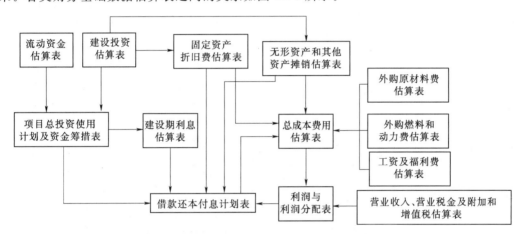

图 11.3　各类财务基础数据估算表之间的关系

11.1.7　财务评价的指标体系

水利水电工程项目财务评价指标体系是按照财务评价的内容建立起来的，同时也与编制的财务评价表密切相关。水利水电工程项目财务评价指标体系见表 11.1。

11.1.8　财务评价方法

1. 财务盈利能力评价

（1）财务净现值（FNPV）。财务净现值是对投资项目进行动态评价的最重要的指标之一，是指把项目计算期内各年的财务净现金流量，按照一个设定的标准折现率（基雅收益率）折算到建设期初（项目计算期第一年年初）的现值累积之和。财务净现值是考察项目在其计算期内盈利能力的主要动态评价指标。其计算公式为

$$FNPV = \sum_{t=1}^{n} (CI_t - CO_t)(1+i)^{-t} \qquad (11.6)$$

式中　$FNPV$——财务净现值；

CI_t——第 t 年的现金流入额；

CO_t——第 t 年的现金流出额；

n——项目的计算期；

i——基准收益率。

表 11.1　　　　　　　　　　　　　　财 务 评 价 指 标 体 系

评价内容	基本报表		评 价 指 标	
			静态指标	动态指标
盈利能力分析	融资前分析	项目投资 现金流量表	项目投资回收期	项目动态投资回收期 项目投资财务净现值 项目投资财务内部收益率
	融资后分析	项目资本金 现金流量表		项目资本金财务内部收益率
		投资各方 现金流量表		投资各方财务内部收益率
		利润与利润 分配表	总投资收益率 项目资本金 净利润率	
偿债能力分析	借款还本付息计划表		偿债备付率 利息备付率	
	资产负债表		资产负债率 流动比率 速动比率	
财务生存能力分析	财务计划现金流量表		累计盈余资金	
外汇平衡分析	财务外汇平衡表			
不确定性分析	盈亏平衡分析		盈亏平衡产量 盈亏平衡生产能力利用率	
	敏感性分析		灵敏度 不确定因素的临界值	
风险分析	概率分析		$FNPV \geqslant 0$ 的累计概率 定性分析	

　　项目财务净现值是考察项目盈利能力的绝对量指标，它反映项目在满足按设定折现率要求的盈利之外所能获得的超额盈利的现值。如果项目财务净现值不小于零，表明项目的盈利能力达到或超过了所要求的盈利水平，项目财务上可行，则该项目在经济上可以接受；反之，如果项目财务净现值小于零，表明项目的盈利能力低于所要求的盈利水平，项目财务上不可行，则在经济上应该拒绝该项目。

　　每年的财务净现值是反映项目投资盈利能力的一个重要的动态评价指标，它广泛应用于项目指标经济评价中。其优点是：考虑了资金的时间价值因素，并全面考察了投资项目在整个寿命周期内的经营情况；直接以货币额表示投资项目收益的大小，经济意义较为直观明确。但其缺点是：在计算财务净现值指标时，必须事先给定一个基准折现率，而基准折现率的确定往往是一个比较复杂的问题，其数值的高低直接影响净现值指标的大小，进而影响对项目优劣的判断。

（2）财务内部收益率（FIRR）。财务内部收益率是指项目在整个计算期内各年财务净现金流量的现值之和等于零时的折现率，也就是使项目的财务净现值等于零时的折现率，其计算公式为

$$\sum_{t=1}^{n}(CO_t - CO_t)(1+FIRR)^{-t} = 0 \qquad (11.7)$$

财务内部收益率是反映项目实际收益率的一个动态指标，该指标越大越好。一般情况下，财务内部收益率大于等于基准收益率时，项目可行。若基准折现率为 i_0，当 $FIRR \geqslant i_0$ 时，该投资项目在经济上是可以接受的；反之，当 $FIRR < i_0$ 时，在经济上应该拒绝该投资项目。

通常，由于水利水电工程项目的寿命期较长（一般都大于2），也就是说上面的计算公式是一个关于 $FIRR$ 的高次方程，其求解相当复杂，因此，在求解 $FIRR$ 的实际操作中，通常采用一种较为简便（近似）方法进行求解，即"插值法"。

"插值法"的基本思想是：分别估算两个折现率 i_1 和 i_2，使得其对应的净现值 $FNPV_1 > 0$、$FNPV_2 < 0$，利用下面的公式近似计算投资项目的财务内部收益率：

$$FIRR = i_1 + (i_2 - i_1) \times \frac{|FNPV_1|}{|FNPV_1| + |FNPV_2|} \qquad (11.8)$$

（3）投资回收期。投资回收期也称返本期，是指从投资项目投资建设之日起，用项目各年的现金净流量将全部投资收回所需的时间，一般以年为单位。投资回收期按照是否考虑资金时间价值可以分为静态投资回收期和动态投资回收期。

1）静态投资回收期。静态投资回收期是指以项目每年的净收益回收项目全部投资所需要的时间，是考察项目财务上投资回收能力的重要指标。这里所说的全部投资既包括建设投资，也包括流动资金投资。项目每年的净收益是指税后利润加折旧。静态投资回收期的计算公式如下：

$$\sum_{t=1}^{T_p}(CI_t - CO_t) = 0 \qquad (11.9)$$

其更为实用的计算公式为

$$T_p = (T-1) + \frac{\text{第}(T-1)\text{年的累积净现金流量的绝对值}}{\text{第 } T \text{ 年的净现金流量}} \qquad (11.10)$$

式中　T——投资项目累计净现金流量首次为正值的年数；

　　　　其他符号意义同前。

2）动态投资回收期。动态投资回收期是指在考虑了资金时间价值的情况下，以项目每年的净收益回收项目全部投资所需的时间。这个指标主要是为了克服静态投资回收期指标没有考虑资金时间价值的缺点而提出的。动态投资回收期的计算公式如下：

$$\sum_{t=1}^{T_p}(CI_t - CO_t)(1+i)^{-t} = 0 \qquad (11.11)$$

其更为实用的计算公式为

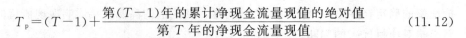

$$T_{\mathrm{p}} = (T-1) + \frac{\text{第}(T-1)\text{年的累计净现金流量现值的绝对值}}{\text{第 } T \text{ 年的净现金流量现值}} \qquad (11.12)$$

式中 T——投资项目累计净现金流量现值首次为正值的年数；

其他符号意义同前。

在水利水电工程项目财务评价中，若基准投资回收期为 T_0，当 $T_{\mathrm{p}} \leqslant T_0$ 时，该投资项目在经济上是可以接受的；反之，当 $T_{\mathrm{p}} > T_0$ 时，在经济上应该拒绝该投资项目。

投资回收期是考察投资项目在财务上的投资回收能力的一个综合性指标，是投资项目经济评价中最常用的指标之一。其优点在于：①概念清楚明确，简单易懂；②该指标不仅反映了投资项目的盈利和偿付能力，同时还反映了项目的风险大小。

由于投资项目决策面临着未来的诸多不确定因素，并且不确定性随时间的延长而增加，决策风险也随之增大，而投资回收期指标在一定程度上体现了这种风险因素，即投资回收期（T_{p}）越短，项目越可靠。其缺点就是：①静态投资回收期没有考虑资金的时间价值；②该指标舍弃了回收期以后的效益和费用数据，不能全面反映投资项目在寿命期内的真实效益，难以对不同方案的比较选择做出正确的判断。

（4）总投资收益率（ROI）。总投资收益率是指项目达到设计能力后正常年份的年息税前利润或营运期内年平均息税前利润（$EBIT$）与项目总投资（TI）的比率。其计算公式为

$$ROI = \frac{EBIT}{TI} \times 100\% \qquad (11.13)$$

总投资收益率高于同行业的收益率参考值，表明用总投资收益率表示的盈利能力满足要求。

（5）项目资本金净利润率（ROE）。项目资本金净利润率是指项目达到设计能力后正常年份的年净利润或运营期内平均净利润（NP）与项目资本金（EC）的比率。其计算公式为

$$ROE = \frac{NP}{EC} \times 100\% \qquad (11.14)$$

项目资本金净利润率高于同行业的净利润率参考值，表明用项目资本金净利润率表示的盈利能力满足要求。

2. 清偿能力评价

投资项目的资金构成一般分为借入资金和自有资金。自有资金可长期使用，而借入资金必须按期偿还。项目的投资者自然要关心项目的偿债能力，同时借入资金的所有者——债权人也非常关心贷出资金能否按期收回本息。因此，偿债分析是财务分析中的一项重要内容。

（1）利息备付率（ICR）。利息备付率是指项目在借款偿还期内的息税前利润（$EBIT$）与应付利息（PI）的比值，它从付息资金来源的充裕性角度反映项目偿付债务利息的保障程度。利息备付率的含义和计算公式均与财政部对企业绩效评价的"已获利息倍数"指标相同，用于支付利息的息税前利润等于利润总额和当期应付利息之和，当期应付利息是指计入总成本费用的全部利息。利息备付率应按下式计算：

$$ICR = \frac{EBIT}{PI} \tag{11.15}$$

利息备付率应分年计算，对于正常经营的企业，利息备付率应当大于1，并结合债权人的要求确定。利息备付率高，表明利息偿付的保障程度高，偿债风险小。

（2）偿债备付率（DSCR）。偿债备付率是指项目在借款偿还期内，各年可用于还本付息的资金（EBITDA−TAX）与当期应还本付息金额（PD）的比值，它表示可用于还本付息的资金偿还借款本息的保障程度，应按下式计算：

$$DSCR = \frac{EBITDA - TAX}{PD} \tag{11.16}$$

式中　$EBITDA$——息税前利润加折旧和摊销；

$\quad\quad TAX$——企业所得税。

偿债备付率可以按年计算，也可以按整个借款期计算。偿债备付率表示可用于还本付息的资金偿还借款本息的保证倍率，正常情况应当大于1，并结合债权人的要求确定。

（3）资产负债率。资产负债率是反映项目各年所面临的财务风险程度及偿债能力的指标，其计算公式为

$$资产负债率 = \frac{负债合计}{资产合计} \times 100\% \tag{11.17}$$

资产负债率表示企业总资产中有多少是通过负债得来的，是评价企业负债水平的综合、稳健、有效，具有较强的融资能力指标。适度的资产负债率既能表明企业投资人、债权人的风险较小，又能表明企业经营安全、稳健、有效，具有较强的融资能力。国际上公认的较好的资产负债率指标是60%。但是难以简单地用资产负债率的高或低来进行判断，因为过高的资产负债率表明企业财务风险过大；过低的资产负债率则表明企业对财务杠杆利用不够。实践表明，行业间资产负债率差异也比较大。实际分析时应结合国家总体经济运行状况、行业发展趋势、企业所处竞争环境等具体条件进行判定。

（4）流动比率。流动比率是反映项目各年利用流动资产偿付流动负债能力的指标，其计算公式为

$$流动比率 = \frac{流动资产总额}{流动负债总额} \times 100\% \tag{11.18}$$

流动比率是衡量企业资金流动性大小的指标，该指标越高，说明偿还流动负债的能力越强。但该指标过高，说明企业资金利用效率低，对企业的运营也不利。国际公认的标准是200%。但行业间流动比率会有较大差异，一般而言，若行业生产周期较长，流动比率就应该相应提高；反之，就可以相对降低。

（5）速动比率。速动比率是反映项目各年快速偿付流动负债能力的指标，计算公式为

$$速动比率 = \frac{速动资产总额}{流动负债总额} \times 100\% \tag{11.19}$$

其中　　　　　　　　速动资产总额＝流动资产总额−存货

速动比率指标是对流动比率指标的补充，是将流动比率指标计算公式的分子剔除了流动资产中变现能力最差的存货后，计算企业实际的短期债务偿还能力，较流动比率更为准确，该指标体现的是企业迅速偿还债务的能力。该指标越高，说明偿还流动负债的能力越

强。与流动比率一样，该指标过高，说明企业资金利用效率低，对企业的运营也不利。国际公认的标准比率为100%。同样，该指标在行业间差异较大，实际应用时应结合行业特点进行分析判断。

11.2 不确定性分析及风险分析

在对项目进行经济评价时，一般是使用历史的统计数据或经验，对未来的生产状况、经济态势进行预测和判断，但即使采用非常科学的预测方法，也不可避免地存在误差，从而导致预测值与实际值不尽相同，小的误差或许不会带来太多的损失，但是经过若干次放大之后，可能这种误差会直接导致决策的错误，并引发整个项目全局性失败。此外，随着项目的投产运行，很多外界环境可能会发生变化，明显不同于预测时比较单纯的外部环境假设条件，因此使得方案经济效果评价中所用的费用、效益等基本数据与实际产生偏差，而这些因素也直接影响方案总体经济指标值，导致最终经济效果实际值偏向预测值，给投资者带来风险。由此可见，经济评价中存在很多的不确定性，不确定性分析就是针对上述不确定性问题所采取的处理方法。它通过运用一定的方法计算出各种不确定性因素对项目经济效益的影响程度来推断项目的抗风险能力，从而为项目决策提供更准确的依据，同时也有利于对未来可能出现的各种情况有所估计，事先提出改进措施。

风险分析的目的是避免或减少损失，找出工程方案中的风险因素，对它们的性质、影响和后果做出分析，对方案进行改进，制定出减轻风险影响的措施或在不同方案间做出优选。

11.2.1 不确定性分析

在进行投资项目的评估工作时，所采用的数据中有相当大的一部分来自评估人员的预测和估计，即有赖于人们的经验判断和主观认识，因而不可能与未来实际情况完全吻合，这就使工程项目的投资决策或多或少地带有某种风险，即有可能使项目在实施过程中发生某种出乎意料的偏差，这就是项目的不确定性。

1. 产生不确定性的原因

产生项目不确定性的因素有很多，归纳起来有以下几方面原因：

（1）数据及其处理方法有误。

（2）对项目自身估计不当。

（3）对外界因素估计不当。

（4）其他必然因素的影响。

由于上述原因，项目评价时的不确定性如影随形，不可避免。

2. 不确定性分析的概念与意义

为了减少不确定因素对项目决策的影响程度，采取一定的技术方法，以估计项目可能承担的风险，确定项目在经济上的可靠性和合理性，这就是不确定性分析。不确定性分析包括盈亏平衡分析、敏感性分析和概率分析。其中，盈亏平衡分析只用于财务评价；敏感性分析和概率分析可同时用于财务评价和国民经济评价。

在处理项目的不确定性问题时，如果能够了解与项目盈利密切相关的一些因素的变化会影响投资决策到什么程度，显然对科学决策大有裨益；同时，如果不仅知道某种因素变动对项目的影响，而且还能给出该因素发生变动的可能性大小，则决策者在做出投资决策时就能更胸有成竹、算无遗策了，决策水平也就能更上一层楼。进行项目评估时的不确定性分析，意义正在于此。

11.2.2 敏感性分析

敏感性分析是通过分析预测项目主要因素发生变化时对项目经济评价指标的影响，从中找出敏感因素，并确定其影响程度的一种方法。

在项目计算期内可能发生变化的因素主要有：产品产量、销售价格、主要资源（原材料、燃料等）价格、生产成本、固定资产投资、建设工期、贷款利率及汇率等。

敏感性分析除了可使决策者了解项目各主要因素变化对项目经济效果的影响程度，以提高决策的准确性之外，还可以提示评价者对敏感因素进行更深入的重点分析，提高其预测值的可靠性，从而减少项目的不确定性、降低其风险。

1. 敏感性分析的方法

进行项目敏感性分析可按以下步骤进行：

（1）选定需分析的不确定因素及可能变动范围。不同性质的投资项目需分析的不确定因素是有所不同的，但一般通常从下列因素中选定：①投资总额，包括固定资产投资与流动资金；②产品产量及销售量；③产品销售价格；④经营成本，特别是其中的变动成本；⑤建设工期以及达到设计生产能力的时间；⑥折现率；⑦银行贷款利率和外汇汇率。在选定不确定因素后，还应根据实际情况设定这些因素可能的变化幅度，通常变化幅度在$[-20\%，+20\%]$。

（2）确定分析评判的经济效果指标。首先不确定性分析所选择的评价指标应与确定性分析所用指标一致，并从中挑选；其次指标不宜过多，只能对最重要的几个指标进行分析，如净现值、内部收益率、投资回收期等。

（3）计算所选不确定性因素引起评价指标的变化值。计算方法有以下两种：①相对测定法，即令所分析因素均从确定性分析中所采用的数值处开始向正反两个方向变动，且各因素变动幅度（增或减的百分比）相同，然后计算评价指标的变化量；②绝对测定法，即先设定有关评价指标为其临界值，如令净现值等于零、内部收益率等于基准折现率、投资回收期等于基准回收期，然后求待分析因素的最大允许变动幅度，并与其可能出现的最大变动幅度相比较。

（4）确定敏感因素。所谓敏感因素，是指其数值变动能显著影响方案经济效果的不确定性因素。确定方法是：①采用相对测定法时，引起评价指标变动幅度较大的因素为敏感因素；②采用绝对测定法时，则其可能出现的最大变动幅度超过最大允许变动幅度的因素为敏感因素。

2. 单因素敏感性分析

单因素敏感性分析的对象是单个不确定性因素发生变动的情况。在分析方法上类似于数学中的多元函数的偏微分，即计算某个因素变动对经济效果的影响时，假定其他因素均不变。进行单因素敏感性分析时，应求出导致项目由可行变为不可行的不确定因素变化的临界值。该临界值可通过敏感性分析图求得，具体做法是：以不确定因素变化率为横坐标，以评价指标（如内部收益率）为纵坐标，从每种不确定因素的变化中可得到评价指标随之变化的曲线；每条曲线与评价指标的基准评判线（如基准收益率线）的交点，即为该不确定因素变化的临界点，该点对应的横坐标即为不确定因素变化的临界值。如图 11.4 所示，图中 A、B、C 点分别为投资额、经营成本和产品价格三项不确定因素的临界值。

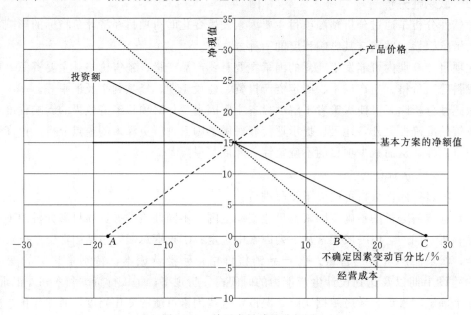

图 11.4 单因素敏感性分析图

3. 多因素敏感性分析

多因素敏感性分析的对象是若干个不确定性因素同时发生变动的情况。由于单因素敏感性分析的前提是当某个不确定因素变动时、其他因素均不变。而在实践中，这样的假定基本上并不成立，实际情况是在各因素间存在着相关性，往往多个因素都发生变动，它们有的对方案有利、有的对方案不利，总之，多因素变动使方案的前景更为扑朔迷离，这时就必须进行多因素敏感性分析。多因素敏感性分析涉及各变动因素不同变动幅度的多种组合，计算量十分烦琐。这时一般可以采取简化问题的办法，首先进行单因素敏感性分析，找出敏感因素；然后对 2～3 个敏感性因素或较为敏感的不确定因素进行多因素敏感性分析。最常见的多因素敏感性分析有双因素敏感性分析和三因素敏感性分析。

11.2.3 盈亏平衡分析

盈亏平衡分析是通过盈亏平衡点分析项目成本与收益平衡关系的一种方法。各种不确定因素（如项目投资、生产成本、产品价格、销售量等）的变化，会影响方案的经济效果，当这些因素的变化达到某一临界值（即处于盈亏平衡点）时，就会影响方案的取舍。盈亏平衡分析的目的，就在于找到这个盈亏平衡点，以判断方案对不确定因素变化的承受能力。

在进行盈亏平衡分析时，将产品总成本划分为固定成本和变动成本，假定产量等于销量，根据产量（销量）、成本、售价和利润四者之间的函数关系，找出各因素的盈亏平衡点。对于产量而言，盈亏平衡点就是当达到一定的产量时，销售收入正好等于总成本，项目不盈不亏（盈利为零）的那一点。

1. 线性盈亏平衡分析

假若成本、收益与产量之间呈线性函数关系，则称上述分析为线性盈亏平衡分析。

设：S 为销售净收入（总销售收入－销售税金及附加）；TC 为总成本；FC 为固定成本；VC 为变动成本；Q 为产量（销量）；P 为产品售价；L 为利润；C 为单位产品变动成本。则有

$$L = S - TC$$
$$S = QP$$
$$TC = VC + FC$$
$$VC = QC$$

即
$$L = Q(P - C) - FC \qquad (11.20)$$

（1）盈亏平衡点（BEP）。指销售收入与总成本相等的点，即利润 $L = 0$ 的状态。

$$Q(P - C) - FC = 0$$

盈亏平衡点销量
$$Q^* = \frac{FC}{P - C}$$

盈亏平衡点销售额 $S^* = PQ^* = P\dfrac{FC}{P - C} = \dfrac{FC}{\dfrac{P - C}{P}} = \dfrac{FC}{\text{边际贡献率}}$

（2）盈亏平衡点作业率。指盈亏平衡点的销量占正常销量的比重，即

$$\text{盈亏平衡点作业率} = \frac{\text{盈亏平衡点销量}}{\text{正常销量}} = \frac{\text{盈亏平衡点销售额}}{\text{正常销售额}} \qquad (11.21)$$

盈亏平衡点作业率表明企业的作业率达到正常作业的多少比重时才能达到盈利，否则发生亏损。显然，盈亏平衡点作业率越低，项目的抗风险能力越强。一般认为盈亏平衡点作业率小于 70% 时，项目已具备相当的抗风险能力。

2. 非线性盈亏平衡分析

前面的分析是基于产量、价格、利润、成本之间呈线性关系；而实际上市场和生产的情况常常比较复杂，并非一直呈线性关系，这时成本函数和收入函数就有可能是非线性的，盈亏平衡分析也必然是非线性的。非线性成本函数和收入函数通常会导致出现几个盈亏平衡点，一般把最后出现的盈亏平衡点称为盈利限制点。很显然，只有当产量符合 $Q_1^* < Q < Q_2^*$ 时，项目才能盈利；项目的最大盈利 $L_{\max}$ 可以通过对利润函数（收入－成本）求偏导数的方法求得，该点的销量为最大盈利销量 $Q_{\max}$。

3. 互斥方案盈亏平衡分析

互斥方案是指几个方案互不相容，不能同时进行，只能选择一个最优的方案。上面的分析都是针对独立方案而言的。在需要对几个互斥方案进行比选时，如果是某一个共同的不确定因素影响方案的取舍，可以进行如下分析：

设两个互斥方案的经济效果都受一个不确定因素 x 的影响，则可将 x 看作自变量，将两个方案的经济效果指标都表示为 x 的函数，即

$$E_1 = f_1(x) \tag{11.22}$$

$$E_2 = f_2(x) \tag{11.23}$$

当这两个方案的经济效果相同时，有

$$f_1(x) = f_2(x) \tag{11.24}$$

对上述方程 x 的求解，即为两个方案的盈亏平衡点，也就是决定这两个方案优劣的临界点。结合对 x 未来取值范围的预测，就可以做出取舍决策。

在实际运用中，这个不确定因素可以是产量、价格、成本、项目寿命期和项目投资额等不同变量，作为盈亏平衡分析的对象；并且可以用净现值、净年值和内部收益率等作为衡量方案经济效果的评价指标。

以总成本为例，现有 3 个互斥方案，其总成本均为销量的线性函数，其函数曲线如图 11.5 所示。当 $0 < Q < Q_L$ 时，总成本 TC_1 最小，方案 1 最优，因此应该选择方案 1；当 $Q_L < Q < Q_N$ 时，总成本 TC_2 最小，方案 2 最优，因此应该选择方案 2；当 $Q > Q_N$ 时，总成本 TC_3 最小，方案 3 最优，因此应该选择方案 3。

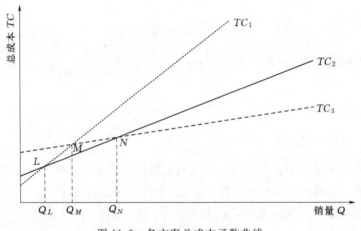

图 11.5 各方案总成本函数曲线

11.2.4 概率分析

概率分析是使用概率研究预测各种不确定性因素和风险因素的发生对项目经济评价指标影响的一种方法。

由于敏感性分析只能指出项目经济评价指标对不确定性因素的敏感程度，但不能表明各不确定性因素变化发生的可能性大小，以及在这种可能性下对评价指标的影响程度，即敏感性分析的前提是各不确定性因素发生变化的概率是相同的，但实际上这种假定并不可靠，各不确定性因素发生变化的概率往往不会相同。那么一个敏感性大而发生概率很低的不确定性因素，对项目的实际影响可能还不如一个敏感性小但发生概率很高的因素。这样为了正确判断项目的实际风险，就必须进行概率分析。

1. 概率分析的相关概念

从严格意义上说，决定方案经济效果的绝大多数因素（如投资额、经营成本、销售价格、建设工期和贷款利率等）都是随机变量，只能大致预测其取值的范围，而不能确切知道其具体数值。这样，投资方案的现金流量也就成为随机现金流。

要想完整地描述一个随机变量，需要先确定其概率类型和参数。对于投资项目的随机现金流，可以看作多个相互独立的随机变量之和（即各年的随机现金流互不相关，上一年的不影响下一年的，反之亦然），在许多情况下近似地服从正态分布。描述随机变量的主要参数是期望值、方差和标准差。

（1）期望值。所谓期望值，是在大量的重复事件中随机变量取值的平均值，即随机变量所有可能取值的加权平均值（各可能取值与其概率乘积之和），权重为各可能取值出现的概率。计算公式为

离散型
$$E(x) = \sum_{i=1}^{n} x_i p_i，其中 0 \leqslant p_i \leqslant 1，\sum_{i=1}^{n} p_i = 1 \tag{11.25}$$

连续型
$$E(x) = \int_{-\infty}^{+\infty} x f(x) \mathrm{d}x，其中 0 \leqslant f(x) \leqslant 1，\sum_{-\infty}^{+\infty} f(x) = 1 \tag{11.26}$$

式中　$E(x)$——净现金流 x 的期望值；

x_i——净现金流的离散数值；

p_i——x_i 各取值的发生概率；

$f(x)$——净现金流 x 的分布密度。

（2）方差。所谓方差，是反映随机变量取值的离散程度的参数，计算公式为

离散型
$$D(x) = \sum_{i=1}^{n} [x_i - E(x)]^2 p_i，其中 0 \leqslant p_i \leqslant 1，\sum_{i=1}^{n} p_i = 1 \tag{11.27}$$

连续型
$$D(x) = \int_{-\infty}^{+\infty} [x - E(x)]^2 f(x) \mathrm{d}x，其中 0 \leqslant f(x) \leqslant 1，\int_{-\infty}^{+\infty} f(x) = 1 \tag{11.28}$$

式中　$D(x)$——净现金流 x 的方差。

（3）标准差。所谓标准差，也是反映随机变量取值的离散程度的参数，即方差的开二次方值，计算公式为

$$\sigma(x) = \sqrt{D(x)} \tag{11.29}$$

式中　$\sigma(x)$——净现金流 x 的标准差。

通常情况下，标准差 σ 越小，数据的离散程度越小，风险也越小；反之，标准差 σ 越大，数据的离散程度越大，风险也越大。

2. 概率分析的方法

进行概率分析可按以下步骤进行：

（1）选定需分析的不确定因素及可能变动范围。这些因素选择方法与进行敏感性分析时一样，根据经验和统计资料来确定，且假定这些因素是相互独立的。

（2）预测各不确定因素变化发生的概率。概率的产生有多种途径，可以是主观推断，也可以是客观测算。在项目评价中，往往主观概率为多。各概率之和应为1。

（3）确定分析评判的经济效果指标。一般可以选择净现值作为评价指标，因为净现值

的经济含义直观明显，又简便易算。

（4）分析计算、得出结论。即计算净现值的期望值，以及净现值等于或大于零的累计概率期望值大于或等于零，说明项目可行；反之，则不可行。累计概率值越高，说明风险越小；反之，则风险越大。

根据概率论的知识可知，若假定投资项目的随机现金流呈正态分布，即连续型随机变量 x 服从参数为 μ（均值）、σ（标准差）的正态分布，则 $X<x$ 的概率为

$$P(X<x)=\Phi\left(\frac{x-u}{\sigma}\right) \tag{11.30}$$

11.2.5 风险分析

在投资项目的评估工作中，人们常常将风险分析与不确定性分析合二为一地混同使用。但严格地说，风险和不确定性还是有所区别的。

11.2.5.1 风险与不确定性的区别

风险是指由随机因素引起的项目总体的实际价值对预期价值的偏离；而不确定性是指由于预测人员对项目有关因素或未来情况缺乏足够的情报信息、无法做出准确的估计，或是没有全面考虑所有因素而造成的项目实际价值与预期价值之间的差异。

一般来说，不确定性因素可以通过不确定性分析予以确认和研究，并采取相应的对策来减少由于不确定性造成的项目潜在的损失；而风险因素则只能通过风险分析去尽量显现，由此提供决策者以选择机会，即根据自己对风险的承受能力做出取舍，但风险因素本身依然存在，并不因此而消失。

11.2.5.2 风险分析的内容

风险分析是对项目的风险因素进行考察、评估、预测项目风险性的大小，从而使决策者依据项目抗风险能力做出科学决策的一种方法。

风险分析又称风险型决策、随机型决策，它的特点是：在决定或影响未来事件发生的诸因素中，有些是已知的，有些是未知的；未来会出现何种状态虽无法确知，但其出现的可能程度，却可以大致预估出来（概率已知）；这样不论选择哪个方案，都带有一定的风险。

风险型决策要求各种状态不仅是互斥的，而且是完备的，构成一个"互斥完备事件群"，即它们的概率之和等于 1。各种状态的概率，可以根据历史记载或分析计算决定，称客观概率；也可以根据经验和判断直接给定，称主观概率。事实上在风险型决策中，大部分对未来状态的确定属于主观概率。

11.2.5.3 风险分析方法

如果只对投资项目中的一个方案进行风险分析，则可采用以下方法进行。

1. 调整折现率法

调整折现率法是将项目因承担风险而要求的、与投资项目的风险程度相适应的风险报酬，计入资金成本或要求达到的收益率，构成按风险调整的折现率，并据以进行投资决策。其隐含的思想是：风险与报酬成正比，即项目对承担的投资风险要求超过资金时间价值的报酬；承担风险越大，则要求报酬越高。

按风险调整的折现率可以通过以下两个方法确定：

（1）按风险大小直接给定。即根据以往的经验，按风险大小给项目预先设定一个折现率。如果对方案的实施结果很有把握，则折现率可定得较低一些；如果对方案的前景走向心中无底，则折现率可定得较高一些，以便使项目筛选标准更为严格。

例如，西方国家的石油公司对很有希望的油田开发项目，通常采用 10% 的折现率：对在国外勘探石油的项目，则将折现率定在 15% 左右；而对在中东地区局势动荡不定的国家的投资项目，会把折现率一下子调高到 20% 甚至更高的水平。

（2）按风险报酬斜率调整。即以事先设定的风险报酬斜率乘以项目内部收益率的变异系数，以此作为风险报酬率，再加上无风险折现率，就构成按风险调整的折现率。其计算公式为

$$k = i + bQ \tag{11.31}$$

通常，i 是已知的，b 要么是给定的，要么根据历史资料用高低点法、直线回归法进行求解，也可以参照以往中等风险程度的同类型项目的历史资料，根据公式 $b = \dfrac{K^* - i}{Q'}$ 进行计算，而风险程度 Q 为内部收益率变异系数（标准离差），式中 K^* 表示含风险报酬的同类型项目的投资收益率，Q' 表示同类型项目的内部收益率变异系数。

实际上，风险报酬斜率的确定，在很大程度上取决于投资者对风险的态度：大胆的投资者往往将 b 值定得低些；稳健的投资者则倾向于把 b 值定得高些。

按风险调整的折现率和风险程度的关系可以用图 11.6 描述。

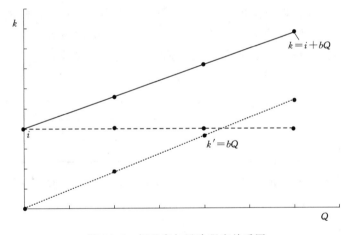

图 11.6 折现率与风险程度关系图

同时考虑风险和时间价值的情况下，可以通过以下几个步骤来计算项目调整贴现率后的净现值（NPV）。

计算 $E_t = \sum\limits_{i=1}^{k} x_{ti} p_{ti}$ 和 $D_t = \sum\limits_{i=1}^{k} (x_{ti} - E_t)^2 p_{ti}$。

计算 $E = \sum\limits_{t=1}^{n} \dfrac{E_t}{(1+i)^t}$ 和 $\sigma = \sqrt{D} = \sqrt{\sum\limits_{t=1}^{n} \dfrac{D_t}{(1+i)^{2t}}}$。

计算 $Q = \dfrac{\sigma}{E}$。

计算 $k = i + bQ$。

计算 $NPV = \sum_{t=1}^{n} \dfrac{E_t}{(1+k)^t}$。

对于项目的判断准则是：若 $NPV \geqslant 0$，项目可以接受；若 $NPV < 0$，项目应被拒绝。

2. 肯定当量法

肯定当量法是将不能肯定的期望现金流量按肯定当量系数折算为肯定的现金流量，然后用无风险折现率来进行评价的决策方法。

由于按风险调整折现率法存在一个问题，即把风险因素计入折现率中后，等于把风险随时间推移而人为地逐年放大，这种处理常与实际情况相悖，肯定当量法则避免了这个问题。采用肯定当量法时，按下式计算项目的期望净现值：

$$NPV = \sum_{t=1}^{n} \frac{E_t d_t}{(1+i)^t} \tag{11.32}$$

式中　d_t——第 t 年期望现金流量的肯定当量系数；

　　　i——基准折现率。

在这里，肯定当量系数 d 是肯定的现金流量对与之相当的不肯定的期望现金流量的比值，且 $0 < d < 1$。应根据各年现金流量的离散程度，分别确定不同的 d 值。例如，风险投资项目的初始投资往往是可以肯定的，因此可将 $t = 0$ 时，取 $d = 1$；对于 $t = 1, 2, \cdots, n$ 的以后各年，则视其离散程度大小而定，离散程度越大，越不能肯定，d 值越小。也就是说，无风险的 1 元期望现金流量相当于 1 元肯定的现金收入；风险小的 1 元相当于 0.9 元或 0.8 元的收入；风险大的 1 元只相当于 0.5 元或 0.6 元的收入。

肯定当量系数的取值，可由经验丰富的分析人员凭主观经验确定，也可根据变异系数 Q 来确定。通常，变异系数与肯定当量系数的经验关系见表 11.2。

表 11.2　　　　　　　　　　变异系数与肯定当量系数经验关系表

变异系数	0.00~0.07	0.08~0.15	0.16~0.23	0.24~0.32	0.33~0.42	0.43~0.54	0.55~0.70	0.71~0.90
肯定当量系数	1.0	0.9	0.8	0.7	0.6	0.5	0.4	0.3

同时考虑风险和时间价值的情况下，可以采用肯定当量法，通过以下几个步骤来计算项目的净现值（NPV）。

计算 $E_t = \sum\limits_{i=1}^{k} x_{ti} p_{ti}$ 和 $D_t = \sum\limits_{i=1}^{k} (x_{ti} - E_t)^2 p_{ti}$。

计算 $\sigma_t = \sqrt{D_t} = \sqrt{\sum\limits_{i=1}^{k} (x_{ti} - E_t)^2 p_{ti}}$。

计算 $Q_t = \dfrac{\sigma_t}{E_t}$。

根据变异系数 Q_t 的大小通过表 11.4 确定肯定当量系数 d_t。

计算 $NPV = \sum\limits_{t=1}^{n} \dfrac{E_t d_t}{(1+i)^t}$。

对于项目的判断准则是：若 $NPV \geqslant 0$，项目可以接受；若 $NPV < 0$，项目应被拒绝。

思　考　题

1. 简述财务评价的概念及其评价方法。
2. 试论不确定性分析的概念及其主要方法。

第12章　水利水电工程造价软件应用

【教学内容】

熟悉用水利水电工程造价软件来做概算和招投标。

【教学要求】

通过前面几章的学习，认知了水利工程造价的流程及其计算过程，在信息化、大数据的时代，水利水电工程造价软件应时而生。传统的手工编制概、预算，时间长，任务繁重，同时手工计算受各方面条件的影响，难免会造成工程造价误差，且数据管理困难。而电算化的发展改善了计算条件，提高了信息流通速度和造价质量，减轻造价人员的工作量，所以学习好水利水电工程造价软件可以为以后的工作打下坚实的基础。本章以青山.net大禹水利水电造价软件为例进行讲解。

12.1　水利水电工程造价软件简述

12.1.1　工程造价软件的介绍

1. 软件编制依据

水利水电工程造价软件是按照水利部2002年《水利建筑工程概算定额》《水利建筑工程预算定额》《水利水电设备安装工程预算定额》《水利水电设备安装概算定额》《水利工程施工机械台时费定额》和2002年颁布的《水利工程设计概（估）算编制规定》及2014年颁布的《水利工程设计概（估）算编制规定》为依据来配套开发的。在此之后各省根据国家标准陆续编制了地方标准。

此软件先后通过了建设部及各省市造价管理站的技术鉴定，目前已广泛应用于全国各省市工程建设的预算编制。软件的最大特色是集成度高，操作方便，能集各地的定额于一体，并自动根据不同定额体系变换适应当地规则的操作界面，极大地提高了用户工作效率。

2. 软件适用范围

本系统适用于设计、施工、管理、审核等部门，已在水利院校、工程建设单位、设计院、施工企业、造价咨询、审核等各类单位、企业广泛应用。

12.1.2　工程造价软件的特点及安装

1. 软件的特点

(1) 总价调整（根据给定条件对单价总价进行批量随机调整）。

(2) 拼音首码查询。

(3) 预设材料关联（可实现相同材料不同单位的价格联动）。

(4) 信息价查询（可实时查询或调用信息价）。

(5) 配合比添加备选材料（备选材料中可自行添加材料）。

（6）自定义装置性材料（自定义装置性材料归类，软件自动扣减损耗）。

（7）机械台班批量查询替换（通过关键字查找定位机械）。

（8）工程合并（可多人协作完成同一工程）。

（9）内置实时在线服务系统，技术顾问随时联络。

（10）实时行业标准及技术规范说明（内置行业标准、技术规范、编规等文件内容，与变量等一一对应，定位查询，方便快捷）。

（11）直接与 Excel 交换数据（直接与 Excel 进行数据的复制、粘贴）。

（12）智能报表/报表链接（超强的报表设计功能，表头、表脚如编辑 Excel 一样方便，并可表内关联、表间关联、表内数据与计算数据一致批量发送带链接报表）。

（13）满足教学功能要求，可对教学目标进行分解控制（按教学进度目标，分解教学点，学习与练习一键切换，边学习边实战练习，理论学习与实操练习紧密结合）。

（14）具备 FAQ 功能及知识库，可对常见问题进行方便的查阅和管理（FAQ 问答题目分类及题库制作简单，更新方便）。

（15）具备学习版评分功能，学生学习后可对教学效果进行自动评分（单选、多选、判断等多种题型，由教师灵活命题，分配各题分值；学生学习结束，直接利用教学评分功能，在线考试，自动评分）。

（16）合法性检查（独增合法性检查功能，常见错误一下就检查出来，避免出现常识性错误，并支持反查定位修改，最大限度减少错误与失误）。

2. 软件的安装步骤

（1）运行环境。

运行平台：Windows 系列

最低配置

CPU：P3 500

内存：64MB

硬盘：500MB 空闲空间

显示：支持 800×600 的显示分辨率

推荐配置

CPU：P3（1GHz）以上

内存：128MB 以上

硬盘：500MB 以上空闲硬盘空间

显示：使用 1024×768 显示分辨率

（2）系统安装。确定的硬件配置已就位，便可以开始安装软件了。在安装之前要确定硬盘上有足够的自由空间，青山.net 大禹水利水电计价软件及相关文件将占用 100MB 左右的硬盘空间。在安装之前，最好先关闭所有的应用程序。

安装步骤如下：

1）将本软件的安装盘放入驱动器中，找到安装文件 Setup.exe。

2）执行该安装程序，点击"下一步"，直到完成。

3）点击最后的完成按钮，系统安装完成。

（3）运行系统。正确地安装本系统后，便可以按以下步骤启动系统：

1）如果有锁，确保已将该加密锁正确地插在计算机的 USB 端口上。

2）打开计算机，进入 Windows 操作系统。

3）双击桌面上的软件图标，即可成功启动该软件。

12.2　　编制水利造价文件的原理

水利工程造价的计价方式是"工程量清单"的方式，根据工程量清单套定额，计算出相应的直接费（人工、机械、材料），然后以定额为基础计算每个清单的综合单价，综合单价由直接工程费、间接费、企业利润、税金组成，其计算方式一样，但费率根据清单的类别，如土石方工程、混凝土工程等各不相同，用户需要根据情况加以选择，这就是软件中输入工程量清单时要求进行"单价取费程序设置"。

水利造价计算将清单进行分部分项，第一部分建筑工程、第二部分机电设备安装工程、第三部分金属结构工程、第四部分施工临时工程，这四部分清单逐一编制，汇总后得到建安费和设备费的合计，第五部分独立费用将以此为基础进行计算。

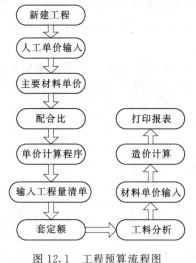

图 12.1　工程预算流程图

要对清单报价，需要确定清单属于哪个部分的什么类型以确定采用什么综合单价计算程序，然后要对清单套用相应定额，套定额的目的是计算直接费，而计算直接费就需要人工、材料、机械的单价，这就需要开始计算人工、材料、机械的单价等基础资料工作，这就是为什么编制步骤第一步需要编写基础资料（计算人工、材料、机械单价等），第二步输入清单，每个清单需要设置综合单价计算程序，第三步根据清单套定额，再生成独立费用，最后打印出各种报表。工程预算流程如图 12.1 所示。

12.3　　水利工程造价软件概算版操作

12.3.1　工程项目信息的建立及定额模板的选择

1. 工程项目建立及定额模板选择

点击工程菜单下的新建或新建工程图标，即可弹出如图 12.2 所示新建工程窗口，点击"浏览"选择工程保存路径、输入工程名称，选择工程类型。

工程名称：某水利枢纽工程-教学案例。

定额体系：依据水利部 2002 年颁布的《水利建筑工程概算定额》《水利建筑工程预算定额》《水利水电设备安装工程预算定额》《水利水电设备安装概算定额》《水利工程施工机械台时费定额》。

设计阶段：估算、概算、预算、招投标。

工程模板：依据水利部 2014 年颁布的《水利工程设计概（估）算编制规定》（水总〔2014〕429 号）的有关规定和水利部 2019 年 4 月发布的《水利部办公厅关于调整水利工程计价依据增值税计算标准的通知》（办财务函〔2019〕448 号）选择模板。

2. 工程操作界面

工程编制按照工程造价手工编制流程设置工程节点，在工程管理器中，按从上至下的顺序进行操作，也可按照个人习惯改变操作顺序，程序会实时进行各节点的数据计算，如图 12.3 所示。

图 12.2　新建工程示意图　　　　图 12.3　工程管理器示意图

（1）工程信息。本部分包括封面、编制说明、填表须知三部分，主要是文字部分，在项目数据列，按照工程实际，输入相应的内容即可，主要是供后续报表调用，如图 12.4 所示。

	项目名称	项目数据	宏变量名称	数据类型	备注
1	工程名称	某水利枢纽工程-教学案例	工程名称	文本	
2	工程地址	乡镇	工程地址	文本	
3	建设单位		建设单位	文本	
4	编制单位		编制单位	文本	
5	负责人		负责人	文本	
6	审核人		审核人	文本	
7	编制人		编制人	文本	
8	法定代表人		法定代表人	文本	
9	编制日期	2018年5月3日	编制日期	日期	
10	编制类型	概算	编制类型	文本	

图 12.4　工程信息示意图

（2）基础资料。基础资料节点包括参数设置、费用设置、人工、材料、装材、计算材料、设备费率、电、风、水、机械台班、配合比、骨料系统各项基础费用计算页面，如图12.5所示。

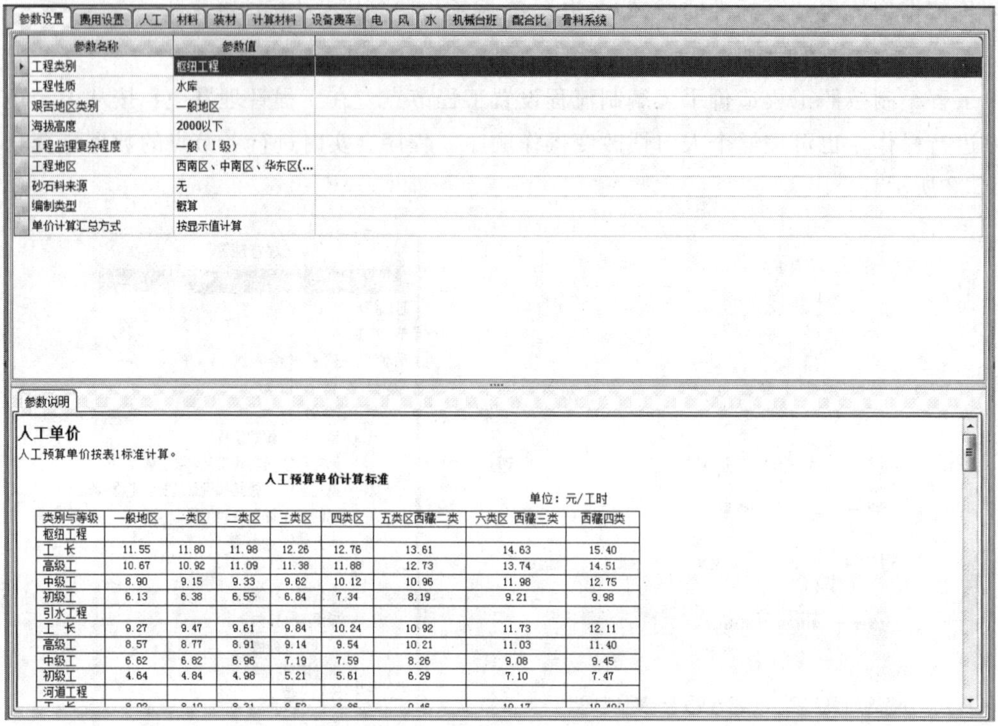

| 参数设置 | 费用设置 | 人工 | 材料 | 装材 | 计算材料 | 设备费率 | 电 | 风 | 水 | 机械台班 | 配合比 | 骨料系统 |

参数名称	参数值
▶ 工程类别	枢纽工程
工程性质	水库
艰苦地区类别	一般地区
海拔高度	2000以下
工程监理复杂程度	一般（Ⅰ级）
工程地区	西南区、中南区、华东区(…
砂石料来源	无
编制类型	概算
单价计算汇总方式	按显示值计算

参数说明

人工单价

人工预算单价按表1标准计算。

人工预算单价计算标准

单位：元/工时

类别与等级	一般地区	一类区	二类区	三类区	四类区	五类区西藏二类	六类区 西藏三类	西藏四类
枢纽工程								
工　长	11.55	11.80	11.98	12.26	12.76	13.61	14.63	15.40
高级工	10.67	10.92	11.09	11.38	11.88	12.73	13.74	14.51
中级工	8.90	9.15	9.33	9.62	10.12	10.96	11.98	12.75
初级工	6.13	6.38	6.55	6.84	7.34	8.19	9.21	9.98
引水工程								
工　长	9.27	9.47	9.61	9.84	10.24	10.92	11.73	12.11
高级工	8.57	8.77	8.91	9.14	9.54	10.21	11.03	11.40
中级工	6.62	6.82	6.96	7.19	7.59	8.26	9.08	9.45
初级工	4.64	4.84	4.98	5.21	5.61	6.29	7.10	7.47
河道工程								
工　长	8.02	8.10	8.21	8.52	8.98	9.45	10.17	10.49

图 12.5　基础资料示意图

（3）工程部分。工程部分费用包括：建筑工程、机电设备及安装工程、金属结构设备及安装工程、施工临时工程和独立费五部分，其中建筑工程、机电设备及安装工程、金属结构设备及安装工程、施工临时工程项目费用计算方法基本一致，如图12.6所示。

12.3.2　基础单价编制

1. 人工预算单价

人工费的设置根据基础资料里的工程类别和艰苦地区类别选择来确定如图12.7所示，或者直接输入人工单价，如本教材案例工程（某水利枢纽工程-教学案例）中人工工时的预算单价。

（1）在基础资料—参数设置界面—艰苦地区类别中选择"一般地区"。

（2）切换到人工界面，即工长：11.55、高级工：10.67、中级工：8.9、初级工：6.13，如图12.8所示。

2. 材料预算单价

直接输入：如本教材案例工程（某水利枢纽工程-教学案例）中非主要材料价格表对相应材料直接输入到材料—不含税预算价（注意有限价的材料，限价不要修改）。

导入材料价格：点击"常用功能"—导入材料价格，选择"非主要材料价格表"，点

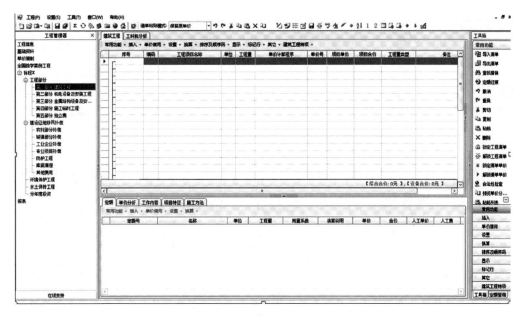

图 12.6　工程部分示意图

图 12.7　参数设置示意图

击打开，即可将已有的材料价格导入当前工程的预算价中，如图 12.9 所示。

计算材料价格：

（1）在软件界面基础资料—计算材料—常用功能—添加运输材料，如图 12.10 所示。

（2）双击选择需要计算的材料，如图 12.11 所示。

图 12.8　人工单价输入示意图

图 12.9　导入材料价格示意图

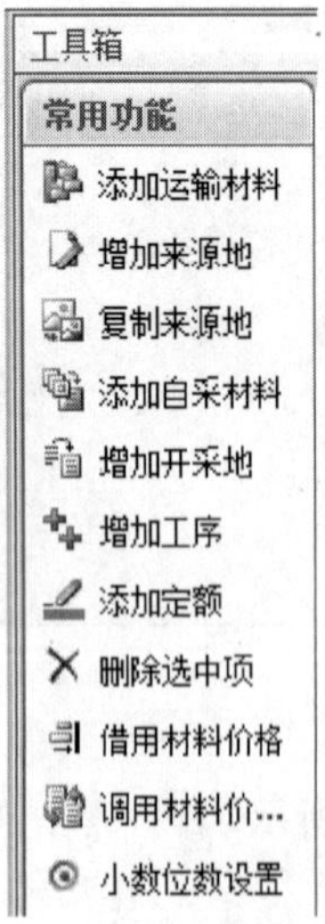

图 12.10　常用功能示意图 　　　　图 12.11　运输计算材料示意图

（3）选择材料后，确认来源地（材料的采购点）个数，如本教材案例工程（某水利枢纽工程-教学案例），水泥有两个来源地，即点击 增加来源地，并输入来源地比例（甲厂60%、乙厂40%）。

（4）计算材料单价计算方式：材料原价＋吨/公里运输计算方式，在"材料预算价格计算表"中，输入材料原价、单位毛重、采购及保管费费率、运输保险费费率等基本数据，点击"运杂费计算表"，选择运输方式，输入吨/公里运输参数即可。如图 12.12 所示。

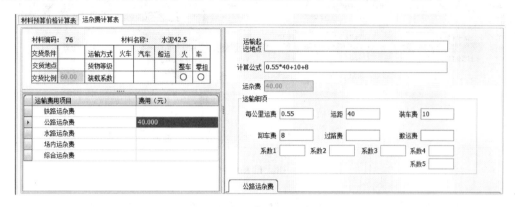

图 12.12 材料预算价格计算表示意图

3. 施工机械台时费

在基础资料—参数设置—艰苦地区类别处选择"一般地区"，如图 12.13 所示。

（1）在基础资料—材料，输入柴油、汽油不含税预算价，如图 12.14 所示。

（2）在基础资料—机械台班，点击 插入机械台班，插入标准机械台班，修改相应的数据，如图 12.15 所示。

（3）最终数据结果如图 12.16 所示。

4. 混凝土、砂浆单价

（1）混凝土单价编制。在基础资料—材料，输入水泥 42.5、中砂、碎石、水不含税预算价，如图12.17 所示。

图 12.13 参数设置示意图

材料编码	材料名称	材料单位	含税预算价	税率	不含税预算价	基价	计算类别	主材
2	柴油	kg			7.4	2.99		☑
3	电	kW·h				自填		☐
4	风	m³				自填		☐
5	水	m³				自填		☐
6	煤	kg						☐
7	木柴	kg						☐
8	园木	m³						☐
9	板枋材	m³						☐
10	砂	m³				70		☐
11	石子	m³				70		☐
12	块石	m³				70		☐
13	粉煤灰	kg						☑

图 12.14 材料示意图（1）

编码	名称	单位	单价	一类费用	二类费用
···JX1044	推土机 88kW	台时	115.88	56.85	59.03

编码	名称	单位	材料用量	单价	合价	属性
2	柴油	kg	12.6	2.99	37.67	材料
983	机械人工	工时	2.4	8.90	21.36	人工
985	机械设备折旧费	元	26.72	1	26.72	机械
986	机械设备修理费	元	29.07	1	29.07	机械
987	机械设备安装拆卸费	元	1.06	1	1.06	机械

编码	名称	单位	属性	规格型号
983	机械人工	工时	人工	
989	人工	工时	人工	
985	折旧费	元	机械	
986	修理及替换设备费	元	机械	
987	安装拆卸费	元	机械	
2	柴油	kg	材料	
4	风	m³	材料	
5	水	m³	材料	
1	汽油	kg	材料	
6	煤	kg	材料	
3	电	kw·h	材料	
三…	三类费用	元	机械	

图 12.15　插入机械台班示意图

| 定额 | 单价分析 | 工作内容 | 项目特征 | 施工方法 |

常用功能 ▾　插入 ▾　单价借用 ▾　设置 ▾　换算 ▾

材料编码	名称	单位	用量	用量系数	实际用量	单价	预算价	基价	属性
⊟ JX1044	推土机 88kW	台时	4.56		4.56	109.52		56.85	机械
985	机械设备折旧费	元	23.235		105.952	1	1		机械
986	机械设备修理费	元	26.189		119.422	1	1		机械
987	机械设备安装拆卸费	元	1.06		4.834	1	1		机械
983	机械人工	工时	2.4		10.944	8.90	8.90		人工
2	柴油	kg	12.6		57.456	2.99	7.4	2.99	材料

图 12.16　施工机械台时费最终数据结果

材料编码 ︿	材料名称	材料单位	含税预算价	税率	不含税预算价	基价	计算类别	主材
2	柴油	kg			7.4	2.99		☑
3	电	kW·h					自填	☐
4	风	m³					自填	☐
5	水	m³			0.9		自填	☐
76	水泥42.5	t			380	255	自填	☑
15B	碎石 40mm	m³			30	70		☐
548	中砂	m³			52	70		☐

图 12.17　材料示意图（2）

在基础资料—配合比，选择 插入配合比 ，在调入配合比中选择相应的混凝土，如图 12.18 所示。

计算结果如图 12.19 所示。

（2）砂浆单价编制。在软件中，砂浆单价编制与混凝土单价编制方法相同。

5. 电、水、风预算单价

（1）施工用电单价编制。电单价计算分两种方式：

图 12.18　配合比示意图

PH0429	纯混凝土C30 2级配 水泥42.5【卵...	m³	108	108.00	144.83			材料
76	水泥42.5	t	0.365	39.420	255		255	材料
548	中砂	m³	0.507	54.756	52	52	70	材料
15B	碎石 40mm	m³	0.841	90.828	30	30	70	材料
5	水	m³	0.177	19.116	0.9	0.9		材料

图 12.19　混凝土材料单价计算结果

1）直接输入（软件默认），只需要在预算价位置或材料界面的预算价位置直接输入即可。

2）通过外购电与自发电计算单价。本节案例（某水利枢纽工程-教学案例），操作步骤如下：将"直接输入"后面的勾选项去掉，即会出现供电点，如图 12.20 所示。

图 12.20　电示意图

在属性设置页面，根据案例已知条件〔外购电占 97％，基本电价 0.5 元/(kW·h)，高压输电线路损耗摊销率 5％，35kV 以下变配电设备及输电线路损耗摊销率 8％，供电设施维护摊销费 0.05 元/(kW·h)；柴油发电占 3％，4 台固定式 480kW 柴油发电机，出力系数 0.8，厂用电率 5％，变配电及输电线路损耗率 8％，单位循环冷却水摊销费 0.03 元/

（kW・h），供电设施维护摊销费 0.05 元/（kW・h）] 在软件界面输入相应系数值，如图 12.21 所示。

代号	名称	计算公式	费用值	系数值
F12	基本电价	0.5	0.500	
F121	电网基础电价			
F122	附加费用			
F13	高压输电线路损耗率	高压输电线路损耗率	5.000%	5.00%
F14	供电设施维修摊销费	供电设施维修摊销费	0.050	0.05
F15	变配电设备及线路损耗率	变配电线路损耗率	8.000%	8.00%
F2	===发电电价===	F27/(F28×F22)/(1-F23)/(1-F24)...	1.780	
F21	发电百分率	发电百分率	3.000%	3.00%
F22	发电机出力系数	发电机出力系数	0.800	0.80
F23	发电厂用电率	厂用电率	5.000%	5.00%
F24	变配电设备及线路损耗率	F15	8.000%	
F25	循环冷却水费	循环冷却水费	0.030	0.03
F26	发电设施维修摊销费	发电设施维修摊销费	0.050	0.05
F27	柴油发电机及水泵台时费总费用	2275.68	2275.680	
F28	发电机额定容量之和	1920.00	1920.000	
F3	===电　价===	F1×F11+F2×F21	0.650	

图 12.21　计算电价

（2）施工用水单价编制。施工用水单价编制与施工用电单价编制方法相同。

1）直接输入（软件默认），只需要在预算价位置或材料界面的预算价位置直接输入即可。

2）通过计算得出水的预算价，将"直接输入"后面的勾选项去掉，即会出现供水点，如图 12.22 所示。

图 12.22　水示意图

在属性设置页面，根据案例已知条件 [最末级水泵流量 8045m³/台班（三级供水）、水泵机组总台班费 10000 元/台班、供水损耗率 10%，摊销费 0.1 元/m³，能量利用系数 0.8] 在软件界面输入相应系数值，如图 12.23 所示。

代号	名称	计算公式	费用值	系数值
F1	施工用水价格	F14/[F15×F11×(1-F12)]+F13	1.83	
F11	能量利用系数	能量利用系数	0.80	0.80
F12	供水损耗率	供水损耗率	10.00%	10.00%
F13	供水设施维修摊销费	供水摊销费	0.10	0.10
F14	水泵台时总费用	10000.00	10000.00	
F15	水泵额定容量之和	8045	8045.00	

图 12.23　计算水价

（3）施工用风单价编制。施工用风单价编制与施工用电单价编制方法相同。

1）直接输入（软件默认），只需要在预算价位置或材料界面的预算价位置直接输入即可。

2）通过计算得出风的预算价，将"直接输入"后面的勾选项去掉，即会出现供风点，如图12.24所示。

| 参数设置 | 费用设置 | 人工 | 材料 | 装材 | 计算材料 | 设备费率 | 电 | 风 | 水 | 机械台班 | 配合比 | 骨料系统 |

	序号	供应点	百分比/%	单价	直接输入
	4	风	m³	0.13	☐
	1	供风点	100	0.13	

图 12.24　风示意图

在属性设置页面，根据案例已知条件［循环水冷却方式：电动固定式空压机 20m³/min，10台（台班费按施工机械台时费定额计算）、能量利用系数 0.8，损耗率 20%；摊销费 0.003 元/m³、冷却水摊销费 0.005 元/m³］在软件界面输入相应系数值，如图 12.25 所示。

| 定额组成 | 计算公式 |

	台时号	台时名称	单位	台数	台时单价	台时合价	额定量	空压机额定容量之和	备注
	JX8019	空压机 电动 固定式 20...	台时	10.00	92.22	922.20	20	200	

	代号	名称	计算公式	费用值	系数值
	F1	施工用风价格	F15/［F16×60×F11×(1-F12)］+F1...	0.13	
	F11	能量利用系数	能量利用系数	0.80	0.800
	F12	供风损耗率	供风损耗率	20.00%	20.000%
	F13	循环冷却水费	循环冷却水费	0.01	0.005
	F14	供风设施维修摊销费	供风设施摊销费	0.00	0.003
	F15	空压机台时总费用	922.200	922.20	
	F16	空压机额定容量之和	200.000	200.00	

图 12.25　计算风价

12.3.3　单价计算

12.3.3.1　费用设置

1. 费率设置

根据实际工程对参数设置后，费用设置费率自动变化，若需调整费率可手动修改。

（1）单一调整费率。点中需要调整的费率手动输入即可。

（2）批量调整费率。在费用设置中，鼠标点中其中一条，使用Ctrl＋A即可全部定义为块，再使用右边功能菜单中的"设置费率"（此处则是以块操作设置）进行整体修改。在需要修改的项目里面输入需要修改的费用值，不需要修改的项目保留为空值，点击确定即可全部修改，如图12.26所示。

2. 取费程序设置

费用设置中的每一项费用名称都对应一个取费程序，可以通过取费程序进行设置，来确定单价的计算和报表打印时行数据的打印选项。

打印选项为空时，不管有没有费用值，该行内容均打印；"为0不打"是当该项的费

费用名称	其它直接费费率	冬雨季施工增加费率	夜间施工增加费费率	临时设施费费率	安全生产措施费费率	其他费费率	间接费费率	利润率	税率	特殊地区施工增加	其他费用调系
土方工程	7%	0.50%	0.50%	3.00%	2.00%	1.00%	8.50%	7.00%	11.00%		
石方工程	7%	0.50%	0.50%	3.00%	2.00%	1.00%	12.50%	7.00%	11.00%		
模板工程	7%	0.50%	0.50%	3.00%	2.00%	1.00%	9.50%	7.00%	11.00%		
混凝土浇筑工程	7%	0.50%	0.50%	3.00%	2.00%	1.00%	9.50%	7.00%	11.00%		
钢筋制安工程	7%	0.50%	0.50%	3.00%	2.00%	1.00%	5.50%	7.00%	11.00%		
钻孔灌浆工程	7%	0.50%	0.50%	3.00%	2.00%	1.00%	10.50%	7.00%	11.00%		
锚固工程	7%	0.50%	0.50%	3.00%	2.00%	1.00%	10.50%	7.00%	11.00%		
疏浚工程	7%	0.50%	0.50%	3.00%	2.00%	1.00%	7.25%	7.00%	11.00%		
其它工程	7%	0.50%	0.50%	3.00%	2.00%	1.00%	9.00%	7.00%	11.00%		
安装工程	7.7%	0.50%	0.70%	3.00%	2.00%	1.50%	75.00%	7.00%	11.00%		
安装工程（按费率计…	7.7%	0.50%	0.70%	3.00%	2.00%	1.50%	75.00%	7.00%	11.00%		
砂石备料工程(自采)	0.50%						5.00%	7.00%	3.00%		
掘进施工隧洞工程1	2.00%						4.00%	7.00%	11.00%		
掘进机施工隧洞工程2	4.50%						6.25%	7.00%	11.00%		
不取费											

图 12.26　费用设置

用为 0，打印时自动去掉该行；"固定不打"是不管该行有没有费用值，打印时都去掉该行，但不影响费用计算。如果对费率设置和取费程序设置错误，点击右边功能菜单中的"重调取费程序"和"重调费用系数"即可，如图 12.27 所示。

代号	名称	计算公式	系数值	系数代号	变量名	打印选项
F1	一、直接费	F11＋F12			直接费	
F11	（一）、基本直接费	项目直接费			基本直接费	
F111	1、人工费	项目人工费			人工费	
F112	2、材料费	项目材料费			材料费	
F113	3、机械使用费	项目机械费			机械费	
F12	（二）、其他直接费	F11×其他直接费费率	7%	其他直接费费率	其他直接费	
F121	1、冬雨季施工增加费	F11×冬雨季施工增加费费率	0.50%	冬雨季施工增加…	冬雨季施工增加…	
F122	2、夜间施工增加费	F11×夜间施工增加费费率	0.50%	夜间施工增加…	夜间施工增加费	
F123	3、特殊地区施工增加费	F11×特殊地区施工增加费费率		特殊地区施工…	特殊地区施工…	
F124	4、临时设施费	F11×临时设施费费率	3.00%	临时设施费费率	临时设施费	
F125	5、安全生产措施费	F11×安全生产措施费费率	2.00%	安全生产措施…	安全生产措施费	
F126	6、其他	F11×其他费率	1.00%	其他费率	其他	
F2	二、间接费	F1×间接费率	12.50%	间接费率	间接费	
F3	三、利润	（F1＋F2）×利润率	7.00%	利润率	企业利润	
F4	四、材料补差	价差			价差	为0不打
F5	五、未计价装置性材料费	装置性材料费			装置性材料费	为0不打
F6	六、其他费用摊销	（F1＋F2＋F3＋F4＋F5）×其他…		其他费用摊销…	其他费用摊销	
F7	七、税金	（F1＋F2＋F3＋F4＋F5＋F6）…	11.00%	税率	税金	
FA	小计	F1＋F2＋F3＋F4＋F5＋F6＋F7			小计	固定不打
FB	扩大	FA×扩大系数	%	扩大系数	扩大	固定不打
FZ	合计	FA＋FB			合计	

图 12.27　取费设置

12.3.3.2　工程单价编制

工程部分费用包括：建筑工程、机电设备及安装工程、金属结构设备及安装工程、施工临时工程和独立费五部分。

1. 建筑工程

（1）项目录入。

1）从项目划分中选择项目：在项目窗口空白区域双击鼠标左键或点击右边常用功能窗口的项目划分，弹出选择窗口，点击需要的项目，选择好后确定，所选项目会自动添加到工程项目窗口中，如图 12.28 所示。

2）从 Excel 文档导入清单项目：选择右侧其他功能菜单中的导入清单，打开需要的 Excel 文档，选择相应的工作表对应各列的属性，如果 Excel 中是序号则选择序号识别，

图 12.28 项目划分 (1)

如果为编码，则选择编码识别，如图 12.29 所示。

行类型	选中状态	清单序号	项目名称	项目单位	工程量	数据列5	建安单价	数据列7
▶ 修改数据...	☑							
<无意义>	☐	工程量清...						
<无意义>	☐	工程名称...						
<无意义>	☐	编号	工程项目...	单位	数量	单价/元	合价/元	备注
一级目录	☑	—	新毕村狮...				6410831.14	
二级目录	☑	(一)	GZ0+123...				753776.85	
清单	☑		砂卵石开挖	m³	8229.32	8.62	70936.74	
清单	☑		砂卵石回填	m³	8985.41	6.98	62718.16	
清单	☑		漂块石抛填	m³	144.93	52.93	7671.14	
清单	☑		C20混凝土护坡	m³	1481.77	273.44	405175.19	
清单	☑		M10砂浆...	m³	218.16	310.86	67817.22	
清单	☑		C15混凝土刮...	m³	78.52	291.14	22860.31	
清单	☑		钢模板制...	m²	872.4	36.14	31528.54	
清单	☑		滑模制作...	m²	4234.1	15.77	66771.76	
清单	☑		沥青木板	m²	122.25	116.28	14215.23	

☐ 行类型联动修改　注：勾选后，修改某行的行类型，与之编码或者序号相匹配的行的行类型也会更改

提示：1、导入前必须设置"清单序号"、"项目名称"、"计量单位"和"工程量"列，以及设置"清单"行；
2、如果选择了"项目特征"列，"项目特征"名称和特征值需要以"："分隔，一项项目特征数据在Excel中以一行表示；
3、如果选择了"工作内容"列，一项"工作内容"数据在Excel中以一行表示；
4、最大目录级数会在选择后递增。

图 12.29 导入清单

3) 识别后，若目录层次不准确，可手动选择修改，不需要的项目，只需要将前面的勾去掉，导入时就会自动去掉。

从 Excel 或 Word 文档中复制、粘贴项目（程序支持复制某一块，也可复制某一列数据），打开文件，块框选所需要的项目行和相应的列，如图 12.30 所示。

在软件中，工程名称列点右键，粘贴即可，结果如图 12.31 所示。

项目所有信息均可以随时修改，插入、删除项目时，项目序号自动设置，在工程量计算式中，可直接输入计算公式。

建筑工程预算表

序号	工程或费用名称	单位	数量	单价／元	合计／元
	第一部分 建筑工程				687512.33
1	挡水工程				683246.33
1.1	泄洪、冲沙闸工程				683246.33
1.1.1	覆盖层开挖	m³	64259	3.60	231332.40
1.1.2	石方洞挖	m³	31	18.46	572.26
1.1.4	反滤料填筑	m³	48	18.46	886.08
2	输水工程				4266.00
2.1	取水口工程				4266.00
2.1.1	覆盖层开挖	m³	1185	3.60	4266.00

图 12.30 块复制

图 12.31 粘贴

（2）工程单价编制。对项目组价时，有直接输入单价、套用定额组价、套用已有的单价、工程特项组价等多种方式，下面用教材某水利枢纽工程-教学案例来对应一一学习。

1）土方工程单价编制。根据案例中施工工艺：覆盖层开挖，在软件中点中覆盖层开挖清单项，在定额窗口双击鼠标左键或点常用功能菜单下的定额，弹出定额查询窗口，找到相应的 $2m^3$ 挖掘机挖Ⅳ类土装 20t 自卸汽车运 2km 至弃渣场定额双击即可；也可在定额窗口，定额号列直接输入定额编号，即可调用输入的定额信息，若输入的定额编号不存在，会自动弹出自编定额窗口。如图 12.32 所示。

图 12.32 定额查询（1）

鼠标点中清单覆盖层开挖，单击右键预览单价分析表，结果如图12.33所示。

建筑工程单价表

单价编号			项目名称		覆盖层开挖
定额编号	[JG10647-6]		定额单位		100m³
施工方法	2m³挖掘机挖土自卸汽车运输（IV类土） 运距2km 20t自卸汽车运输				
编号	名称及规格	单位	数量	单价/元	合价/元
一	直接费				975.14
（一）	基本直接费				911.35
1	人工费				30.04
(1)	初级工	工时	4.90	6.13	30.037
2	材料费				35.05
(1)	零星材料费	%	4.00	876.3	35.052
3	机械使用费				846.26
(1)	单斗挖掘机 液压 2m³	台时	0.73	214.69	156.7237
(2)	推土机 59kW	台时	0.36	68.09	24.5124
(3)	自卸汽车 20t	台时	4.98	133.54	665.0292
（二）	其他直接费	%	7	911.35	63.79
二	间接费	%	8.50	975.14	82.89
三	利润	%	7.00	1058.03	74.06
四	材料补差				282.54
(1)	柴油	kg	98.45	2.870	282.5515
五	其他费用摊销				
六	税金	%	11.00	1414.63	155.61
	合计				1570.24
	单价				15.70

图12.33 单价分析表

2）石方工程单价编制。根据案例中施工工艺：挡水工程、引水工程（明挖、洞挖），在软件中点中挡水工程明挖清单项，在定额窗口双击鼠标左键或点常用功能菜单下的定额，弹出定额查询窗口，找到相应的150型潜孔钻爆XI～XII级岩石，孔深＞9m，相应定额，双击即可，如图12.34所示。

图12.34 定额查询（2）

软件自动弹跳出石渣运输定额，选择 4m³ 挖掘机装 32t 自卸汽车运 3km 相应定额，双击套用，如图 12.35 所示。

图 12.35　内插定额

引水工程（明挖、洞挖）软件操作步骤相同，不一一列举。

鼠标点中清单挡水工程石方明挖，单击右键预览单价分析表，结果如图 12.36 所示。

3）堆砌石工程单价编制。根据案例中施工工艺：覆盖层清除、土料开挖、土料压实，在软件中点中副坝填筑清单项，在定额窗口双击鼠标左键或点常用功能菜单下的定额，弹出定额查询窗口，找到土料场覆盖层清除（Ⅱ类土）1 万 m³，采用 88kW 推土机推运 30m 相应定额，双击即可，如图 12.37 所示。

找到土料开采用 2m³ 挖掘机装Ⅲ类土，20t 自卸汽车运 6.0km 上坝填筑定额，双击定额，如图 12.38 所示。

找到土料压实：74kW 推土机推平，8～12t 羊足碾压实，天然干密度 14.8kN/m³，设计干密度 17kN/m³ 相应定额，双击定额，如图 12.39 所示。

堆砌石工程（副坝填筑清单项）最终单价，如图 12.40 所示。

浆砌石清单套取定额软件操作步骤与副坝填筑相同，不一一列举。

4）混凝土工程单价编制。根据案例中施工工艺：混凝土浇筑、混凝土搅拌、混凝土运输，在软件中点中坝体混凝土清单项，在定额窗口双击鼠标左键或点常用功能菜单下的定额，弹出定额查询窗口，找到坝体混凝土，浇筑采用机械化施工，浇筑层厚 2～3m 相应定额，双击即可，如图 12.41 所示。

软件自动弹跳出配合比换算界面，选择 C15 四级配占 60%，C20 三级配 40%，32.5 碎石，砂浆 M7.5 相应配合比，双击套用，如图 12.42 所示。

软件自动弹跳出混凝土搅拌及运输界面，选择 2×1.5m³ 混凝土搅拌楼拌制自卸汽车运输 1km 相应定额，双击套用，如图 12.43 所示。

挡水工程隧洞衬砌混凝土、引水工程（闸墩混凝土、隧洞衬砌混凝土）套取定额软件

建筑工程单价表

单价编号	JZ0002		项目名称	石方明挖〔JZ0002〕	
定额编号	〔JG20039〕+〔JG20492-6〕×1.02			定额单位	100m³
施工方法	一般石方开挖——150型潜孔钻钻孔(孔深>9m) 岩石级别XI～XII 4m³挖掘机装石渣汽车运输(露天) 运距3km 32t自卸汽车运输 一般石方开挖——150型潜孔钻钻孔(孔深>9m) 岩石级别XI～XII				
编号	名称及规格	单位	数量	单价/元	合价/元
一	直接费				4787.75
(一)	基本直接费				4474.53
1	人工费				493.13
(1)	工长	工时	1.80	11.55	20.79
(2)	中级工	工时	17.80	8.90	158.42
(3)	初级工	工时	51.21	6.13	313.92
2	材料费				1145.29
(1)	合金钻头	个	0.52	50.00	26.00
(2)	潜孔钻钻头 150型	个	0.16	400.00	64.00
(3)	DH6 冲击器	套	0.02	2800.00	56.00
(4)	炸药	kg	120.00	5.15	618.00
(5)	火雷管	个	36.00	1.20	43.20
(6)	电雷管	个	10.00	1.00	10.00
(7)	导火线	m	74.00	0.80	59.20
(8)	导电线	m	124.00	0.50	62.00
(9)	其他材料费	%	36.00	469.20	168.91
(10)	零星材料费	%	2.00	1898.86	37.98
3	机械使用费				2836.11
(1)	风钻 手持式	台时	5.88	26.13	153.64
(2)	潜孔钻 150型	台时	3.84	190.31	730.79
(3)	单斗挖掘机 液压 4m³	台时	0.87	439.36	382.24
(4)	推土机 132kW	台时	0.44	157.31	69.22
(5)	自卸汽车 32t	台时	4.82	292.90	1411.78
(6)	其他机械费	%	20.00	442.22	88.44
(二)	其他直接费	%	7	4474.53	313.22
二	间接费	%	12.50	4787.75	598.47
三	利润	%	7.00	5386.22	377.04
四	材料补差				650.23
(1)	炸药	kg	120.00	1.35	162.00
(2)	柴油	kg	170.115	2.87	488.23
五	其他费用摊销				
六	税金	%	11.00	6413.49	705.48
	合计				7118.97
	单价				71.19

图 12.36 单价分析表

操作步骤与挡水工程坝体混凝土相同，不一一列举。

5）钻孔灌浆工程单价编制。根据案例中施工工艺：钻机钻岩石层灌浆孔、基础固结灌浆，在软件中点中基础固结灌浆清单项，在定额窗口双击鼠标左键或点常用功能菜单下的定额，弹出定额查询窗口，找到150型钻机钻XI～XII级岩石，自下而上灌浆相应定额，双击套取，如图12.44所示。

找到基础固结灌浆，钻灌比1.0干耗量0.065t/m相应定额，双击套取，如图12.45所示。

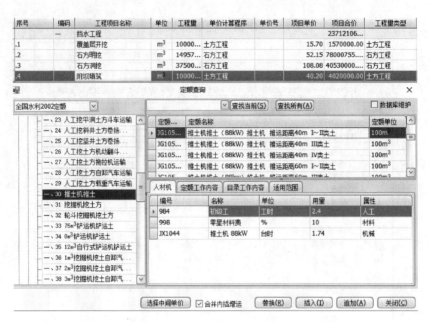

图 12.37　定额查询（3）

图 12.38　定额查询（4）

鼠标点中清单基础固结灌浆，单击右键预览单价分析表，结果如图 12.46 所示。

挡水工程（锚杆、排水孔、帷幕灌浆）、引水工程（混凝土喷锚、隧洞固结灌浆、锚杆、排水孔）套取定额软件操作步骤与挡水工程基础固结灌浆相同，不一一列举。

2. 机电设备及安装工程

（1）从项目划分中选择项目：在项目窗口空白区域双击鼠标左键或点右边常用功能窗

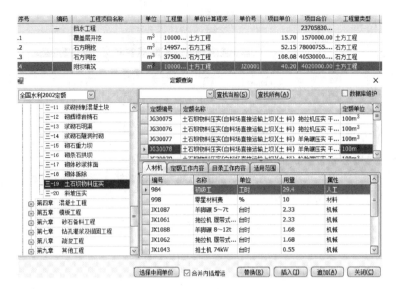

图 12.39 定额查询（5）

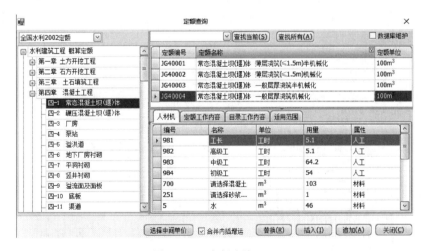

图 12.40 最终单价

图 12.41 定额查询（6）

图 12.42　配合比换算

图 12.43　内插定额

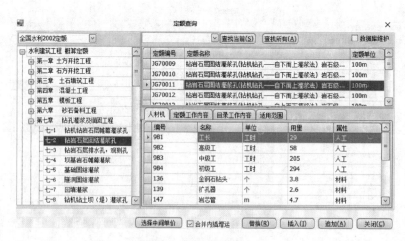

图 12.44　定额查询 (7)

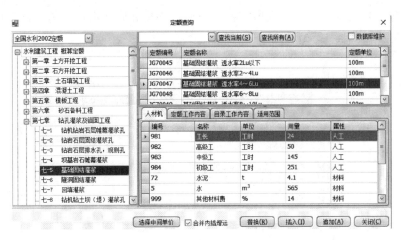

图 12.45　定额查询（8）

建筑工程单价表

单价编号			项目名称	基础固结灌浆	
定额编号	[JG70011] + [JG70047]		定额单位	100m	
施工方法	钻岩石层固结灌浆孔(钻机钻孔 —— 自下而上灌浆法)　岩石级别Ⅺ～Ⅻ　基础固结灌浆　透水率4～6Lu				
编号	名称及规格	单位	数量	单价/元	合价/元
一	直接费				31125.50
(一)	基本直接费				29089.25
1	人工费				8220.36
(1)	工长	工时	53	11.55	612.15
(2)	高级工	工时	108	10.67	1152.36
(3)	中级工	工时	350	8.9	3115
(4)	初级工	工时	545	6.13	3340.85
2	材料费				7120.37
(1)	水	m³	1353	1.83	2475.99
(2)	水泥32.5	t	4.10	255	1045.5
(3)	金钢石钻头	个	3.80	230	874
(4)	扩孔器	个	2.60	340	884
(5)	岩芯管	m	4.70	78.9	370.83
(6)	钻杆	m	4.10	58.9	241.49
(7)	钻杆接头	个	4.60	85	391
(8)	其他材料费	%	13	4203.36	546.4368
(9)	其他材料费	%	14	2079.45	291.123
3	机械使用费				13748.52
(1)	胶轮车	台时	22.00	0.81	17.82
(2)	地质钻机　150型	台时	167.00	46.15	7707.05
(3)	灰浆搅拌机	台时	88.00	18.64	1640.32
(4)	灌浆泵 中低压泥浆	台时	96.00	38.84	3728.64
(5)	其他机械费	%	5	7707.05	385.3625
(6)	其他机械费	%	5	5386.78	269.339
(二)	其他直接费	%	7	29089.25	2036.25
二	间接费	%	10.50	31125.50	3268.18
三	利润	%	7.00	34393.68	2407.56
四	材料补差				626.36
(1)	水泥32.5	t	4.10	152.770	626.357
五	其他费用摊消				
六	税金	%	11.00	37427.6	4117.04
	合计				41544.64
	单价				415.45

图 12.46　单价分析表

口的项目划分，弹出选择窗口，点击需要的项目，选择好后确定，所选项目会自动添加到工程项目窗口中，如图 12.47 所示。

图 12.47　项目划分（2）

（2）工程单价编制：组价方式与建筑工程单价计算方法相同。

3. 金属结构设备及安装工程

（1）闸门设备及安装：在软件中点中闸门设备及安装清单项，在定额窗口双击鼠标左键或点常用功能菜单下的定额，弹出定额查询窗口。找到闸门为 25t 平板焊接闸门，门座式起重机吊装，闸门 8000 元/t 相应定额，双击即可，如图 12.48 所示。

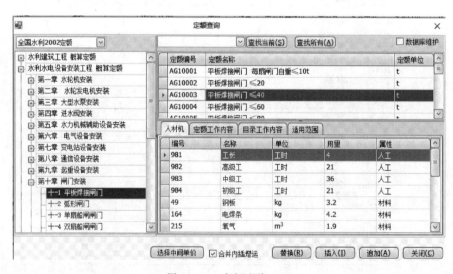

图 12.48　定额查询（9）

鼠标点中清单闸门设备及安装，单击右键预览单价分析表，结果如图 12.49 所示。

（2）启闭机设备及安装单价编制在软件中操作步骤与闸门设备及安装相同，不一一

安装工程单价表

单价编号			项目名称	闸门设备及安装	
定额编号	[AG10003]		定额单位	1t	
规格型号	平板焊接闸门 ≤40				
编号	名称及规格	单位	数量	单价/元	合价/元
一	直接费				1248.76
(一)	基本直接费				1159.48
1	人工费				719.40
(1)	工长	工时	4.00	11.55	46.20
(2)	高级工	工时	21.00	10.67	224.07
(3)	中级工	工时	36.00	8.90	320.40
(4)	初级工	工时	21.00	6.13	128.73
2	材料费				113.89
(1)	汽油	kg	2.10	3.08	6.47
(2)	钢板	kg	3.20	4.98	15.94
(3)	电焊条	kg	4.20	6.60	27.72
(4)	油漆	kg	2.10	12.60	26.46
(5)	氧气	m³	1.90	4.90	9.31
(6)	乙炔气	m³	0.90	11.20	10.08
(7)	棉纱头	kg	0.90	2.46	2.21
(8)	其他材料费	%	16	98.18	15.71
3	机械费				326.19
(1)	门座式起重机 10/30t高架 10～30t	台时	1.20	213.52	256.22
(2)	电焊机 交流 25kVA	台时	4.00	10.08	40.32
(3)	其他机械费	%	10	296.54	29.65
二	间接费	元	75.00%	719.40	539.55
三	企业利润	元	7.00%	1788.31	125.18
四	价差				6.94
(1)	汽油	kg	2.10	3.31	6.94
五	装置性材料费				
六	其他费用摊销				
七	税金	元	11.00%	1920.43	211.25
	合计				2131.68
	单价				2131.68

图 12.49 单价分析表

列举。

4. 施工临时工程

(1) 导流工程(土石围堰工程):在软件中点中土石围堰清单项,在定额窗口双击鼠标左键或点常用功能菜单下的定额,弹出定额查询窗口。找到土石围堰,2m³ 挖掘机挖土装 20t 自卸汽车运 2km,机械夯实相应定额,双击即可,如图 12.50 所示。

鼠标点中土石围堰清单项,单击右键预览单价分析表,结果如图 12.51 所示。

(2) 导流工程(编织袋土石围堰、围堰拆除、铜片止水)、施工交通工程(进场道路)单价编制在软件中操作步骤与导流工程(土石围堰)单价编制相同,不一一列举。

相同清单套用方法,根据教材某水利枢纽工程-教学案例中,同一个工程中多个单价组成相同的清单,软件可通过单价编制功能来实现共享清单单价,操作方法如下:

图 12.50　定额查询（10）

建筑工程单价表

单价编号			项目名称	土石围堰	
定额编号	[JG10647-6]		定额单位	$100m^3$	
施工方法	$2m^3$挖掘机挖土自卸汽车运输（Ⅳ类土）　运距2km　20t自卸汽车运输				
编号	名称及规格	单位	数量	单价/元	合价/元
一	直接费				975.14
（一）	基本直接费				911.35
1	人工费				30.04
（1）	初级工	工时	4.90	6.13	30.037
2	材料费				35.05
（1）	零星材料费	%	4.00	876.3	35.052
3	机械使用费				846.26
（1）	单斗挖掘机　液压 $2m^3$	台时	0.73	214.69	156.7237
（2）	推土机　59kW	台时	0.36	68.09	24.5124
（3）	自卸汽车　20t	台时	4.98	133.54	665.0292
（二）	其他直接费	%	7	911.35	63.79
二	间接费	%	8.50	975.14	82.89
三	利润	%	7.00	1058.03	74.06
四	材料补差				282.54
（1）	柴油	kg	98.45	2.870	282.5515
五	其他费用摊销				
六	税金	%	11.00	1414.63	155.61
	合计				1570.24
	单价				15.70

图 12.51　单价分析表

　　若某个单价计算程序比较常用，可以在工程管理器的单价编制中选择相应的项目，套用定额进行组价，如图 12.52 所示。

图 12.52　单价编制

在工程量清单—常用功能—查找/替换，查找到相同名称的项目，选择右边功能菜单（或者右键）—单价借用—套用单价，如图 12.53 所示。

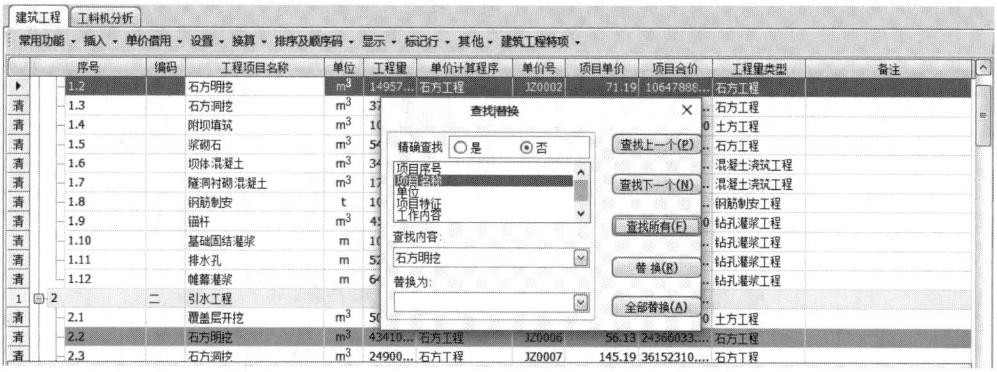

图 12.53　查找替换

在工程量清单—单价借用—套用单价—批量套用，即可对整个项目进行批量套用名称相同的清单，如图 12.54 所示。

5. 独立费

独立费界面，软件默认按编规及勘察设计、监理等标准，定义了独立费的标准项目及相关费率，按照工程案例所示，监理、勘察、设计费，专业调整系数 1.04，工程复杂程度调整系数 1，附加调整系数 1，其他按相关文件标准计取，填入相应的数值即可，如图 12.55 所示。

12.3.4　报表（工程成果输出）

成果输出分为预览、打印、发送到 Excel（PDF）、Word 文档、调整、参数选择、报表设计几大部分。

图 12.54　单价套用

自编代号	代号	名称	计算公式	费用值	系数值	系数代号	变量名	打印选项
	F1	一、建设管理费	10000×IF(FU≤50000,0.045×F...	14233007...			建设管理费	
	F2	二、工程建设监理费	F21×F22×F23×F24×F25	44229438...			工程建设监理费	
	F21	施工监理服务收费基价	10000×IF(FW≤500,16.5,IF(F...	44229438...			施工监理服务...	固定不打
	F22	专业调整系数	专业调整系数	1.04	1.04	专业调整系数	专业调整系数	固定不打
	F23	工程复杂程度调整系数	工程复杂程度系数	1.00	1	工程复杂程度...	工程复杂程度...	固定不打
	F24	高程调整系数	高程调整系数	1.00	1.00	高程调整系数	高程调整系数	固定不打
	F25	浮动幅度值	浮动幅度值				浮动幅度值	固定不打
	F3	三、联合试运转费	10000×IF(F31≤1.6,IF(F31≤...	1760000.00			联合试运转费	
	F31	单机容量/万 kW	单机容量	60.00	60	单机容量	单机容量	
	F32	台数	台数	4.00	4	台数	台数	
	F4	四、生产准备费	F41+F42+F43+F44+F45	26450410...			生产准备费	
	F41	1、生产及管理单位提前进...	建安费合计×提前进厂费率	5360840.02	0.15%	提前进厂费率	生产及管理单...	
	F42	2、生产职工培训费	建安费合计×培训费率	19656413...	0.55%	培训费率	生产职工培训费	
	F43	3、管理用具购置费	建安费合计×管理用具购置费率	1429557.34	0.04%	管理用具购置...	管理用具购置费	
	F44	4、备品备件购置费	(设备备品件费合计×合备品备件的设...	2880.00	0.4%	备品备件购置率	备品备件购置费	
	F45	5、工器具及生产家具购置费	设备费合计×家具购置费率	720.00	0.10%	家具购置率	工器具及生产...	
	F5	五、科研勘测设计费	F51+F52	18031677...			科研勘测设计费	
	F51	1、工程科学研究试验费	建安费合计×工程科学研究试验...	25017253...	0.70%	工程科学研究...	工程科学研究...	
	F52	2、工程勘测设计费	F521+F522+F523	15529952...			工程勘测设计费	
	F6	六、其他	F61+F62	16085760...			其他	
	F61	1、工程保险费	(建安费合计＋设备费合计)×保...	16085760...	0.45%	保险费率	工程保险费	
	F62	2、其他税费	其他税费				其他税费	
	FU	建安费/万元	建安费合计/10000	357389.33			建安费	固定不打
	FW	第一到四部分合计	(建安费合计＋设备费合计＋联合...	357637.33			第一到四部分...	固定不打
独立费合计	独立费合计	F1+F2+F3+F4+F5+F6	36694302...				独立费合计	
建安费合计	第一到四部分建安费合计	Σ建安费	35738933...				建安费合计	
设备费合计	第一到四部分设备费合计	Σ设备费	720000.00				设备费合计	

图 12.55　独立费

（1）预览：点中某个需要的报表，右边会显示相应的报表样式，若需查看详细内容，双击名称或双击右边窗口中的报表，即可以放大报表页面查看。

（2）打印：将当前点中的表格，输出到打印机，打印成果文件。

（3）发送：将当前点中的表格发送到 Excel 文档。

（4）批量打印、批量发送：自由选择所需要的一套报表，批量输出到打印机或发送到Excel（PDF）文件。操作方法如下：点击批量打印或批量发送，弹出窗口，如图 12.56 所示。

图 12.56　报表批量发送

左边窗口为系统提供的标准报表及自定义报表，勾选或双击左边的表格，要选择到右边当前需要的报表窗口中，勾选下面的选择项，点"确定"即可将当前选择的报表组合发送到 Excel 或 PDF 文档。点击"保存"，可以将选择的报表组，保存为自定义报表，下次再次使用时，可以直接选择自己定义的报表，如图 12.57 所示。

图 12.57　保存报表

（5）参数：点击"参数"按钮，会弹出与当前报表相关的各项参数，通过各种参数的组合，可以组合成各种样式的报表，满足实际工作中各种不同样式的格式要求，如图12.58 所示。

图 12.58　参数设置

（6）调整：点击"调整"按钮，会弹出当前选中报表的调整窗口，通过各种选择项，可以对当前表格的字体、字号、行距、边界等进行设置；窗口右边部分是对报表列数据进行控制的设置，各选择项作用于当前选择的数据列，包括该列的字体、字号、表格线，该列是否打印，是否自动换行等设置。如图 12.59 所示。

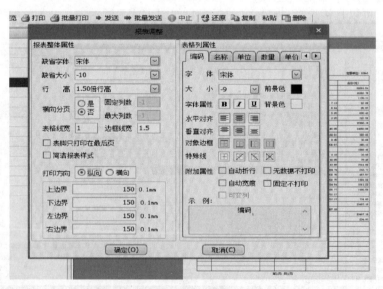

图 12.59　调整

（7）设计：若通过调整和参数设置，还不能满足所需要的报表要求，点击"设计"按钮可以在软件中直接对报表格式进行修改，如图 12.60 所示。

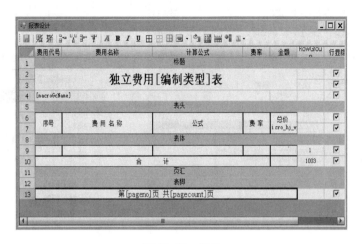

图 12.60　设计

报表中的文字均可以双击直接修改，表格边框线、对齐方式等可以像 Word 或 Excel 文档一样进行修改设置，注意［　］以内的内容属于变量名称，不要随意修改，若需要改变宏变量的内容，可以点击快捷按钮中的变量列表，双击需要的宏变量进行更换，如"第××页 共×××页"要修改为"-××-"只需要把"第［pageno］页 共［pagecount］页"改为"-［pageno］-"就可以了；若某行的数据在当前表格中不打印，不需要删除该行，把后面行显隐的勾去掉，打印时就会自动隐藏该行，需要打印时再勾选上即可；表脚同步，可以将当前表格修改的表格，同步到所选择的所有报表的页脚，不需要每张报表都修改。

（8）还原：如果修改了标准的报表，如果修改有错误，可点击"还原"按钮，将已经修改的报表还原到软件默认的格式。

12.4　水利工程造价软件招投标版操作

12.4.1　水利造价软件招投标模板选择

软件设计阶段可分为估算、概算、预算和招投标。招投标模板又分为标准模板和国标清单规范（GB 50501—2007），如图 12.61 所示。

12.4.2　工程操作界面

工程编制按照工程造价手工编制流程设置工程节点，在工程管理器中，按从上到下的顺序进行，也可以按照个体习惯，改变操作顺序，程序会实时进行各节点的数据计算。如图 12.62 所示。

（1）工程信息。本部分包括封面、编制说明、填表须知三部分，主要是文字部分，在项目数据列，按照工程实际，输入相应的内容即可，主要是供后续报表调用，如图 12.63 所示。

（2）基础资料。基础资料节点包括参数设置、费用设置、人工、材料、设备费率、电、风、水、机械台班、配合比、骨料系统各项基础费用计算页面，如图 12.64 所示。

（3）标段部分。标段部分包括分类分项项目、措施项目、其他项目、零星项目四部分，招投标在软件中操作方法与概预算方法相同，此处不再一一讲解。如图 12.65 所示。

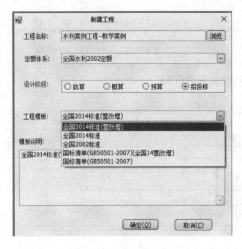

图 12.61　模板选择

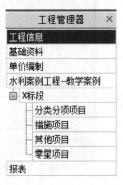

图 12.62　工程编制

图 12.63　工程信息填写

图 12.64　基础资料

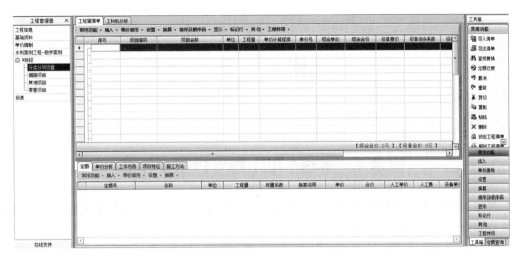

图 12.65　标段部分

思　考　题

1. 招投标和概预算的区别是什么？
2. 最新的税金是多少？在概预算软件中如何设置？
3. 招投标中工程总价由哪几部分组成？
4. 水利工程中最新编制规定是什么？具体文号是多少？
5. 材料价格是含税还是不含税的，在预算软件中哪里输入呢？

附　　录

附录1　水利水电工程等级划分标准

根据《水利水电工程等级划分及洪水标准》（SL 252—2017）及其他现行水利水电工程等级划分的相关规范，汇总工程等别划分标准如下。若规范有变化，应进行相应调整。

（1）水利水电工程的等别应根据其工程规模、效益和在经济社会中的重要性，按附表1.1确定。

附表1.1　　　　　　　　　　　　　　水利水电工程分等指标

| 工程等别 | 工程规模 | 水库总库容/($10^8 m^3$) | 防　洪 | | | 治涝 | 灌溉 | 供　水 | 发电 |
			保护人口/(10^4人)	保护农田面积/(10^4亩)	保护区当量经济规模/(10^4人)	治涝面积/(10^4亩)	灌溉面积/(10^4亩)	供水对象重要性	年引水量/($10^8 m^3$)	发电装机容量/MW
I	大（1）型	≥ 10	≥ 150	≥ 500	≥ 300	≥ 200	≥ 150	特别重要	≥ 10	≥ 1200
II	大（2）型	<10, ≥ 1.0	<150, ≥ 50	<500, ≥ 100	<300, ≥ 100	<200, ≥ 60	<150, ≥ 50	重要	<10, ≥ 3	<1200, ≥ 300
III	中型	<1.0, ≥ 0.10	<50, ≥ 20	<100, ≥ 30	<100, ≥ 40	<60, ≥ 15	<50, ≥ 5	比较重要	<3, ≥ 1	<300, ≥ 50
IV	小（1）型	<0.1, ≥ 0.01	<20, ≥ 5	<30, ≥ 5	<40, ≥ 10	<15, ≥ 3	<5, ≥ 0.5	一般	<1, ≥ 0.3	<50, ≥ 10
V	小（2）型	<0.01, ≥ 0.001	<5	<5	<10	<3	<0.5		<0.3	<10

注　1. 水库总库容指水库最高水位以下的静库容；治涝面积指设计治涝面积；灌溉面积指设计灌溉面积；年引水量指供水工程渠首设计年均引（取）水量。

　　2. 保护区当量经济规模指标仅限于城市保护区；防洪、供水中的多项指标满足1项即可。

　　3. 按供水对象的重要性确定工程等别时，该工程应为供水对象的主要水源。

对综合利用的水利水电工程，当按各综合利用项目的分等指标确定的等别不同时，其工程等别应按其中最高等别确定。

（2）拦河闸永久性水工建筑物的级别，应根据其所属工程的等别按附表1.2确定。

附表1.2　　　　　　　　　　　　永久性水工建筑物级别

工程等别	主要建筑物	次要建筑物
I	1	3
II	2	3

工程等别	主要建筑物	次要建筑物
Ⅲ	3	4
Ⅳ	4	5
Ⅴ	5	5

拦河闸永久性水工建筑物按附表 1.2 规定的 2 级、3 级，其校核洪水过闸流量分别大于 5000m³/s、1000m³/s 时，其建筑物级别可提高一级，但洪水标准可不提高。

（3）灌溉渠道或排水沟道级别应根据灌溉或排水设计流量的大小，根据《灌溉与排水工程设计标准》（GB 50288—2018），按附表 1.3 确定。对灌排结合的渠沟工程，当灌溉和排水设计流量分属两个不同工程级别时，应按较高确定。

附表 1.3　　　　　　　　　　灌溉渠道与排水沟道级别

渠、沟级别	1	2	3	4	5
灌溉设计流量/（m³/s）	≥300	<300，且≥100	<100，且≥20	<20，且≥5	<5
排水设计流量/（m³/s）	≥500	<500，且≥200	<200，且≥50	<50，且≥10	<10

灌溉与排水渠沟上的水闸、渡槽、倒虹吸、涵洞、隧洞、跌水与陡坡等建筑物的级别，应根据设计流量的大小，按附表 1.4 确定。

附表 1.4　　　　　　　　　灌溉与排水渠沟系建筑物分级指标

建筑物级别	1	2	3	4	5
设计流量/（m³/s）	≥300	<300，且≥100	<100，且≥20	<20，且≥5	<5

附录2 水利水电工程项目划分

一、建筑工程（附表2.1）

附表2.1　　　　　　　　　　　　第一部分　建筑工程

I	枢 纽 工 程			
序号	一级项目	二级项目	三级项目	备注
一	挡水工程			
1		混凝土坝（闸）工程		
			土方开挖 石方开挖 土石方回填 模板 混凝土 钢筋 防渗墙 灌浆孔 灌浆 排水孔 砌石 喷混凝土 锚杆（索） 启闭机室 温控措施 细部结构工程	
2		土（石）坝工程		
			土方开挖 石方开挖 土料填筑 砂砾料填筑 斜（心）墙土料填筑 反滤料、过渡料填筑 坝体堆石填筑 铺盖填筑 土工膜（布） 沥青混凝土 模板 混凝土 钢筋 防渗墙 灌浆孔 灌浆 排水孔 砌石 喷混凝土 锚杆（索） 面（趾）板止水 细部结构工程	

续表

I	枢　纽　工　程			
序号	一级项目	二级项目	三级项目	备注
二	泄洪工程			
1		溢洪道工程		
			土方开挖 石方开挖 土石方回填 模板 混凝土 钢筋 灌浆孔 灌浆 排水孔 砌石 喷混凝土 锚杆（索） 启闭机室 温控措施 细部结构工程	
2		泄洪洞工程		
			土方开挖 石方开挖 模板 混凝土 钢筋 灌浆孔 灌浆 排水孔 砌石 喷混凝土 锚杆（索） 钢筋网 钢拱架、钢格栅 细部结构工程	
3		冲砂孔（洞）工程		
4		放空洞工程		
5		泄洪闸工程		
三	引水工程			
1		引水明渠工程		
			土方开挖 石方开挖 模板 混凝土 钢筋 砌石 锚杆（索） 细部结构工程	

续表

Ⅰ	枢　纽　工　程			
序号	一级项目	二级项目	三级项目	备注
2		进（取）水口工程		
			土方开挖	
			石方开挖	
			模板	
			混凝土	
			钢筋	
			砌石	
			锚杆（索）	
			细部结构工程	
3		引水隧洞工程		
			土方开挖	
			石方开挖	
			模板	
			混凝土	
			钢筋	
			灌浆孔	
			灌浆	
			排水孔	
			砌石	
			喷混凝土	
			锚杆（索）	
			钢筋网	
			钢拱架、钢格栅	
			细部结构工程	
4		调压井工程		
			土方开挖	
			石方开挖	
			模板	
			混凝土	
			钢筋	
			灌浆孔	
			灌浆	
			砌石	
			喷混凝土	
			锚杆（索）	
			细部结构工程	
5		高压管道工程		
			土方开挖	
			石方开挖	
			模板	
			混凝土	
			钢筋	
			灌浆孔	
			灌浆	
			砌石	
			锚杆（索）	
			钢筋网	
			钢拱架、钢格栅	
			细部结构工程	

Ⅰ	枢　纽　工　程			
序号	一级项目	二级项目	三级项目	备注
四	发电厂（泵站）工程			
1		地面厂房工程		
			土方开挖 石方开挖 土石方回填 模板 混凝土 钢筋 灌浆孔 灌浆 砌石 锚杆（索） 温控措施 厂房建筑 细部结构工程	
2		地下厂房工程		
			石方开挖 模板 混凝土 钢筋 灌浆孔 灌浆 排水孔 喷混凝土 锚杆（索） 钢筋网 钢拱架、钢格栅 温控措施 厂房装修 细部结构工程	
3		交通洞工程		
			土方开挖 石方开挖 模板 混凝土 钢筋 灌浆孔 灌浆 喷混凝土 锚杆（索） 钢筋网 钢拱架、钢格栅 细部结构工程	

续表

Ⅰ	枢　纽　工　程			
序号	一级项目	二级项目	三级项目	备注
4		出线洞（井）工程		
5		通风洞（井）工程		
6		尾水洞工程		
7		尾水调压井工程		
8		尾水渠工程		
			土方开挖 石方开挖 土石方回填 模板 混凝土 钢筋 砌石 锚杆（索） 细部结构工程	
五	升压变电站工程			
1		变电站工程		
			土方开挖 石方开挖 土石方回填 模板 混凝土 钢筋 砌石 钢材 细部结构工程	
2		开关站工程		
			土方开挖 石方开挖 土石方回填 模板 混凝土 钢筋 砌石 钢材 细部结构工程	
六	航运工程			
1		上游引航道工程		
			土方开挖 石方开挖 土石方回填 模板 混凝土 钢筋 砌石 锚杆（索） 细部结构工程	

续表

Ⅰ	枢 纽 工 程			
序号	一级项目	二级项目	三级项目	备注
2		船闸（升船机）工程		
			土方开挖 石方开挖 土石方回填 模板 混凝土 钢筋 灌浆孔 灌浆 锚杆（索） 控制室 温控措施 细部结构工程	
3		下游引航道工程		
七	鱼道工程			
八	交通工程			
1		公路工程		
2		铁路工程		
3		桥梁工程		
4		码头工程		
九	房屋建筑工程			
1		辅助生产建筑		
2		仓库		
3		办公用房		
4		值班宿舍及文化福利建筑		
5		室外工程		
十	供电设施工程			
十一	其他建筑工程			
1		安全监测设施工程		
2		照明线路工程		
3		通信线路工程		
4		厂坝（闸、泵站）区供水、供热、排水等公用设施		
5		劳动安全与工业卫生设施		
6		水文、泥沙监测设施工程		
7		水情自动测报系统工程		
8		其他		

附　录

Ⅱ	引　水　工　程			
序号	一级项目	二级项目	三级项目	备注
一	渠（管）道工程			
1		××—××段干渠（管）工程		
			土方开挖 石方开挖 土石方回填 模板 混凝土 钢筋 输水管道 管道附件及阀门 管道防腐 砌石 垫层 土工布 草皮护坡 细部结构工程	各类管道（含钢管）项目较多时可另附表
2		××—××段支渠（管）工程		
二	建筑物工程			
1		泵站工程（扬水站、排灌站）		
			土方开挖 石方开挖 土石方回填 模板 混凝土 钢筋 砌石 厂房建筑 细部结构工程	
2		水闸工程		
			土方开挖 石方开挖 土石方回填 模板 混凝土 钢筋 灌浆孔 灌浆 砌石 启闭机室 细部结构工程	

续表

Ⅱ	引 水 工 程			
序号	一级项目	二级项目	三级项目	备注
3		渡槽工程		
			土方开挖 石方开挖 土石方回填 模板 混凝土 钢筋 预应力锚索（筋） 渡槽支撑 砌石 细部结构工程	钢绞线、钢丝束、钢筋或高大跨度渡槽措施费
4		隧洞工程		
			土方开挖 石方开挖 土石方回填 模板 混凝土 钢筋 灌浆孔 灌浆 砌石 喷混凝土 锚杆（索） 钢筋网 钢拱架、钢格栅 细部结构工程	
5		倒虹吸工程		含附属调压、检修设施
6		箱涵（暗渠）工程		含附属调压、检修设施
7		跌水工程		
8		动能回收电站工程		
9		调蓄水库工程		
10		排水涵（渡槽）		或排洪涵（渡槽）
11		公路交叉（穿越）建筑物		
12		铁路交叉（穿越）建筑物		
13		其他建筑物工程		
三	交通工程			
1		对外公路工程		
2		运行管理维护道路		
四	房屋建筑工程			

续表

Ⅱ	引　水　工　程			
序号	一级项目	二级项目	三级项目	备注
1		辅助生产建筑		
2		仓库		
3		办公用房		
4		值班宿舍及文化福利建筑		
5		室外工程		
五	供电设施工程			
六	其他建筑工程			
1		安全监测施工工程		
2		照明线路工程		
3		通信线路工程		
4		厂坝（闸、泵站）区供水、供热、排水等公用设施		
5		劳动安全与工业卫生设施		
6		水文、泥沙监测设施工程		
7		水情自动测报系统工程		
8		其他		
Ⅲ	河　道　工　程			
序号	一级项目	二级项目	三级项目	备注
一	河湖整治与堤防工程			
1		××—××段堤防工程		
			土方开挖 土方填筑 模板 混凝土 砌石 土工布 防渗墙 灌浆 草皮护坡 细部结构工程	
2		××—××段河道（湖泊）整治工程		
3		××—××段河道疏浚工程		
二	灌溉工程			
1		××—××段渠（管）道工程		

284

Ⅲ		河　道　工　程		
序号	一级项目	二级项目	三级项目	备注
			土方开挖 土方填筑 模板 混凝土 砌石 土工布 输水管道 细部结构工程	
三	田间工程			
1		××—××段渠（管）道工程		
2		田间土地平整		
3		其他建筑物		
四	建筑物工程			
1		水闸工程		
2		泵站工程（扬水站、排灌站）		
3		其他建筑物		
五	交通工程			
六	房屋建筑工程			
1		辅助生产厂房		
2		仓库		
3		办公用房		
4		值班宿舍及文化福利建筑		
5		室外工程		
七	供电设施工程			
八	其他建筑工程			
1		安全监测设施工程		
2		照明线路工程		
3		通信线路工程		
4		厂坝（闸、泵站）区供水、供热、排水等公用设施		
5		劳动安全与工业卫生设施工程		
6		水文、泥沙监测设施工程		
7		其他		

二、三级项目划分要求及技术经济指标（附表 2.2）

附表 2.2　　　　　　　　　三级项目划分要求及技术经济指标

序号	三　级　项　目			经济技术指标
	分类	名称示例	说　明	
1	土石方开挖	土方开挖	土方开挖与砂砾石开挖分列	元/m³
		石方开挖	明挖与暗挖，平洞与斜井、竖井分列	元/m³
2	土石方回填	土方填筑		元/m³
		石方填筑		元/m³
		砂砾料填筑		元/m³
		斜（心）墙土料填筑		元/m³
		反滤料、过渡料填筑		元/m³
		坝体（坝趾）堆石填筑		元/m³
		铺盖填筑		元/m³
		土工膜		元/m²
		土工布		元/m²
3	砌石	砌石	干砌石、浆砌石、抛石、铅丝（钢筋）笼块石等分列	元/m³
		砖墙		元/m³
4	混凝土与模板	模板	不同规格形状和材质的模板分列	元/m²
		混凝土	不同工程部位、不同标号、不同级配的混凝土分列	元/m³
		沥青混凝土		元/m³(m²)
5	钻孔与灌浆	防渗墙		元/m²
		灌浆孔	使用不同钻孔机械及钻孔的不同用途分列	元/m
		灌浆	不同灌浆种类分列	元/m(m²)
		排水孔		元/m
6	锚固工程	锚杆		元/根
		锚索		元/束（根）
		喷混凝土		元/m³
7	钢筋	钢筋		元/t
8	钢结构	钢衬		元/t
		构架		元/t
9	止水	面（趾）板止水		元/m
10	其他	启闭机室		元/m²
		控制室（楼）		元/m²
		温控措施		元/m³
		厂房装修		元/m²
		细部结构工程		元/m³

三、机电设备及安装工程（附表 2.3）

附表 2.3		第二部分　机电设备及安装工程	
Ⅰ		枢 纽 工 程	
序号	一级项目	二级项目	三级项目	技术经济指标

序号	一级项目	二级项目	三级项目	技术经济指标
一	发电设备及安装工程			
1		水轮机设备及安装工程		
			水轮机	元/台
			调速器	元/台
			油压装置	元/台套
			过速限制器	元/台套
			自动化元件	元/台套
			透平油	元/t
2		发电机设备及安装工程		
			发电机	元/台
			励磁装置	元/台套
			自动化元件	元/台套
3		主阀设备及安装工程		
			蝴蝶阀（球阀、锥形阀）	元/台
			油压装置	元/台
4		起重设备及安装工程		
			桥式起重机	元/t（台）
			转子吊具	元/t（具）
			平衡梁	元/t（副）
			轨道	元/双 10m
			滑触线	元/三相 10m
5		水力机械辅助设备及安装工程		
			油系统	
			压气系统	
			水系统	
			水力量测系统	
			管路（管子、附件、阀门）	
6		电气设备及安装工程		
			发电电压装置	
			控制保护系统	
			直流系统	
			厂用电系统	
			电工试验设备	
			35kV 及以下动力电缆	
			控制和保护电缆	
			母线	
			电缆架	
			其他	

Ⅰ	枢　纽　工　程			
序号	一级项目	二级项目	三级项目	技术经济指标
二	升压变电设备及安装工程			
1		主变压器设备及安装工程		
			变压器	元/台
			轨道	元/双 10m
2		高压电气设备及安装工程		
			高压断路器	
			电流互感器	
			电压互感器	
			隔离开关	
			110kV 及以上高压电缆	
3		一次接线及其他安装工程		
三	公用设备及安装工程			
1		通信设备及安装工程		
			卫星通信	
			光缆通信	
			微波通信	
			载波通信	
			生产调度通信	
			行政管理通信	
2		通风采暖设备及安装工程		
			通风机	
			空调机	
			管路系统	
3		机修设备及安装工程		
			车床	
			刨床	
			钻床	
4		计算机监控系统		
5		工业电视系统		
6		管理自动化系统		
7		全厂接地及保护网		
8		电梯设备及安装工程		
			大坝电梯	
			厂房电梯	
9		坝区馈电设备及安装工程		
			变压器	
			配电装置	

续表

Ⅰ	枢　纽　工　程			
序号	一级项目	二级项目	三级项目	技术经济指标
10		厂坝区供水、排水、供热设备及安装工程		
11		水文、泥沙监测设备及安装工程		
12		水情自动测报系统设备及安装工程		
13		视频安防监控设备及安装工程		
14		安全监测设备及安装工程		
15		消防设备		
16		劳动安全与工业卫生设备及安装工程		
17		交通设备		
Ⅱ	引水工程及河道工程			
序号	一级项目	二级项目	三级项目	技术经济指标
一	泵站设备及安装工程			
1		水泵设备及安装工程		
2		电动机设备及安装工程		
3		主阀设备及安装工程		
4		起重设备及安装工程		
			桥式起重机 平衡梁 轨道 滑触线	元/t（台） 元/t（副） 元/双 10m 元/三相 10m
5		水力机械辅助设备及安装工程		
			油系统 压气系统 水系统 水力量测系统 管路（管子、附件、阀门）	
6		电气设备及安装工程		
			控制保护系统 盘柜 电缆 母线	

Ⅱ	引水工程及河道工程			
序号	一级项目	二级项目	三级项目	技术经济指标
二	水闸设备及安装工程			
1		电气一次设备及安装工程		
2		电气二次设备及安装工程		
三	电站设备及安装工程			
四	供电设备及安装工程			
		变电站设备及安装		
五	公用设备及安装工程			
1		通信设备及安装工程		
			卫星通信 光缆通信 微波通信 载波通信 生产调度通信 行政管理通信	
2		通风采暖设备及安装工程		
			通风机 空调机 管路系统	
3		机修设备及安装工程		
			车床 刨床 钻床	
4		计算机监控系统		
5		管理自动化系统		
6		全厂接地及保护网		
7		厂坝区供水、排水、供热设备及安装工程		
8		水文、泥沙监测设备及安装工程		
9		水情自动测报系统设备及安装工程		
10		视频安防监控设备及安装工程		
11		安全监测设备及安装工程		
12		消防设备		
13		劳动安全与工业卫生设备及安装工程		
14		交通设备		

四、金属结构设备及安装工程（附表 2.4）

附表 2.4　　　　　　　　　　第三部分　金属结构设备及安装工程

Ⅰ	枢　纽　工　程			
序号	一级项目	二级项目	三级项目	技术经济指标
一	挡水工程			
1		闸门设备及安装工程		
			平板门	元/t
			弧形门	元/t
			埋件	元/t
			闸门、埋件防腐	元/t（m²）
2		启闭设备及安装工程		
			卷扬式启闭机	元/t（台）
			门式启闭机	元/t（台）
			油压启闭机	元/t（台）
			轨道	元/双 10m
3		拦污设备及安装工程		
			拦污栅	元/t
			清污机	元/t（台）
二	泄洪工程			
1		闸门设备及安装工程		
2		启闭设备及安装工程		
3		拦污设备及安装工程		
三	引水工程			
1		闸门设备及安装工程		
2		启闭设备及安装工程		
3		拦污设备及安装工程		
4		压力钢管制作及安装工程		
四	发电厂工程			
1		闸门设备及安装工程		
2		启闭设备及安装工程		
五	航运工程			
1		闸门设备及安装工程		
2		启闭设备及安装工程		
3		升船机设备及安装工程		
六	鱼道工程			
Ⅱ	引水工程及河道工程			
序号	一级项目	二级项目	三级项目	技术经济指标
一	泵站工程			
1		闸门设备及安装工程		
2		启闭设备及安装工程		

续表

Ⅱ	引水工程及河道工程			
序号	一级项目	二级项目	三级项目	技术经济指标
3		拦污设备及安装工程		
二	水闸（涵）工程			
1		闸门设备及安装工程		
2		启闭设备及安装工程		
3		拦污设备及安装工程		
三	小水电站工程			
1		闸门设备及安装工程		
2		启闭设备及安装工程		
3		拦污设备及安装工程		
4		压力钢管制作及安装工程		
四	调蓄水库工程			
五	其他建筑物工程			

五、施工临时工程（附表 2.5）

附表 2.5　　　　　　　　第四部分　施工临时工程

序号	一级项目	二级项目	三级项目	技术经济指标
一	导流工程			
1		导流明渠工程		
			土方开挖	元/m³
			石方开挖	元/m³
			模板	元/m²
			混凝土	元/m³
			钢筋	元/t
			锚杆	元/根
2		导流洞工程		
			土方开挖	元/m³
			石方开挖	元/m³
			模板	元/m²
			混凝土	元/m³
			钢筋	元/t
			喷混凝土	元/m³
			锚杆（索）	元/根（束）
3		土石围堰工程		
			土方开挖	元/m³
			石方开挖	元/m³
			堰体填筑	元/m³
			砌石	元/m³
			防渗	元/m³（m²）
			堰体拆除	元/m³
			其他	

续表

序号	一级项目	二级项目	三级项目	技术经济指标
4		混凝土围堰工程		
			土方开挖	元/m³
			石方开挖	元/m³
			模板	元/m²
			混凝土	元/m³
			防渗	元/m³（m²）
			堰体拆除	元/m³
			其他	
5		蓄水期下游断流补偿设施工程		
6		金属结构设备及安装工程		
二	施工交通工程			
1		公路工程		元/km
2		铁路工程		元/km
3		桥梁工程		元/延米
4		施工支洞工程		
5		码头工程		
6		转运站工程		
三	施工供电工程			
1		220kV 供电线路		元/km
2		110kV 供电线路		元/km
3		35kV 供电线路		元/km
4		10kV 供电线路（引水及河道）		元/km
5		变配电设施设备（场内除外）		元/座
四	施工房屋建筑工程			
1		施工仓库		
2		办公、生活及文化福利建筑		
五	其他施工临时工程			

注　凡永久与临时相结合的项目列入相应永久工程项目内。

六、独立费用（附表 2.6）

附表 2.6　　　　　　　　　　第五部分　独立费用

序号	一级项目	二级项目	三级项目	技术经济指标
一	建设管理费			
二	工程建设监理费			
三	联合试运转费			
四	生产准备费			
1		生产及管理单位提前进厂费		
2		生产职工培训费		
3		管理用具购置费		
4		备品备件购置费		
5		工器具及生产家具购置费		
五	科研勘测设计费			
1		工程科学研究试验费		
2		工程勘测设计费		
六	其他			
1		工程保险费		
2		其他税费		

附录3 概 算 表 格

一、工程概算总表（附表3.1）

附表3.1 　　　　　　　　　工 程 概 算 总 表 　　　　　　　　　单位：万元

序号	工程或费用名称	建安工程费	设备购置费	独立费用	合计
Ⅰ	工程部分投资 第一部分 建筑工程 第二部分 机电设备及安装工程 第三部分 金属结构设备及安装工程 第四部分 施工临时工程 第五部分 独立费用 一至五部分投资合计 基本预备费 静态投资				
Ⅱ 一 二 三 四 五 六 七	建设征地移民补偿投资 农村部分补偿费 城（集）镇部分补偿费 工业企业补偿费 专业项目补偿费 防护工程费 库底清理费 其他费用 一至七项小计 基本预备费 有关税费 静态投资				
Ⅲ	环境保护工程投资静态投资				
Ⅳ	水土保持工程投资静态投资				
Ⅴ	工程投资总计（Ⅰ～Ⅳ合计） 静态总投资 价差预备费 建设期融资利息 总投资				

二、工程部分概算表

1. 工程部分总概算表（附表3.2）

附表3.2 　　　　　　　　　工 程 部 分 总 概 算 表 　　　　　　　　　单位：万元

序号	工程或费用名称	建安 工程费	设备 购置费	独立费用	合计	占一至五部分投资 比例/%
	各部分投资					
	一至五部分投资合计					
	基本预备费					
	静态总投资					

2. 建筑工程概算表（附表3.3）

按项目划分列示至三级项目。

附表 3.3　　　　　　　　　　　建 筑 工 程 概 算 表

序号	工程或费用名称	单位	数量	单价/元	合计/万元

注　本表适用于编制建筑工程概算、施工临时工程概算和独立费用概算。

3. 设备及安装工程概算表（附表3.4）

按项目划分列示至三级项目。

附表 3.4　　　　　　　　　　设 备 及 安 装 工 程 概 算 表

序号	名称及规格	单位	数量	单价/元		合计/万元	
				设备费	安装费	设备费	安装费

注　本表适用于编制机电和金属结构设备及安装工程概算。

4. 分年度投资表（附表3.5）

按下表编制分年度投资表，可视不同情况按项目划分列示至一级项目或二级项目。

附表 3.5　　　　　　　　　　分 年 度 投 资 表　　　　　　　　　单位：万元

序号	项　目	合计	建设工期/年						
			1	2	3	4	5	6	…
Ⅰ	工程部分投资								
一	建筑工程								
1	建筑工程								
	×××工程（一级项目）								
2	施工临时工程								
	×××工程（一级项目）								
二	安装工程								
1	机电设备安装工程								
	×××工程（一级项目）								
2	金属结构设备安装工程								
	×××工程（一级项目）								
三	设备购置费								
1	机电设备								
	×××设备								
2	金属结构设备								
	×××设备								
四	独立费用								
1	建设管理费								

序号	项 目	合计	建设工期/年						
			1	2	3	4	5	6	…
2	工程建设监理费								
3	联合试运转费								
4	生产准备费								
5	科研勘测设计费								
6	其他								
	一至四项合计								
	基本预备费								
	静态投资								
Ⅱ	建设征地移民补偿投资								
	……								
	静态投资								
Ⅲ	环境保护工程投资								
	……								
	静态投资								
Ⅳ	水土保持工程投资								
	……								
	静态投资								
Ⅴ	工程投资总计（Ⅰ～Ⅳ合计）								
	静态总投资								
	价差预备费								
	建设期融资利息								
	总投资								

5. 资金流量表

需要编制资金流量表（附表3.6）的项目可按下表编制。可视不同情况按项目划分列示至一级项目或二级项目。项目排列方法同分年度投资表。资金流量表应汇总征地移民、环境保护、水土保持部分投资，并计算总投资。资金流量表是资金流量计算表的成果汇总。

附表3.6　　　　　　　　　资 金 流 量 表　　　　　　　　单位：万元

序号	项 目	合计	建设工期/年						
			1	2	3	4	5	6	…
Ⅰ	工程部分投资								
一	建筑工程								
（一）	建筑工程								
	×××工程（一级项目）								

序号	项　目	合计	建设工期/年						
			1	2	3	4	5	6	…
（二）	施工临时工程								
	×××工程（一级项目）								
二	安装工程								
（一）	机电设备安装工程								
	×××工程（一级项目）								
（二）	金属结构设备安装工程								
	×××工程（一级项目）								
三	设备购置费								
	……								
四	独立费用								
	……								
	一至四项合计								
	基本预备费								
	静态投资								
Ⅱ	建设征地移民补偿投资								
	……								
	静态投资								
Ⅲ	环境保护工程投资								
	……								
	静态投资								
Ⅳ	水土保持工程投资								
	……								
	静态投资								
Ⅴ	工程投资总计（Ⅰ～Ⅳ合计）								
	静态总投资								
	价差预备费								
	建设期融资利息								
	总投资								

三、工程部分概算附表

工程部分概算附表包括建筑工程单价汇总表（附表 3.7）、安装工程单价汇总表（附表 3.8）、主要材料预算价格汇总表（附表 3.9）、其他材料预算价格汇总表（附表 3.10）、施工机械台时费汇总表（附表 3.11）、主要工程量汇总表（附表 3.12）、主要材料量汇总表（附表 3.13）、工时数量汇总表（附表 3.14）。

1. 建筑工程单价汇总表

附表 3.7 建筑工程单价汇总表

单价编号	名称	单位	单价/元	其 中							
				人工费	材料费	机械使用费	其他直接费	间接费	利润	材料补差	税金

2. 安装工程单价汇总表

附表 3.8 安装工程单价汇总表

单价编号	名称	单位	单价/元	其 中								
				人工费	材料费	机械使用费	其他直接费	间接费	利润	材料补差	未计价装置性材料费	税金

3. 主要材料预算价格汇总表

附表 3.9 主要材料预算价格汇总表

序号	名称及规格	单位	预算价格/元	其 中			
				原价	运杂费	运输保险费	采购及保管费

4. 其他材料预算价格汇总表

附表 3.10 其他材料预算价格汇总表

序号	名称及规格	单位	原价/元	运杂费/元	合计/元

5. 施工机械台时费汇总表

附表 3.11 施工机械台时费汇总表

序号	名称及规格	台时费/元	其 中				
			折旧费	修理及替换设备费	安拆费	人工费	动力燃料费

6. 主要工程量汇总表

附表 3.12 主 要 工 程 量 汇 总 表

序号	项目	土石方明挖/m³	石方洞挖/m³	土石方填筑/m³	混凝土/m³	模板/m²	钢筋/t	帷幕灌浆/m	固结灌浆/m

注 表中统计的工程类别可根据工程实际情况调整。

7. 主要材料量汇总表

附表3.13　　　　　　　　　　主 要 材 料 量 汇 总 表

序号	项目	水泥 /t	钢筋 /t	钢材 /t	木材 /m³	炸药 /t	沥青 /t	粉煤灰 /t	汽油 /t	柴油 /t

注　表中统计的主要材料种类可根据工程实际情况调整。

8. 工时数量汇总表

附表3.14　　　　　　　　　　工 时 数 量 汇 总 表

序　号	项　目	工时数量	备　注

四、工程部分概算附件附表

工程部分概算附件附表包括人工预算单价计算表（附表3.15）、主要材料运输费用计算表（附表3.16）、主要材料预算价格计算表（附表3.17）、混凝土材料单价计算表（附表3.18）、建筑工程单价表（附表3.19）、安装工程单价表（附表3.20）、资金流量计算表（附表3.21）。

1. 人工预算单价计算表

附表3.15　　　　　　　　　　人 工 预 算 单 价 计 算 表

艰苦边远地区类别		定额人工等级	
序号	项目	计算式	单价/元
1	人工工时预算单价		
2	人工工日预算单价		

2. 主要材料运输费用计算表

附表3.16　　　　　　　　　　主 要 材 料 运 输 费 用 计 算 表

编号	1	2	3	材料名称			材料编号	
交货条件				运输方式	火车	汽车	船运	火车
交货地点				货物等级			整车	零担
交货比例/%				装载系数				
编号	运输费用项目	运输起讫地点		运输距离/km		计算公式		合计/元
1	铁路运杂费							
	公路运杂费							
	水路运杂费							
	综合运杂费							
2	铁路运杂费							
	公路运杂费							
	水路运杂费							
	综合运杂费							

续表

编号	运输费用项目	运输起讫地点	运输距离/km	计算公式	合计/元
3	铁路运杂费				
	公路运杂费				
	水路运杂费				
	综合运杂费				
	每吨运杂费				

3. 主要材料预算价格计算表

附表 3.17　　　　　　　　　　主要材料预算价格计算表

编号	名称及规格	单位	原价依据	单位毛重/t	每吨运费/元	价　格/元				
						原价	运杂费	采购及保管费	运输保险费	预算价格

4. 混凝土材料单价计算表

附表 3.18　　　　　　　　　　混凝土材料单价计算表

编号	名称及规格	单位	预算量	调整系数	单价/元	合价/元

注　1. "名称及规格"栏要求标明混凝土标号及级配、水泥强度等级等。
　　2. "调整系数"为卵石换碎石、粗砂换中细砂及其他调整配合比材料用量系数。

5. 建筑工程单价表

附表 3.19　　　　　　　　　　建 筑 工 程 单 价 表

单价编号		项目名称			
定额编号				定额单位	
施工方法		（填写施工方法、土或岩石类别、运距等）			
编号	名称及规格	单位	数量	单价/元	合价/元

6. 安装工程单价表

附表 3.20　　　　　　　　　　安 装 工 程 单 价 表

单价编号		项目名称			
定额编号				定额单位	
型号规格					
编号	名称及规格	单位	数量	单价/元	合价/元

301

7. 资金流量计算表

资金流量计算表可视不同情况按项目划分列示至一级项目或二级项目。项目排列方法同分年度投资表。资金流量计算表应汇总征地移民、环境保护、水土保持等部分投资，并计算总投资。

附表 3.21 　　　　　　　　　　资 金 流 量 计 算 表 　　　　　　　单位：万元

序号	项　　目	合计	建设工期/年						
			1	2	3	4	5	6	…
Ⅰ	工程部分投资								
一	建筑工程								
（一）	×××工程								
1	分年度完成工作量								
2	预付款								
3	扣回预付款								
4	保留金								
5	偿还保留金								
（二）	×××工程								
	……								
二	安装工程								
	……								
三	设备购置								
	……								
四	独立费用								
	……								
五	一至四项合计								
1	分年度费用								
2	预付款								
3	回预付款								
4	保留金								
5	偿还保留金								
	基本预备费								
	静态投资								
Ⅱ	建设征地移民补偿投资								
	……								
	静态投资								
Ⅲ	环境保护工程投资								
	……								
	静态投资								
Ⅳ	水土保持工程投资								
	……								
	静态投资								

续表

序号	项 目	合计	建设工期/年						
			1	2	3	4	5	6	…
V	工程投资总计（Ⅰ～Ⅳ合计）								
	静态总投资								
	价差预备费								
	建设期融资利息								
	总投资								

五、投资对比分析报告附表

1. 总投资对比表

格式参见附表3.22，可根据工程情况进行调整。可视不同情况按项目划分列示至一级项目或二级项目。

附表 3.22　　　　　　　　总 投 资 对 比 表　　　　　　　单位：万元

序号	工程或费用名称	可行性研究阶段	初步设计阶段	增减额度	增减幅度/%	备注
(1)	(2)	(3)	(4)	(4)-(3)	[(4)-(3)]/(3)	
Ⅰ	工程部分投资 第一部分　建筑工程 …… 第二部分　机电设备及安装工程 …… 第三部分　金属结构设备及安装工程 …… 第四部分　施工临时工程 …… 第五部分　独立费用 …… 一至五部分投资合计 基本预备费 静态投资					
Ⅱ 一 二 三 四 五 六 七	建设征地移民补偿投资 农村部分补偿费 城（集）镇部分补偿费 工业企业补偿费 专业项目补偿费 防护工程费 库底清理费 其他费用 一至七项小计 基本预备费 有关税费 静态投资					

序号	工程或费用名称	可行性研究阶段	初步设计阶段	增减额度	增减幅度/%	备注
(1)	(2)	(3)	(4)	(4)−(3)	[(4)−(3)]/(3)	
Ⅲ	环境保护工程投资静态投资					
Ⅳ	水土保持工程投资静态投资					
Ⅴ	工程投资总计（Ⅰ～Ⅳ合计）					
	静态总投资					
	价差预备费					
	建设期融资利息					
	总投资					

2. 主要工程量对比表

格式参见附表 3.23，可根据工程情况进行调整。应列示主要工程项目的主要工程量。

附表 3.23　　　　　　　　　　　主 要 工 程 量 对 比 表

序号	工程或费用名称	单位	可行性研究阶段	初步设计阶段	增减数量	增减幅度/%	备注
(1)	(2)	(3)	(4)	(5)	(5)−(4)	[(5)−(4)]/(4)	
1	挡水工程						
	石方开挖						
	混凝土						
	钢筋						
	……						

3. 主要材料和设备价格对比表

格式参见附表 3.24，可根据工程情况进行调整。设备投资较少时，可不附设备价格对比。

附表 3.24　　　　　　　　主 要 材 料 和 设 备 价 格 对 比 表　　　　　　　　单位：元

序号	工程或费用名称	单位	可行性研究阶段	初步设计阶段	增减额度	增减幅度/%	备注
(1)	(2)	(3)	(4)	(5)	(5)−(4)	[(5)−(4)]/(4)	
1	主要材料价格						
	水泥						
	油料						
	钢筋						
	……						
2	主要设备价格						
	水轮机						
	……						

附录4 艰苦边远地区类别划分

《水利工程设计概（估）算编制规定》

水总〔2014〕429 号

一、新疆维吾尔自治区（99 个）

一类区（1 个）

乌鲁木齐市：东山区。

二类区（11 个）

乌鲁木齐市：天山区、沙依巴克区、新市区、水磨沟区、头屯河区、达坂城区、乌鲁木齐县。

石河子市。

昌吉回族自治州：昌吉市、阜康市、米泉市。

三类区（29 个）

五家渠市。

阿拉尔市。

阿克苏地区：阿克苏市、温宿县、库车县、沙雅县。

吐鲁番地区：吐鲁番市、鄯善县。

哈密地区：哈密市。

博尔塔拉蒙古自治州：博乐市、精河县。

克拉玛依市：克拉玛依区、独山子区、白碱滩区、乌尔禾区。

昌吉回族自治州：呼图壁县、玛纳斯县、奇台县、吉木萨尔县。

巴音郭楞蒙古自治州：库尔勒市、轮台县、博湖县、焉耆回族自治县。

伊犁哈萨克自治州：奎屯市、伊宁市、伊宁县。

塔城地区：乌苏市、沙湾县、塔城市。

四类区（37 个）

图木舒克市。

喀什地区：喀什市、疏附县、疏勒县、英吉沙县、泽普县、麦盖提县、岳普湖县、伽师县、巴楚县。

阿克苏地区：新和县、拜城县、阿瓦提县、乌什县、柯坪县。

吐鲁番地区：托克逊县。

克孜勒苏柯尔克孜自治州：阿图什市。

博尔塔拉蒙古自治州：温泉县。

昌吉回族自治州：木垒哈萨克自治县。

巴音郭楞蒙古自治州：尉犁县、和硕县、和静县。

伊犁哈萨克自治州：霍城县、巩留县、新源县、察布查尔锡伯自治县、特克斯县、尼勒克县。

塔城地区：额敏县、托里县、裕民县、和布克赛尔蒙古自治县。

阿勒泰地区：阿勒泰市、布尔津县、富蕴县、福海县、哈巴河县。

五类区（16个）

喀什地区：莎车县。

和田地区：和田市、和田县、墨玉县、洛浦县、皮山县、策勒县、于田县、民丰县。

哈密地区：伊吾县、巴里坤哈萨克自治县。

巴音郭楞蒙古自治州：若羌县、且末县。

伊犁哈萨克自治州：昭苏县。

阿勒泰地区：青河县、吉木乃县。

六类区（5个）

克孜勒苏柯尔克孜自治州：阿克陶县、阿合奇县、乌恰县。

喀什地区：塔什库尔干塔吉克自治县、叶城县。

二、宁夏回族自治区（19个）

一类区（11个）

银川市：兴庆区、灵武市、永宁县、贺兰县。

石嘴山市：大武口区、惠农区、平罗县。

吴忠市：利通区、青铜峡市。

中卫市：沙坡头区、中宁县。

三类区（8个）

吴忠市：盐池县、同心县。

固原市：原州区、西吉县、隆德县、泾源县、彭阳县。

中卫市：海原县。

三、青海省（43个）

二类区（6个）

西宁市：城中区、城东区、城西区、城北区。

海东地区：乐都县、民和回族土族自治县。

三类区（8个）

西宁市：大通回族土族自治县、湟源县、湟中县。

海东地区：平安县、互助土族自治县、循化撒拉族自治县。

海南藏族自治州：贵德县。

黄南藏族自治州：尖扎县。

四类区（12个）

海东地区：化隆回族自治县。

海北藏族自治州：海晏县、祁连县、门源回族自治县。

海南藏族自治州：共和县、同德县、贵南县。

黄南藏族自治州：同仁县。

海西蒙古族藏族自治州：德令哈市、格尔木市、乌兰县、都兰县。

五类区（10 个）

海北藏族自治州：刚察县。

海南藏族自治州：兴海县。

黄南藏族自治州：泽库县、河南蒙古族自治县。

果洛藏族自治州：玛沁县、班玛县、久治县。

玉树藏族自治州：玉树县、囊谦县。

海西蒙古族藏族自治州：天峻县。

六类区（7 个）

果洛藏族自治州：甘德县、达日县、玛多县。

玉树藏族自治州：杂多县、称多县、治多县、曲麻莱县。

四、甘肃省（83 个）

一类区（14 个）

兰州市：红古区。

白银市：白银区。

天水市：秦州区、麦积区。

庆阳市：西峰区、庆城县、合水县、正宁县、宁县。

平凉市：崆峒区、泾川县、灵台县、崇信县、华亭县。

二类区（40 个）

兰州市：永登县、皋兰县、榆中县。

嘉峪关市。

金昌市：金川区、永昌县。

白银市：平川区、靖远县、会宁县、景泰县。

天水市：清水县、秦安县、甘谷县、武山县。

武威市：凉州区。

酒泉市：肃州区、玉门市、敦煌市。

张掖市：甘州区、临泽县、高台县、山丹县。

定西市：安定区、通渭县、临洮县、漳县、岷县、渭源县、陇西县。

陇南：武都区、成县、宕昌县、康县、文县、西和县、礼县、两当县、徽县。

临夏回族自治州：临夏市、永靖县。

三类区（18 个）

天水市：张家川回族自治县。

武威市：民勤县、古浪县。

酒泉市：金塔县、安西县。

张掖市：民乐县。

庆阳市：环县、华池县、镇原县。

平凉市：庄浪县、静宁县。

临夏回族自治州：临夏县、康乐县、广河县、和政县。

甘南藏族自治州：临潭县、舟曲县、迭部县。

四类区（9个）

武威市：天祝藏族自治县。

酒泉市：肃北蒙古族自治县、阿克塞哈萨克族自治县。

张掖市：肃南裕固族自治县。

临夏回族自治州：东乡族自治县、积石山保安族东乡族撒拉族自治县。

甘南藏族自治州：合作市、卓尼县、夏河县。

五类区（2个）

甘南藏族自治州：玛曲县、碌曲县。

五、陕西省（48个）

一类区（45个）

延安市：延长县、延川县、子长县、安塞县、志丹县、吴起县、甘泉县、富县、宜川县。

铜川市：宜君县。

渭南市：白水县。

咸阳市：永寿县、彬县、长武县、旬邑县、淳化县。

宝鸡市：陇县、太白县。

汉中市：宁强县、略阳县、镇巴县、留坝县、佛坪县。

榆林市：榆阳区、神木县、府谷县、横山县、靖边县、绥德县、吴堡县、清涧县、子洲县。

安康市：汉阴县、石泉县、宁陕县、紫阳县、岚皋县、平利县、镇坪县、白河县。

商洛市：商州区、商南县、山阳县、镇安县、柞水县。

二类区（3个）

榆林市：定边县、米脂县、佳县。

六、云南省（120个）

一类区（36个）

昆明市：东川区、晋宁县、富民县、宜良县、嵩明县、石林彝族自治县。

曲靖市：麒麟区、宣威市、沾益县、陆良县。

玉溪市：江川县、澄江县、通海县、华宁县、易门县。

保山市：隆阳县、昌宁县。

昭通市：水富县。

思茅市：翠云区、普洱哈尼族彝族自治县、景谷彝族傣族自治县。

临沧市：临翔区、云县。

大理白族自治州：永平县。

楚雄彝族自治州：楚雄市、南华县、姚安县、永仁县、元谋县、武定县、禄丰县。

红河哈尼族彝族自治州：蒙自县、开远市、建水县、弥勒县。

文山壮族苗族自治州：文山县。

二类区（59个）

昆明市：禄劝彝族苗族自治县、寻甸回族自治县。

曲靖市：马龙县、罗平县、师宗县、会泽县。

玉溪市：峨山彝族自治县、新平彝族傣族自治县、元江哈尼族彝族傣族自治县。

保山市：施甸县、龙陵县。

昭通市：昭阳区、绥江县、威信县。

丽江市：古城区、永胜县、华坪县。

思茅市：墨江哈尼族自治县、景东彝族自治县、镇沅彝族哈尼族拉祜族自治县、江城哈尼族彝族自治县、澜沧拉祜族自治县。

临沧市：凤庆县、永德县。

德宏傣族景颇族自治州：潞西市、瑞丽市、梁河县、盈江县、陇川县。

大理白族自治州：祥云县、宾川县、弥渡县、云龙县、洱源县、剑川县、鹤庆县、漾濞彝族自治县、南涧彝族自治县、巍山彝族回族自治县。

楚雄彝族自治州：双柏县、牟定县、大姚县。

红河哈尼族彝族自治州：绿春县、石屏县、泸西县、金平苗族瑶族傣族自治县、河口瑶族自治县、屏边苗族自治县。

文山壮族苗族自治州：砚山县、西畴县、麻栗坡县、马关县、丘北县、广南县、富宁县。

西双版纳傣族自治州：景洪市、勐海县、勐腊县。

三类区（20个）

曲靖市：富源县。

昭通市：鲁甸县、盐津县、大关县、永善县、镇雄县、彝良县。

丽江市：玉龙纳西族自治县、宁蒗彝族自治县。

思茅市：孟连傣族拉祜族佤族自治县、西盟佤族自治县。

临沧市：镇康县、双江拉祜族佤族布朗族傣族自治县、耿马傣族佤族自治县、沧源佤族自治县。

怒江傈僳族自治州：泸水县、福贡县、兰坪白族普米族自治县。

红河哈尼族彝族自治州：元阳县、红河县。

四类区（3个）

昭通市：巧家县。

怒江傈僳族自治州：贡山独龙族怒族自治县。

迪庆藏族自治州：维西傈僳族自治县。

五类区（1个）

迪庆藏族自治州：香格里拉县。

六类区（1个）

迪庆藏族自治州：德钦县。

七、贵州省（77个）

一类区（34个）

贵阳市：清镇市、开阳县、修文县、息烽县。

六盘水市：六枝特区。

遵义市：赤水市、遵义县、绥阳县、凤冈县、湄潭县、余庆县、习水县。

安顺市：西秀区、平坝区、普定县。

毕节地区：金沙县。

铜仁地区：江口县、石阡县、思南县、松桃苗族自治县。

黔东南苗族侗族自治州：凯里市、黄平县、施秉县、三穗县、镇远县、岑巩县、锦屏县、麻江县。

黔南布依族苗族自治州：都匀市、贵定县、瓮安县、独山县、龙里县。

黔西南布依族苗族自治州：兴义市。

二类区（36个）

六盘水市：钟山区、盘县。

遵义市：仁怀市、桐梓县、正安县、道真仡佬族苗族自治县、务川仡佬族苗族自治县。

安顺市：关岭布依族苗族自治县、镇宁布依族苗族自治县、紫云苗族布依族自治县。

毕节地区：毕节市、大方县、黔西县。

铜仁地区：德江县、印江土家族苗族自治县、沿河土家族自治县、万山特区。

黔东南苗族侗族自治州：天柱县、剑河县、台江县、黎平县、榕江县、从江县、雷山县、丹寨县。

黔南布依族苗族自治州：荔波县、平塘县、罗甸县、长顺县、惠水县、三都水族自治县。

黔西南布依族苗族自治州：兴仁县、贞丰县、望谟县、册亨县、安龙县。

三类区（7个）

六盘水市：水城县。

毕节地区：织金县、纳雍县、赫章县、威宁彝族回族苗族自治县。

黔西南布依族苗族自治州：普安县、晴隆县。

八、四川省（77个）

一类区（24个）

广元市：朝天区、旺苍县、青川县。

泸州市：叙永县、古蔺县。

宜宾市：筠连县、珙县、兴文县、屏山县。

攀枝花市：东区、西区、仁和区、米易县。

巴中市：通江县、南江县。

达州市：万源市、宣汉县。

雅安市：荥经县、石棉县、天全县。

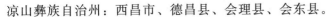

凉山彝族自治州：西昌市、德昌县、会理县、会东县。

二类区（13 个）

绵阳市：北川羌族自治县、平武县。

雅安市：汉源县、芦山县、宝兴县。

阿坝藏族羌族自治州：汶川县、理县、茂县。

凉山彝族自治州：宁南县、普格县、喜德县、冕宁县、越西县。

三类区（9 个）

乐山市：金口河区、峨边彝族自治县、马边彝族自治县。

攀枝花市：盐边县。

阿坝藏族羌族自治州：九寨沟县。

甘孜藏族自治州：泸定县。

凉山彝族自治州：盐源县、甘洛县、雷波县。

四类区（20 个）

阿坝藏族羌族自治州：马尔康县、松潘县、金川县、小金县、黑水县。

甘孜藏族自治州：康定县、丹巴县、九龙县、道孚县、炉霍县、新龙县、德格县、白玉县、巴塘县、乡城县。

凉山彝族自治州：布拖县、金阳县、昭觉县、美姑县、木里藏族自治县。

五类区（8 个）

阿坝藏族羌族自治州：壤塘县、阿坝县、若尔盖县、红原县。

甘孜藏族自治州：雅江县、甘孜县、稻城县、得荣县。

六类区（3 个）

甘孜藏族自治州：石渠县、色达县、理塘。

九、重庆市（11 个）

一类区（4 个）

黔江区、武隆县、巫山县、云阳县。

二类区（7 个）

城口县、巫溪县、奉节县、石柱土家族自治县、彭水苗族土家族自治县、酉阳土家族苗族自治县、秀山土家族苗族自治县。

十、海南省（7 个）

一类区（7 个）

五指山市、昌江黎族自治县、白沙黎族自治县、琼中黎族苗族自治县、陵水黎族自治县、保亭黎族苗族自治县、乐东黎族自治县。

十一、广西壮族自治区（58 个）

一类区（36 个）

南宁市：横县、上林县、隆安县、马山县。

桂林市：全州县、灌阳县、资源县、平乐县、恭城瑶族自治县。

柳州市：柳城县、鹿寨县、融安县。

梧州市：蒙山县。

防城港市：上思县。

崇左市：江州区、扶绥县、天等县。

百色市：右江区、田阳县、田东县、平果县、德保县、田林县。

河池市：金城江区、宜州市、南丹县、天峨县、罗城仫佬族自治县、环江毛南族自治县。

来宾市：兴宾区、象州县、武宣县、忻城县。

贺州市：昭平县、钟山县、富川瑶族自治县。

二类区（22个）

桂林市：龙胜各族自治县。

柳州市：三江侗族自治县、融水苗族自治县。

防城港市：港口区、防城区、东兴市。

崇左市：凭祥市、大新县、宁明县、龙州县。

百色市：靖西县、那坡县、凌云县、乐业县、西林县、隆林各族自治县。

河池市：凤山县、东兰县、巴马瑶族自治县、都安瑶族自治县、大化瑶族自治县。

来宾市：金秀瑶族自治县。

十二、湖南省（14个）

一类区（6个）

张家界市：桑植县。

永州市：江华瑶族自治县。

邵阳市：城步苗族自治县。

怀化市：麻阳苗族自治县、新晃侗族自治县、通道侗族自治县。

二类区（8个）

湘西土家族苗族自治州：吉首市、泸溪县、凤凰县、花垣县、保靖县、古丈县、永顺县、龙山县。

十三、湖北省（18个）

一类区（10个）

十堰市：郧县、竹山县、房县、郧西县、竹溪县。

宜昌市：兴山县、秭归县、长阳土家族自治县、五峰土家族自治县。

神农架林区。

二类区（8个）

恩施土家族苗族自治州：恩施市、利川市、建始县、巴东县、宣恩县、咸丰县、来凤县、鹤峰县。

十四、黑龙江省（104个）

一类区（32个）

哈尔滨市：尚志市、五常市、依兰县、方正县、宾县、巴彦县、木兰县、通河县、延寿县。

　　齐齐哈尔市：龙江县、依安县、富裕县。

　　大庆市：肇州县、肇源县、林甸县。

　　伊春市：铁力市。

　　佳木斯市：富锦市、桦南县、桦川县、汤原县。

　　双鸭山市：友谊县。

　　七台河市：勃利县。

　　牡丹江市：海林市、宁安市、林口县。

　　绥化市：北林区、安达市、海伦市、望奎县、青冈县、庆安县、绥棱县。

　　二类区（67 个）

　　齐齐哈尔市：建华区、龙沙区、铁锋区、昂昂溪区、富拉尔基区、碾子山区、梅里斯达斡尔族区、讷河市、甘南县、克山县、克东县、拜泉县。

　　黑河市：爱辉区、北安市、五大连池市、嫩江县。

　　大庆市：杜尔伯特蒙古族自治县。

　　伊春市：伊春区、南岔区、友好区、西林区、翠峦区、新青区、美溪区、金山屯区、五营区、乌马河区、汤旺河区、带岭区、乌伊岭区、红星区、上甘岭区、嘉荫县。

　　鹤岗市：兴山区、向阳区、工农区、南山区、兴安区、东山区、萝北县、绥滨县。

　　佳木斯市：同江市、抚远县。

　　双鸭山市：尖山区、岭东区、四方台区、宝山区、集贤县、宝清县、饶河县。

　　七台河市：桃山区、新兴区、茄子河区。

　　鸡西市：鸡冠区、恒山区、滴道区、梨树区、城子河区、麻山区、虎林市、密山市、鸡东县。

　　牡丹江市：穆棱市、绥芬河市、东宁县。

　　绥化市：兰西县、明水县。

　　三类区（5 个）

　　黑河市：逊克县、孙吴县。

　　大兴安岭地区：呼玛县、塔河县、漠河县。

十五、吉林省（25 个）

　　一类区（14 个）

　　长春市：榆树市。

　　白城市：大安市、镇赉县、通榆县。

　　松原市：长岭县、乾安县。

　　吉林市：舒兰市。

　　四平市：伊通满族自治县。

　　辽源市：东辽县。

　　通化市：集安市、柳河县。

白山市：八道江区、临江市、江源县。

二类区（11个）

白山市：抚松县、靖宇县、长白朝鲜族自治县。

延边朝鲜族自治州：延吉市、图们市、敦化市、珲春市、龙井市、和龙市、汪清县、安图县。

十六、辽宁省（14个）

一类区（14个）

沈阳市：康平县。

朝阳市：北票市、凌源市、朝阳县、建平县、喀喇沁左翼蒙古族自治县。

阜新市：彰武县、阜新蒙古族自治县。

铁岭市：西丰县、昌图县。

抚顺市：新宾满族自治县。

丹东市：宽甸满族自治县。

锦州市：义县。

葫芦岛市：建昌县。

十七、内蒙古自治区（95个）

一类区（23个）

呼和浩特市：赛罕区、托克托县、土默特左旗。

包头市：石拐区、九原区、土默特右旗。

赤峰市：红山区、元宝山区、松山区、宁城县、巴林右旗、敖汉旗。

通辽市：科尔沁区、开鲁县、科尔沁左翼后旗。

鄂尔多斯市：东胜区、达拉特旗。

乌兰察布市：集宁区、丰镇市。

巴彦淖尔市：临河区、五原县、磴口县。

兴安盟：乌兰浩特市。

二类区（39个）

呼和浩特市：武川县、和林格尔县、清水河县。

包头市：白云矿区、固阳县。

乌海市：海勃湾区、海南区、乌达区。

赤峰市：林西县、阿鲁科尔沁旗、巴林左旗、克什克腾旗、翁牛特旗、喀喇沁旗。

通辽市：库伦旗、奈曼旗、扎鲁特旗、科尔沁左翼中旗。

呼伦贝尔市：海拉尔区、满洲里市、扎兰屯市、阿荣旗。

鄂尔多斯市：准格尔旗、鄂托克旗、杭锦旗、乌审旗、伊金霍洛旗。

乌兰察布市：卓资县、兴和县、凉城县、察哈尔右翼前旗。

巴彦淖尔市：乌拉特前旗、杭锦后旗。

兴安盟：突泉县、科尔沁右翼前旗、科尔沁右翼中旗、扎赉特旗。

锡林郭勒盟：锡林浩特市、二连浩特市。

三类区（24个）

包头市：达尔罕茂明安联合旗。

通辽市：霍林郭勒市。

呼伦贝尔市：牙克石市、额尔古纳市、新巴尔虎右旗、新巴尔虎左旗、陈巴尔虎旗、鄂伦春自治旗、鄂温克族自治旗、莫力达瓦达斡尔族自治旗。

鄂尔多斯市：鄂托克前旗。

乌兰察布市：化德县、商都县、察哈尔右翼中旗、察哈尔右翼后旗。

巴彦淖尔市：乌拉特中旗。

兴安盟：阿尔山市。

锡林郭勒盟：多伦县、东乌珠穆沁旗、西乌珠穆沁旗、太仆寺旗、镶黄旗、正镶白旗、正蓝旗。

四类区（9个）

呼伦贝尔市：根河市。

乌兰察布市：四子王旗。

巴彦淖尔市：乌拉特后旗。

锡林郭勒盟：阿巴嘎旗、苏尼特左旗、苏尼特右旗。

阿拉善盟：阿拉善左旗、阿拉善右旗、额济纳旗。

十八、山西省（44个）

一类区（41个）

太原市：娄烦县。

大同市：阳高县、灵丘县、浑源县、大同县。

朔州市：平鲁区。

长治市：平顺县、壶关县、武乡县、沁县。

晋城市：陵川县。

忻州市：五台县、代县、繁峙县、宁武县、静乐县、神池县、五寨县、岢岚县、河曲县、保德县、偏关县。

晋中市：榆社县、左权县、和顺县。

临汾市：古县、安泽县、浮山县、吉县、大宁县、永和县、隰县、汾西县。

吕梁市：中阳县、兴县、临县、方山县、柳林县、岚县、交口县、石楼县。

二类区（3个）

大同市：天镇县、广灵县。

朔州市：右玉县。

十九、河北省（28个）

一类区（21个）

石家庄市：灵寿县、赞皇县、平山县。

张家口市：宣化县、蔚县、阳原县、怀安县、万全县、怀来县、涿鹿县、赤城县。

承德市：承德县、兴隆县、平泉县、滦平县、隆化县、宽城满族自治县。

秦皇岛市：青龙满族自治县。

保定市：涞源县、涞水县、阜平县。

二类区（4个）

张家口市：张北县、崇礼县。

承德市：丰宁满族自治县、围场满族蒙古族自治县。

三类区（3个）

张家口市：康保县、沽源县、尚义县。

附录5　西藏自治区特殊津贴地区类别

二类区

拉萨市：拉萨市城关区及所属办事处，达孜县，尼木县县驻地、尚日区、吞区、尼木区，曲水县，墨竹工卡县（不含门巴区和直孔区），堆龙德庆县。

昌都地区：昌都县（不含妥坝区、拉多区、面达区），芒康县（不含戈波区），贡觉县县驻地、波洛区、香具区、哈加区，八宿县（不含邦达区、同卡区、夏雅区），左贡县（不含川妥区、美玉区），边坝县（不含恩来格区），洛隆县（不含腊久区），江达县（不含德登区、青泥洞区、字嘎区、邓柯区、生达区），类乌齐县县驻地、桑多区、尚卡区、甲桑卡区，丁青县（不含嘎塔区），察雅县（不含括热区、宗沙区）。

山南地区：乃东县，琼结县（不含加麻区），措美县当巴区、乃西区，加查县，贡嘎县（不含东拉区），洛扎县（不含色区和蒙达区），曲松县（不含贡康沙区、邛多江区），桑日县（不含真纠区），扎囊县，错那县勒布区、觉拉区，隆子县县驻地、加玉区、三安曲林区、新巴区，浪卡子县卡拉区。

日喀则地区：日喀则市，萨迦县孜松区、吉定区，江孜县卡麦区、重孜区，拉孜县拉孜区、扎西岗区、彭错林区，定日县卡选区、绒辖区，聂拉木县县驻地，吉隆县吉隆区，亚东县县驻地、下司马镇、下亚东区、上亚东区，谢通门县县驻地、恰嘎区，仁布县县驻地、仁布区、德吉林区，白朗县（不含汪丹区），南木林县多角区、艾玛岗区、土布加区，樟木口岸。

林芝地区：林芝县，朗县，米林县，察隅县，波密县，工布江达县（不含加兴区、金达乡）。

三类区

拉萨市：林周县，尼木县安岗区、帕古区、麻江区，当雄县（不含纳木错区），墨竹工卡县门巴区、直孔区。

那曲地区：嘉黎县尼屋区，巴青县县驻地、高口区、益塔区、雅安多区，比如县（不含下秋卡区、恰则区），索县。

昌都地区：昌都县妥坝区、拉多区、面达区，芒康县戈波区，贡觉县则巴区、拉妥区、木协区、罗麦区、雄松区，八宿县邦达区、同卡区、夏雅区，左贡县田妥区、美玉区，边坝县恩来格区，洛隆县腊久区，江达县德登区、青泥洞区、字嘎区、邓柯区、生达区，类乌齐县长毛岭区、卡玛多（巴夏）区、类乌齐区，察雅县括热区、宗沙区。

山南地区：琼结县加麻区，措美县县驻地、当许区，洛扎县色区、蒙达区，曲松县贡康沙区、邛多江区，桑日县真纠区，错那县县驻地、洞嘎区、错那区，隆子县甘当区、扎日区、俗坡下区、雪萨区，浪卡子县（不含卡拉区、张达区、林区）。

日喀则地区：定结县县驻地、陈塘区、萨尔区、定结区、金龙区，萨迦县（不含孜松区、吉定区），江孜县（不含卡麦区、重孜区），拉孜县县驻地、曲下区、温泉区、柳区，定日县（不含卡达区、绒辖区），康马县，聂拉木县（不含县驻地），吉隆县（不含吉隆区），亚东县帕里镇、堆纳区，谢通门县塔玛区、查拉区、德来区，昂仁县（不含桑桑区、查孜区、措麦区），萨嘎县旦嘎区，仁布县帕当区、然巴区、亚德区，白朗县汪丹区，南木林县（不含多角区、艾玛岗区、土布加区）。

林芝地区：墨脱县，工布江达县加兴区、金达乡。

四类区

拉萨市：当雄县纳木错区。

那曲地区：那曲县，嘉黎县（不含尼屋区），申扎县，巴青县江绵区、仓来区、巴青区、本索区，聂荣县，尼玛县，比如县下秋卡区、恰则区，班戈县，安多县。

昌都地区：丁青县嘎塔区。

山南地区：措美县哲古区，贡嘎县东拉区，隆子县雪萨乡，浪卡子县张达区、林区。

日喀则地区：定结县德吉（日屋区），谢通门县春哲（龙桑）区、南木切区，昂仁县桑桑区、查孜区、措麦区，岗巴县，仲巴县，萨嘎县（不含旦嘎区）。

阿里地区：噶尔县，措勒县，普兰县，革吉县，日土县，扎达县，改则县。

参 考 文 献

［1］ 中华人民共和国水利部. 水利工程概算定额［M］. 郑州：黄河水利出版社，2002.

［2］ 中华人民共和国水利部. 水利设备安装工程概算定额［M］. 郑州：黄河水利出版社，2002.

［3］ 中华人民共和国水利部. 水利工程施工机械台时费定额［M］. 郑州：黄河水利出版社，2002.

［4］ 中华人民共和国水利部. 水利工程概预算补充定额［M］. 郑州：黄河水利出版社，2005.

［5］ 水利部水利建设经济定额站. 水利工程设计概（估）算编制规定［M］. 北京：中国水利水电出版社，2014.

［6］ 何俊，韩冬梅，陈文江. 水利工程造价［M］. 武汉：华中科技大学出版社，2017.

［7］ 中国水利学会水利工程造价管理专业委员会. 水利工程造价［M］. 北京：中国计划出版社，2002.

［8］ 李春生. 水利水电工程造价［M］. 北京：中国水利水电出版社，2013.

［9］ 徐学东，姬宝霖. 水利水电工程概预算［M］. 北京：中国水利水电出版社，2005.

［10］ 方国华，朱成立. 水利水电工程概预算［M］. 郑州：黄河水利出版社，2008.

［11］ 中华人民共和国水利部. 水利水电工程设计工程量计算规定：SL 328—2005［S］. 北京：中国水利水电出版社，2006.

［12］ 中华人民共和国建设部，中华人民共和国国家质量监督检验检疫总局. 水利工程工程量清单计价规范：GB 50501—2007［S］. 北京：中国水利水电出版社，2007.